ETG-Fachbericht

_138_

Antriebssysteme 2013

Elektrik, Mechanik und Hydraulik in der Anwendung

Vorträge der 4. VDE/VDI-Tagung
vom 17. bis 18. September 2013 in Nürtingen

Wissenschaftliche Tagungsleitung:
M. Doppelbauer, Karlsruher Institut für Technologie KIT, Karlsruhe
G. Jacobs, RWTH Aachen University

Veranstalter:
Energietechnische Gesellschaft im VDE (ETG)
VDI-Gesellschaft Produkt- und Prozessgestaltung (GPP)

in Zusammenarbeit mit
Zentralverband Elektrotechnik- und Elektronikindustrie e. V. (ZVEI)
VDI/VDE-Gesellschaft Mess- und Automatisierungstechnik (GMA)

VDE VERLAG GMBH

Bildnachweis Titelseite:
BMW Group, Elin EBG Motoren GmbH, Parker Hannifin GmbH & Co. KG, Siemens AG

Bibliografische Information der Deutschen Nationalbibliothek
Die Deutsche Nationalbibliothek verzeichnet diese Publikation in der Deutschen Nationalbibliografie;
detaillierte bibliografische Daten sind im Internet über http://dnb.dnb.de abrufbar.

ISBN 978-3-8007-3546-4

ISSN 0341-3934

© 2013   VDE VERLAG GMBH · Berlin · Offenbach, Bismarckstraße 33, 10625 Berlin
www.vde-verlag.de

Druck: DDZ – Digital-Druck-Zentrum GmbH, Berlin
Printed in Germany

Vorwort

Die bestmögliche Erfüllung einer Antriebsaufgabe setzt fundierte Kenntnis in der Auswahl der geeigneten Antriebstechnologie und -struktur voraus. Der System entwickler muss in der Lage sein, die verfügbaren Technologien aus den Bereichen Elektrik, Mechanik und Hydraulik vergleichend zu bewerten. Erst durch Verknüpfung der einzelnen Komponenten einschließlich ihrer Steuerung und Regelung, Messtechnik und Sensorik entsteht das optimale mechatronische Gesamtsystem.

Das dabei erforderliche interdisziplinäre Vorgehen bei Planung, Entwurf, Inbetriebnahme und Betrieb dieser Komponenten und Systeme soll durch die gemeinschaftlich von VDE und VDI (in Zusammenarbeit mit ZVEI/ VDMA und GMA) ausgerichtete Fachtagung „Antriebssysteme 2013 – Elektrik, Mechanik und Hydraulik in der Anwendung" gefördert und unterstützt werden.

Diese Tagung findet bereits zum fünften Mal statt und führt Ingenieurinnen und Ingenieure aus elektrotechnischen und maschinenbaulichen Disziplinen zusammen, um einen regen fachlichen Austausch über moderne Antriebstechnik zu pflegen.

M. Doppelbauer
G. Jacobs
Wissenschaftliche Tagungsleiter

Programmausschuss

A. Binder, Technische Universität Darmstadt

R. Blümel, THEEGARTEN-PACTEC GmbH & Co. KG, Dresden

C. Brecher, RWTH Aachen University

B. Dehner, Schaeffler Technologies AG & Co. KG, Herzogenaurach

M. Doppelbauer, Karlsruher Institut für Technologie KIT, Karlsruhe

J. Gißler, Parker Hannifin Manufacturing Germany GmbH & Co KG, Offenburg

K. Hameyer, RWTH Aachen University

G. Hilpert, VDI Verein Deutscher Ingenieure, Düsseldorf

W. Hofmann, Technische Universität Dresden

G. Jacobs, RWTH Aachen University

H. Murrenhoff, RWTH Aachen University

H. Schäfer, hofer powertrain GmbH, Würzburg

Al. Schoo, Westfälische Hochschule Gelsenkirchen, Bocholt

G. Schröder, Universität Siegen

J. Weber, Technische Universität Dresden

U. Werner, Siemens AG, Nürnberg

Inhaltsverzeichnis

Session D: Hybridantriebstechnik
Sitzungsleiter: A. Schoo, Westfälische Hochschule Gelsenkirchen, Bocholt

Session E: Mess- und Sensorsysteme
Sitzungsleiter: A. Schoo, Westfälische Hochschule Gelsenkirchen, Bocholt

Session F: Hydraulik
Sitzungsleiter: G. Jacobs, RWTH Aachen University, Aachen

Session G: Berechnung, Entwurf und Engineering
Sitzungsleiter: K. Hameyer, RWTH Aachen University, Aachen

Hocheffizienter Betrieb von permanenterregten Synchronmaschinen am Netz
Highly efficient operation of permanent magnet synchronous machines on the grid

Prof. Dr.-Ing. Johannes Teigelkötter, Hochschule Aschaffenburg, johannes.teigelkoetter@h-ab.de
Alexander Stock, M.Eng., Hochschule Aschaffenburg, alexander.stock@h-ab.de
Dipl.-Ing. (FH) Thomas Kowalski, M.Eng., Hochschule Aschaffenburg, thomas.kowalski@h-ab.de
Dennis Burtchen, B.Eng., Hochschule Aschaffenburg, dennis.burtchen@h-ab.de
Dipl.-Ing. (FH) Max Setzer, Oswald Elektromotoren GmbH, setzer@oswald.de

Kurzfassung

Das vorliegende Paper behandelt ein Verfahren zur Stabilisierung der permanenterregen Synchronmaschine (PSM) am Netz. Meist wird die PSM indirekt über einen Frequenzumrichter mit dem Netz verbunden und feldorientiert geregelt. Alternativ ermöglicht eine Dämpferwicklung einen stabilen Betrieb direkt am Netz, ohne den Einsatz von Leistungselektronik. In beiden Fällen ist der Materialaufwand sehr hoch. Zudem beeinträchtigen die genannten Maßnahmen den Wirkungsgrad. Dieser Beitrag stellt ein Schaltungs- und Regelungskonzept vor, das die Effizienz direkt am Netz betriebener PSM optimiert. Das Schaltungskonzept umfasst die Speisung des Stators vom Netz als auch vom Umrichter. Das Regelungskonzept beinhaltet die Modellierung des Systems, sowie die Regelung der Betriebsgrößen im Netzbetrieb. Abschließend wird die Validierung der theoretischen Betrachtungen an einem 1 MW Prototypen solch einer doppeltgespeisten PSM vorgestellt.

Abstract

This paper describes a method for stabilizing the permanent magnet synchronous machine (PSM) on the grid. The PSM is usually indirectly connected to the grid via an inverter and field-oriented controlled. Alternatively a damper winding allows stable operation directly connected to the mains without the use of power electronics. In both cases, the cost of materials is very high. In addition, the measures referred impair the effectiveness. This paper presents a circuit and control concept that optimizes the efficiency of PSM powered directly from the mains. The circuit design includes the supply of the stator from the grid as from the inverter. The control concept involves the modeling of the system and the control of the operating variables in network operation. Finally, the validation of the theoretical considerations of a 1 MW prototype of such a doubly-fed PSM is presented.

1   Motivation

Moderne Antriebs- und Generatorsysteme müssen aus wirtschaftlichen und ökologischen Gesichtspunkten einen hohen Systemwirkungsgrad aufweisen. Zudem führt die verbindliche EU-Verordnung 640/2009 zu steigenden Anforderungen an die Energieeffizienz von Elektromotoren [1]. Dies macht es notwendig, ganzheitliche Systembetrachtungen anzustellen, die umfassendere Energieeinsparungen ermöglichen, als die Optimierung einzelner Komponenten anzustreben [2]. Zahlreiche Anwendungen, die eine konstante Drehzahl benötigen, besitzen Potenzial in der Verbesserung der Effizienz, insbesondere bei Bemessungsleistungen über 100 kW. Beispielhaft seien Wind- und Wasserkraftanlagen zur Energieerzeugung, sowie Hochleistungslüfter und Förderschrauben im Bereich der Industrieantriebe zu nennen. Die permanenterregte Synchronmaschine (PSM) erweist sich durch einen geringen Wartungsaufwand, eine hohe Leistungsdichte und einen sehr guten Wirkungsgrad, in unterschiedlichen Lastbereichen, als geeigneter Maschinentyp. Der mit Permanent-

magneten bestückte Rotor führt, aufgrund der nicht vorhandenen Rotorwicklung, zu einer schwachen Dämpfung der Maschine. Ein stabiler Betrieb direkt am Netz ist daher ohne weitere Maßnahmen nicht möglich. In der Praxis haben sich mehrere Ansätze etabliert, um eine PSM zu betreiben. Eine Möglichkeit besteht darin, gezielt eine Dämpferwicklung im Rotor zu integrieren. Der durch Induktion hervorgerufene Strom dämpft Pendelschwingungen. Die mechanische Energie wird in thermische umgewandelt und führt somit zur Erwärmung des Rotors. Einen Schritt weiter gehen sogenannte Line-Start PSM. Diese Motoren laufen asynchron an und synchronisieren sich selbstständig im Betrieb. Durch die Verluste im Rotor beim Anlaufen werden sie aber eher als Brückentechnologie zwischen Asynchronmaschine und PSM gesehen [3]. Ein anderer Ansatz sieht den Betrieb der Maschine an einem Frequenzumrichter vor, der durch eine variable Statorspannung die Stabilisation bewirkt. Hierbei entstehen in den Leistungshalbleitern Schalt- und Durchlassverluste. Durch die gepulste Spannung eines Standard-Industrieumrichters treten zusätzliche Oberschwingungsverluste auf. Hierbei verspricht, besonders in höheren Leistungsklassen, der Einsatz von Multilevel-Umrichtern erhebliche Vorteile, da bei diesen eine Vielzahl von Spannungspegeln, unter anderem, eine oberschwingungsreduzierte Umrichterspannung, liefert [4].

Bei drehzahlkonstanten Antrieben wird der Umrichter lediglich für den Anlauf, die Synchronisation und Stabilisierung des Systems genutzt. Daher scheint der Einsatz eines, für die gesamte Maschinenleistung ausgelegten, Umrichters als kostenintensiv. Vielmehr wird ein direkter Leistungsfluss zwischen Netz und Maschine angestrebt, der von einem deutlich kleineren Umrichter geregelt wird. Somit werden die Umrichterverluste und die notwendige Bauleistung des Umrichters deutlich reduziert. Die in diesem Beitrag vorgestellte Technologie der doppeltgespeisten PSM realisiert die Paarung eines effizienten Maschinentyps mit dem bedarfsgerechten Einsatz an Leistungselektronik. Dieser neue Ansatz zum Netzbetrieb permanenterregter Synchronmaschinen geht aus dem angemeldeten Patent [5] hervor. Dabei wird die Statorwicklung aufgetrennt und ein Teil der Wicklung am Netz und der andere Teil am Umrichter angeschlossen. Die Überwachung und Regelung findet auf einem digitalen Signalprozessor (DSP) statt. Diese umfasst die Steuerung des Anlaufprozesses, die Synchronisation mit dem Netz und die dynamische Stabilisierung der Maschine.

2 Modellierung der doppeltgespeisten permanenterregten Synchronmaschine (DGS)

2.1 Permanenterregte Synchronmaschine (PSM)

2.1.1 Abstraktion des Modells gegenüber der physikalischen Realität

Das im nachfolgenden Unterkapitel vorgestellte Maschinenmodell einer PSM beinhaltet einige Vereinfachungen gegenüber der physikalischen Realität. Die drei Statorphasen a, b, c sind elektromagnetisch entkoppelt. In den einzelnen Strängen wird der magnetische Fluss lediglich durch die Permanentmagneten des Rotors und die jeweiligen Eigeninduktivitäten der Strangwicklungen aufgebaut. Die Magnetisierungskennlinie sei in den betrachteten Arbeitspunkten linear. Somit entstehen keine Hystereseverluste und Sättigungseffekte. Außerdem seien die Maschinenwiderstände und -induktivitäten nicht frequenzabhängig. Des Weiteren berücksichtigt das Modell keine kapazitiven Kopplungsmechanismen zwischen den einzelnen Wicklungssträngen und ist somit nicht hochfrequenztauglich. Wie aus den genannten Vereinfachungen hervorgeht, werden die Eisenverluste (Wirbelstrom-, Hysterese- und Nachwirkungsverluste) vernachlässigt. Auch eine in der Realität gegebene Temperaturabhängigkeit der Maschinenparameter wird durch die näherungsweise konstanten Werte eines Arbeitspunktes ersetzt. Bei einer

anisotropen PSM muss mindestens der Stator isotrop sein, sodass die Längs- und Querinduktivitäten L_d und L_q in einem rotorfesten Koordinatensystem konstant sind.

2.1.2 Gleichungssystem und Blockschaltbild der PSM

Die PSM wird in der Literatur mit den im vorhergehenden Kapitel beschriebenen Vereinfachungen ausführlich erläutert [6]. Das die Maschine beschreibende Gleichungssystem im rotorfesten Koordinatensystem ist in Gleichung (2.2) dargestellt:

$$u_{sd} = R_s \cdot i_{sd} + L_d \cdot \frac{di_{sd}}{dt} - \omega_{el} \cdot L_q \cdot i_{sq}$$

$$u_{sq} = R_s \cdot i_{sq} + L_q \cdot \frac{di_{sq}}{dt} + \omega_{el} \cdot L_d \cdot i_{sd}$$

$$M = \frac{3}{2} \cdot n_{pp} \cdot \left[\Psi_{PM} \cdot i_{sq} + \left(L_d - L_q \right) \cdot i_{sd} \cdot i_{sq} \right]$$

$$M - M_L = J \cdot \alpha = \frac{J}{n_{pp}} \cdot \frac{d\omega_{el}}{dt}$$

(2.2)

Hierbei sind u_{sd} und u_{sq} die Statorspannungen der PSM, R_s der Statorwiderstand, L_d und L_q die Statorinduktivitäten, ω_{el} die elektrische Winkelgeschwindigkeit, J das Massenträgheitsmoment, M bzw. M_L das Drehmoment bzw. Lastmoment und γ_{el} die elektrische Rotorlage. Das zu diesem Gleichungssystem gehörige Blockschaltbild ist in **Bild 1** dargestellt.

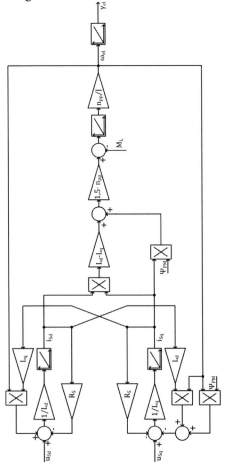

Bild 1 Blockschaltbild der PSM im rotorfesten Koordinatensystem

Die in diesem Beitrag untersuchten Torque-Maschinen sind sogenannte „Surface-mounted Permanent Magnet Synchronous Machines" (SPMSM), bei welchen die Permanentmagneten auf der Oberfläche des Rotors angebracht sind. Da die Permeabilität des Magnetmaterials ähnlich der der Luft ist, haben diese Maschinen einen großen wirksamen Luftspalt, welcher sich aus dem tatsächlichen Luftspalt und der Dicke des Magnetmaterials zusammensetzt [6]. Die magnetische Kopplung der Statorphasen ist, wie in Kapitel 2.1.1 erwähnt, vernachlässigbar gering. Durch den näherungsweise konstant großen Luftspalt ist die Statorinduktivität in den drei Phasen a, b, c unabhängig von der Rotorposition und somit $L_d=L_q=L_s$. Hierdurch vereinfacht sich die Drehmomentberechnung aus (2.2) nochmals, da der letzte Term, welcher die Induktivitätsdifferenz beinhaltet, entfällt. Die Maschine baut somit kein Reluktanzmoment auf und ließe sich daher auch im statorfesten Koordinatensystem vollständig beschreiben. Für weitere Formulierungen wird die Raumzeigernotation nach Kovács eingeführt. Diese wird unter anderem in [6] detailliert erläutert. Aus dem Gleichungssystem (2.2) lässt sich durch die gegebenen Vereinfachungen einer isotropen Torque-Maschine und der Raumzeigernotation in rotorfesten Koordinaten folgendes Gleichungssystem

$$\underline{u}_s^r = R_s \cdot \underline{i}_s^r + L_s \cdot \frac{d\underline{i}_s^r}{dt} + j\omega_{el}L_s \cdot \underline{i}_s^r + j\omega_{el} \cdot \underline{\Psi}_{PM}^r$$

$$M = \frac{3}{2} \cdot n_{pp} \cdot \Psi_{PM} \cdot i_{sq}$$

$$M - M_L = \frac{J}{n_{pp}} \cdot \frac{d\omega_{el}}{dt} \qquad (2.3)$$

mit $\qquad \underline{u}_s^r = u_{sd} + ju_{sq} \qquad \underline{i}_s^r = i_{sd} + ji_{sq}$

und $\qquad \underline{\Psi}_{PM}^r = \Psi_{PMd} + j\Psi_{PMq} = \Psi_{PMd} = \Psi_{PM}$

aufstellen. Da der Permanentfluss ausschließlich in der d-Achse ausgeprägt ist, besitzt der Permanentflussraumzeiger in Rotorkoordinaten lediglich den Realteil Ψ_{PMd}. Transformiert man (2.3) in das Statorkoordinatensystem, so erhält man:

$$\underline{u}_s^s = R_s \cdot \underline{i}_s^s + L_s \cdot \frac{d\underline{i}_s^s}{dt} + j\omega_{el} \cdot \underline{\Psi}_{PM}^s$$

$$M = \frac{3}{2} \cdot n_{pp} \cdot \left(\Psi_{PM\alpha} \cdot i_{s\beta} - \Psi_{PM\beta} \cdot i_{s\alpha} \right)$$

$$M - M_L = \frac{J}{n_{pp}} \cdot \frac{d\omega_{el}}{dt} \qquad (2.4)$$

mit $\qquad \underline{u}_s^s = u_{s\alpha} + ju_{s\beta} \qquad \underline{i}_s^s = i_{s\alpha} + ji_{s\beta}$

und $\qquad \underline{\Psi}_{PM}^s = \Psi_{PM\alpha} + j\Psi_{PM\beta}$

2.2 Doppeltgespeiste permanenterregte Synchronmaschine (DGS)

2.2.1 Schaltungstopologie der DGS

Die DGS bezeichnet in diesem Paper eine aus zwei unterschiedlichen Energiequellen gespeiste PSM mit parallel verschalteten Wicklungssystemen. Der Begriff „parallele Verschaltung" bezeichnet die Schaltungstopologie gemäß **Bild 2**.

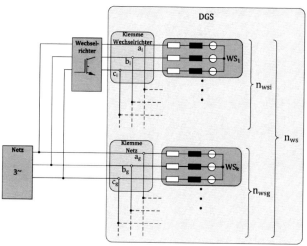

Bild 2 Stark vereinfachtes Ersatzschaltbild der doppeltgespeisten PSM

Die einzelnen dreiphasigen Statorwicklungen lassen sich in einem beliebigen ganzzahligem Verhältnis aufteilen. Die dunkelgrau hinterlegten Blöcke mit den dreiphasigen Wicklungen $WS_1...WS_k$ sollen in diesem Paper als dreiphasige Wicklungssysteme bezeichnet werden. Die Gesamtheit aller n_{WSi} vom Umrichter gespeisten dreiphasigen Wicklungssysteme $WS_1...WS_{nWSi}$ wird als umrichtergespeiste Teilmaschine bezeichnet. Hingegen bezeichnet man die n_{wsg} direkt vom Netz gespeisten dreiphasigen Wicklungssysteme $WS_{nWSi}...WS_k$ als netzgespeiste Teilmaschine. Somit ist die doppeltgespeiste PSM in zwei galvanisch getrennte Teilmaschinen separiert. Die Sternpunkte innerhalb einer Teilmaschine dürfen bei vorausgesetzter Wicklungssymmetrie zu einem gemeinsamen Teilmaschinensternpunkt kontaktiert werden oder galvanisch getrennt ausgeführt sein. Das Konzept der DGS sieht vor, möglichst viele Wicklungssysteme direkt über das Netz zu speisen und nur so viele, wie zum Anfahren und für die Stabilisierung der DGS nötig, am Umrichter zu betreiben.

2.2.2 Gleichungssystem und Ersatzschaltbild der DGS

Wie im Kapitel zur Schaltungstopologie der DGS bereits beschrieben wurde, kann die DGS durch zwei getrennte Teilmaschinen abstrahiert werden, welche den gleichen Rotor besitzen. Analog zu Gleichung (2.4) lassen sich zwei Raumzeiger-Statorspannungsgleichungen für die beiden Teilmaschinen aufstellen und für jede Teilmaschine separat das Drehmoment berechnen. Das gesamte Drehmoment der DGS ergibt sich aus der Summe der

Teilmaschinenmomente. Die einzigen Größen, welche in beiden Gleichungen aufgrund desselben Rotors stets übereinstimmen, sind Ψ_{PM}, ω_{el} und γ_{el}. Das vereinfachte Ersatzschaltbild in **Bild 3** skizziert die Verhältnisse:

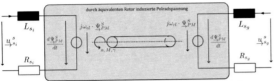

Bild 3 Vereinfachtes Ersatzschaltbild der DGS

Das entsprechende Gleichungssystem der DGS lässt sich analog zu (2.4) aus den Gleichungen der PSM darstellen:

$$\underline{u}_{s_i}^s = R_s \cdot \underline{i}_{s_i}^s + L_s \cdot \frac{d\underline{i}_{s_i}^s}{dt} + j\omega_{el} \cdot \underline{\Psi}_{PM}^s$$

$$\underline{u}_{s_g}^s = R_s \cdot \underline{i}_{s_g}^s + L_s \cdot \frac{d\underline{i}_{s_g}^s}{dt} + j\omega_{el} \cdot \underline{\Psi}_{PM}^s$$

$$M_i = \frac{3}{2} \cdot n_{pp} \cdot \left(\Psi_{PM\alpha} \cdot i_{s\beta_i} - \Psi_{PM\beta} \cdot i_{s\alpha_i} \right) \qquad (2.5)$$

$$M_g = \frac{3}{2} \cdot n_{pp} \cdot \left(\Psi_{PM\alpha} \cdot i_{s\beta_g} - \Psi_{PM\beta} \cdot i_{s\alpha_g} \right)$$

$$\underbrace{M_i + M_g}_{M_{ges}} - M_L = \frac{J}{n_{pp}} \cdot \frac{d\omega_{el}}{dt} = \frac{J}{n_{pp}} \cdot \frac{d^2\gamma_{el}}{dt^2}$$

Der doppelt tiefgestellte Index i symbolisiert die Zugehörigkeit einer Größe zur umrichtergespeisten Teilmaschine (inverter), wohingegen der Index g die Zugehörigkeit zur netzgespeisten Teilmaschine (grid) darstellt.

2.2.3 DGS-Modell bei stationären elektrischen Größen

Für die Entwicklung eines geeigneten Konzepts zur Regelung der DGS werden theoretische Stabilitätsuntersuchungen durchgeführt. Hierbei interessiert vor allem das mechanische Aufschwingen der ungeregelten DGS am Netz. Hierfür wird ein sehr stark vereinfachtes Modell der Maschine eingeführt. Es ist dadurch charakterisiert, dass die elektrischen Zeitkonstanten sehr gering gegenüber den mechanischen Zeitkonstanten sind. Dies bedeutet, dass sich die elektrischen Größen im Gegensatz zu den mechanischen Größen stets im stationär eingeschwungenen Zustand befinden. Des Weiteren folgt hieraus, dass die elektrischen Zustandsgrößen dynamisch nicht berücksichtigt werden müssen. **Bild 4** zeigt das modellbeschreibende Blockschaltbild, welches die Auswirkung des Drehmoments der umrichtergespeisten Teilmaschine auf das Drehmoment der netzgespeisten Teilmaschine beschreibt. Dies wird nachfolgend erläutert.

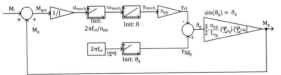

Bild 4 Blockschaltbild der DGS bei stationär eingeschwungenen elektrischen Zustandsgrößen

Zunächst wird davon ausgegangen, dass folgende Initialwerte vorliegen:

$$\gamma_{el}(t=0) = \gamma_{mech}(t=0) = 0 \qquad (2.6)$$

$$\vartheta_g(t=0) = \gamma_{\underline{\Psi}_{sg}^s}(t=0) - \gamma_{el}(t=0) = \\ = \gamma_{\underline{\Psi}_{sg}^s}(t=0) \qquad (2.7)$$

$$n_{mech}(t=0) = \frac{f_{el}}{n_{pp}} \qquad (2.8)$$

Dies bedeutet, dass das rotorfeste Koordinatensystem zum Zeitpunkt $t=0$ deckungsgleich mit dem statorfesten Koordinatensystem ist, bzw. dass die Permanentmagneten zu den Wicklungen der Phase a ausgerichtet sind. Da die elektrische Lage gleich Null ist, stimmen die jeweiligen Polradwinkel der netz- und umrichtergespeisten Teilmaschinen, ϑ_g und ϑ_i, welche als Differenz der jeweiligen Statorfluss-Lagewinkel und der elektrischen Lage definiert sind, mit den jeweiligen Statorfluss-Lagewinkeln überein. Die Drehzahl ist zum Betrachtungszeitpunkt $t=0$ im eingeschwungenen Zustand und proportional zur Frequenz der elektrischen Größen, welche den Stator der Maschine speisen.

Anhand von **Bild 4** wird deutlich, dass sich das Gesamtdrehmoment der DGS aus der Summe der beiden Teilmaschinendrehmomente ergibt, da diese ihre Kraftwirkung auf die gleiche Rotorwelle übertragen. Dies spiegelt sich auch in dem bereits vorgestellten Gleichungssystem (2.5) wider. Über die mechanischen Grundgesetze rotatorischer Bewegungsvorgänge bzw. die letzte Gleichung aus (2.5) lässt sich aus dem Gesamtdrehmoment der DGS deren elektrischer Lagewinkel ermitteln. Da sich die elektrischen Größen im eingeschwungenen Zustand befinden, rotiert der Statorflussraumzeiger mit der konstanten Winkelgeschwindigkeit $2\pi f_{el}$. Aufgrund der Tatsache, dass die elektrische Lage zum Zeitpunkt $t=0$ Null ist, muss der Lagewinkel des Statorflussraumzeigers der netzgespeisten Teilmaschine gleich dem Polradwinkel sein, siehe Gleichung (2.7). Die Differenz aus Lagewinkel des Statorflussraumzeigers der netzgespeisten Teilmaschine und dem elektrischen Rotorlagewinkel liefert den Polradwinkel der netzgespeisten Teilmaschine. Nach einigen Umformungen erhält man aus der vierten Gleichung von (2.5):

$$M_g = \frac{3}{2} \cdot \frac{n_{pp}}{L_{sg}} \cdot \left| \underline{\Psi}_{sg}^s \right| \cdot \left| \underline{\Psi}_{PM}^s \right| \cdot \sin(\vartheta_g) \qquad (2.8)$$

Da der Polradwinkel im Leerlauf gleich Null ist, bei Belastung zwar ansteigt, aber im Nennpunkt typischer Torque-Motoren 30° nicht überschreitet, wird der Sinus durch eine Taylorreihenapproximation 1. Ordnung, d.h. einem Reihenabbruch nach dem linearen Term, um den Punkt $\vartheta_g=0$ angenähert. Somit folgt: $\sin(\vartheta_g) \approx \vartheta_g$, bzw. aus (2.8):

$$M_g = \frac{3}{2} \cdot \frac{n_{pp}}{L_{sg}} \cdot \left| \underline{\Psi}_{sg}^s \right| \cdot \left| \underline{\Psi}_{PM}^s \right| \cdot \vartheta_g \qquad (2.9)$$

Der Betrag des Statorflussraumzeigers der netzgespeisten Teilmaschine $\left|\underline{\psi}_{S_g}^s\right|$ entspricht $\left|\underline{u}_{S_g}^s\right| / \omega_{el}$, wobei der Betrag des Statorspannungsraumzeigers der netzgespeisten Teilmaschine $\left|\underline{u}_{S_g}^s\right|$ als konstant $230 \cdot \sqrt{2}$ V angenommen wird. Der Flussbetrag der Permanentmagneten ist ebenfalls eine konstante Maschinenkenngröße. Somit lässt sich ein zum Polradwinkel der netzgespeisten Teilmaschine proportionales Drehmoment berechnen. Dieses stellt die Ausgangsgröße des zu untersuchenden Modells dar und wird zur Eingangssumme zurückgeführt. Aus dem vorgestellten stark vereinfachten Modell bzw. Blockschaltbild aus **Bild 4** lässt sich die nachfolgende Differentialgleichung ablesen:

$$\frac{J}{k_{M_g} \cdot n_{pp}} \cdot \ddot{M}_g(t) + M_g(t) = -M_i(t) \qquad (2.10)$$

$$\text{mit} \qquad k_{M_g} = \frac{3}{2} \cdot \frac{n_{pp}}{L_{S_g}} \cdot \left|\underline{\psi}_{S_g}^s\right| \cdot \left|\underline{\psi}_{PM}^s\right|$$

Vergleicht man Gleichung (2.10) mit der allgemeinen Form eines PT$_2$-Glieds, so wird deutlich, dass es sich bei der elektrisch stationär eingeschwungenen DGS um ein mechanisch ungedämpftes ($D=0$), schwingungsfähiges System handelt. Der Verstärkungsfaktor beträgt -1. Die Kennkreisfrequenz beträgt:

$$\omega_0 = \sqrt{\frac{k_{M_g} \cdot n_{pp}}{J}} \qquad (2.11)$$

Weiterhin bedeutet dies, dass innerhalb der ungeregelten DGS starke Schwingungen auftreten können. Ändert sich das Drehmoment der umrichtergespeisten Teilmaschine sprunghaft, so wird in der netzgespeisten Teilmaschine ein ungedämpftes dauerhaft schwingendes Drehmoment entgegengesetzten Vorzeichens mit einer Schwingungsamplitude entsprechend der Sprunghöhe des Drehmoments der umrichtergespeisten Teilmaschine auftreten. Gleichung (2.12) zeigt einen Einheitssprung $\sigma(t)$ zum Zeitpunkt $t=0$ mit der Sprunghöhe $\hat{M}$. Gleichung (2.13) zeigt die zugehörige Sprungantwort des Übertragungssystems (2.10):

$$M_i(t) = \hat{M} \cdot \sigma(t) \qquad (2.12)$$

$$M_g(t) = \hat{M} \cdot [\cos(\omega_0 \cdot t) - 1] \qquad (2.13)$$

2.2.4 Anlauf und Synchronisation der DGS

Der Anlauf der DGS und die anschließende Synchronisation von Maschine und Netz werden ausschließlich von der umrichtergespeisten Teilmaschine durchgeführt. Obwohl der Umrichter für den Anlauf kurzzeitig bei Überlast betrieben werden darf, ist es sinnvoll nach Möglichkeit lastfrei anzulaufen und erst anschließend die Last zuzuschalten. Somit muss die Umrichterleistung lediglich zur Stabilisierung der DGS genügen und beträgt nur einen Bruchteil der gesamten Maschinenleistung.
Für den Anlauf und Synchronisationsvorgang wird mittels der externen Steuer- und Regelungseinheit der Drehzahl-sollwert für einen Standard-Industrieumrichter generiert. Der Anlaufvorgang ist rein gesteuert. In einem vorgegebenen Zeitintervall wird die Maschine mit konstanter Winkelbeschleunigung auf die Netzfrequenz beschleunigt. Anschließend leitet ein Synchronisationsregler den Synchronisationsvorgang ein. Hierzu werden jeweils zwei Außenleiterspannungen des Netzes und der Polradspannung der netzgespeisten Teilmaschine gemessen. Aus diesen Außenleiterspannungen lassen sich die jeweiligen Raumzeiger der Netzspannung und Polradspannung der netzgespeisten Teilmaschine berechnen. Durch anschließende Integration erhält man die jeweiligen Flussraumzeiger. Aufgrund der Integration sind die Amplituden der Oberschwingungen der Flüsse, im Vergleich zu den Spannungsharmonischen, mit ihrer jeweiligen Kreisfrequenz gedämpft. Die Differenz der Phasenlagen der beiden Flussraumzeiger muss Null sein, sodass Netz und Maschine synchron und ohne Phasenverschiebung rotieren. Als Stellgröße gibt der Synchronisationsregler den Drehzahlsollwert für den Umrichter vor. Eilt beispielsweise der Permanentflussraumzeiger dem virtuellen Netzflussraumzeiger voraus, so wird der Drehzahlsollwert kurzzeitig abgesenkt, bis der Netzflussraumzeiger lagegleich zum Permanentflussraumzeiger liegt. Nach erfolgreicher Synchronisation kann anschließend das Netzschütz zugeschaltet werden.

2.2.5 Stabilisierung und Wirkleistungsregelung der DGS

Zur Regelung der DGS wird in diesem Kapitel ein Drehzahlregelungskonzept vorgestellt. Ausgehend von der Differentialgleichung (2.10) erhält man durch die Substitutionen

$$M_g(t) = M_{ges}(t) - M_i(t) \qquad (2.14)$$

$$M_{ges}(t) = J \cdot \dot{\omega}_{mech}(t) \qquad (2.15)$$

die Differentialgleichung

$$\frac{J^2}{k_{M_g} \cdot n_{pp}} \cdot \ddot{\omega}_{mech}(t) + J \cdot \omega_{mech}(t) = \frac{J}{k_{M_g} \cdot n_{pp}} \cdot \dot{M}_i(t) \qquad (2.16)$$

Mithilfe der Laplace-Transformation ergibt sich die Übertragungsfunktion, welche die Auswirkung des Drehmoments der umrichtergespeisten Teilmaschine auf die Winkelgeschwindigkeit beschreibt:

$$G_s(s) = \frac{M_i(s)}{\omega_{mech}(s)} = \frac{s}{J \cdot s^2 + k_{M_g} \cdot n_{pp}} \qquad (2.17)$$

Als Stellglied für die Regelung der DGS dient ausschließlich die umrichtergespeiste Teilmaschine. Der Umrichter hat zum einen die Aufgabe die gesamte DGS zu stabilisieren, des Weiteren soll die Wirkleistung entsprechend der Aufteilung der Wicklungssysteme auf beide Teilmaschinen verteilt werden. Speist beispielsweise das Netz drei Viertel aller Maschinenwicklungen, so soll die netzgespeiste Teilmaschine drei Viertel der gesamten Maschinenwirkleistung aufbringen, die umrichtergespeiste Teilmaschine hingegen nur ein Viertel der gesamten Maschinenwirkleistung.

Die symmetrische Wirkleistungsaufteilung auf beide Teilmaschinen wird dadurch erzielt, dass die externe Steuerung einen Drehzahlsollwert für einen kommerziellen Industrieumrichter vorgibt. Da die netzgespeiste Teilmaschine über die Polpaarzahl fest an die Netzfrequenz der speisenden Netzspannung gekoppelt ist und die netzgespeiste Teilmaschine der umrichtergespeisten Teilmaschine, auf die Leistung bezogen, stark überlegen ist, kann sich die Drehzahl der DGS nicht ändern. Trotzdem prägt der Umrichter einen drehmomentbildenden Strom ein und beeinflusst hierdurch bei konstanter Drehzahl direkt die Wirkleistung. Zur Vorgabe des Drehzahlsollwertes werden die Wirkleistungen beider Teilmaschinen gemessen und auf die jeweilige Anzahl der Wicklungssysteme normiert. Die Differenz der normierten Wirkleistungen muss Null ergeben. Die Regelung ist durch einen PI-Regler realisiert, welcher als Stellgröße die Solldrehzahl für den Umrichter generiert. Ist beispielsweise die Leistung der netzgespeisten Teilmaschine im Vergleich zur Wirkleistung der gesamten DGS zu groß, so wird der Wirkleistungsregler die Solldrehzahl für den Umrichter erhöhen. Dieser prägt einen drehmomentbildenden Strom in der umrichtergespeisten Teilmaschine ein, worauf sich deren Wirkleistung erhöht. Somit sinkt, bei konstanter Belastung, gleichzeitig die Wirkleistung in der netzgespeisten Teilmaschine. Die Stabilisierung des Gesamtsystems wird durch die Vorgabe des Proportionalverstärkungsfaktors des Drehzahlreglers des Umrichters realisiert. Die Berechnung des Verstärkungsfaktors soll anhand der nachfolgenden Abbildung hergeleitet werden.

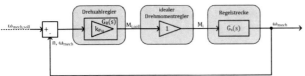

Bild 5 Kaskadierter Drehzahlregelkreis der DGS

In **Bild 5** wird davon ausgegangen, dass der Drehmomentregler eines Standard-Industrieumrichters ideal funktioniert, bzw. im Vergleich zu den mechanischen Schwingungen ausreichend schnell ausregelt. Aus diesem Grund wird der Drehmomentsollwert des Reglers im Signalflussplan direkt als Istwert aus dem Regler ausgegeben. Wie bereits erwähnt, soll die Stabilisierung der DGS über den Verstärkungsfaktor $k_{P\omega}$ realisiert werden. Der Drehzahlregler muss als reiner P-Regler ausgeführt sein, da ein unter Umständen vorhandener I-Anteil durch die dauerhafte Regelabweichung zum Wind-Up-Effekt führen würde. Dieser Abweichung tritt auf, da sich, trotz Drehzahlsollwertvorgabe und daraus resultierendem Drehmoment, die tatsächliche Drehzahl nicht ändern kann. Die stationäre Genauigkeit der Wirkleistungsaufteilung wird durch den bereits erläuterten Wirkleitungs-PI-Regler gewährleistet. Die Übertragungsfunktion der Regelstrecke $G_s(s)$ in **Bild 5** wurde bereits in Gleichung (2.17) vorgestellt. Die Übertragungsfunktion des geschlossenen Regelkreises $G(s)$ ergibt sich mithilfe der Reglerübertragungsfunktion $G_R(s)$ und den regelungstechnischen Grundlagen zu:

$$G(s) = \frac{G_R(s) \cdot G_s(s)}{1 + G_R(s) \cdot G_s(s)} = \frac{\frac{k_{P\omega}}{J} \cdot s}{s^2 + \frac{k_{P\omega}}{J} \cdot s + \frac{k_{Mg} \cdot n_{pp}}{J}}$$

(2.18)

Die beiden Polstellen $s_{pl,2}$ von $G(s)$ entsprechen folgendem in **Bild 6** und Gleichung (2.19) dargestellten, konjugiert komplexen Polpaar:

$$s_{p1,2} = -\frac{k_{P\omega}}{2J} \pm j \cdot \sqrt{\frac{k_{Mg} \cdot n_{pp}}{J} - \left(\frac{k_{P\omega}}{2J}\right)^2}$$

(2.19)

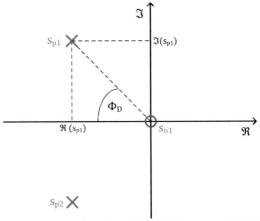

Bild 6 Konjugiert komplexes Polpaar und Nullstelle des geschlossenen Drehzahlregelkreises der DGS

Die Dämpfung des geschlossenen Regelkreises ist abhängig von der Lage der Polstellen: $D=\cos(\phi_D)$ mit $\phi_D=\angle(s_{pl})$. Den Winkel ϕ_D zwischen der Polstelle s_{pl} und der realen Achse berechnet sich für negativen Realteil und positiven Imaginärteil aus folgender Gleichung:

$$\phi_D = \tan^{-1}\left(\frac{\text{Im}(s_{p1})}{\text{Re}(s_{p1})}\right) + \pi$$

(2.20)

Somit folgt für die Dämpfung:

$$D = \cos\left[\tan^{-1}\left(\frac{\text{Im}(s_{p1})}{\text{Re}(s_{p1})}\right) + \pi\right]$$

(2.21)

Durch Vorgabe einer gewünschten Dämpfung lässt sich der P-Verstärkungsfaktor des Drehzahlreglers $k_{P\omega}$ durch Auflösung von Gleichung (2.21) ermitteln. Hierfür sind die Gleichungen (2.10) und (2.19) zu berücksichtigen. Der Faktor $k_{P\omega}$ ergibt sich somit aus der geforderten Dämpfung des DGS-Gesamtsystems und den Maschinenparametern:

$$k_{P\omega} = \sqrt{\frac{6 \cdot J \cdot n_{ws_g} \cdot n_{pp}^2 \cdot \left|\Psi_{s_g}^s\right| \cdot \left|\Psi_{PM}^s\right|}{n_{ws} \cdot L_s \cdot [[\tan[\cos^{-1}(D)]]^2 + 1]}}$$

Der Drehzahlregler sorgt mit dem auf diese Weise berechneten Verstärkungsfaktor $k_{P\omega}$ für den stabilen doppeltgespeisten Betrieb.

3 Messungen am DGS-Prototyp

Zur Validierung des in Kapitel 2 beschriebenen DGS-Konzepts wurden Messungen an einer Torque-Maschine mit den nachfolgend aufgelisteten Bemessungsdaten durchgeführt.

Größe	Wert
mechanische Leistung	1022 kW
Drehzahl	375 min^{-1}
Polpaarzahl	8
Drehmoment	26000 Nm
Leistungsfaktor	0,94
Masse	6000 kg

Tabelle 1 Bemessungsdaten der Prüfmaschine

In **Bild 7** ist der Anlauf und Synchronisationsvorgang dargestellt. Die Maschine wird innerhalb von fünf Sekunden im Leerlauf auf Netzfrequenz beschleunigt. Die Polradspannungsamplitude steigt proportional mit der Frequenz an. Anschließend regelt der Synchronisationsregler die Polradspannung phasengleich zur Netzspannung (siehe vergrößerte Darstellung bei $t \approx 2$ s). Im zweiten vergrößerten Bereich, bei $t \approx 6$ s, ist der stationäre synchronisierte Zustand dargestellt, bei dem Polrad und Netzspannung phasengleich sind.

Um die Leistungsfähigkeit des Wirkleistungsreglers zu validieren, wurden Lastsprünge mit halbem Maschinennennmoment (ca. 13000 Nm) auf die DGS geschaltet. Bei konstanter Drehzahl ist das Drehmoment proportional zur Wirkleistung der Maschine. In den beiden **Bildern 8** und **9** sind das jeweilige Drehmoment und die jeweilige Wirkleistung beider Teilmaschinen, sowie das Gesamtmoment und die gesamte Wirkleistung der DGS dargestellt. Die Aufteilung von netz- zu umrichtergespeister Teilmaschine ist in diesem Fall 3:1. Dieses Verhältnis spiegelt sich in den stationär eingeschwungenen Wirkleistungen und Drehmomenten der beiden Grafiken wider. Die gleichen Versuche haben auch im generatorischen Betrieb die gleichen positiven Messergebnisse geliefert. Nach dem Belastungssprung hat sich die Wirkleistung innerhalb der Teilmaschinen entsprechend der Wicklungsverhältnisse aufgeteilt. Die Stabilisierung durch die umrichtergespeiste Teilmaschine hindert das System am Aufschwingen.

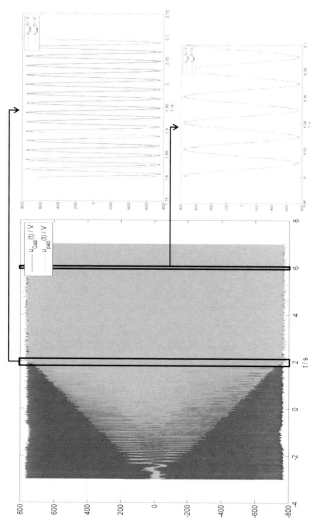

Bild 7 Polrad- und Netzspannung bei Leerlaufanlauf und Synchronisation der DGS

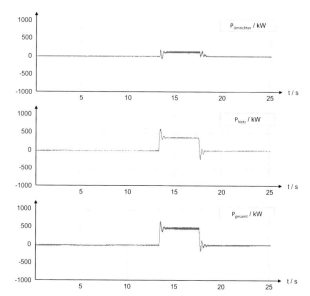

Bild 8 Wirkleistungen der DGS im motorischen Betrieb bei einer Teilmaschinenaufteilung von 3:1

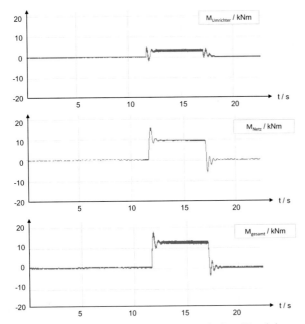

Bild 9 Drehmomente der DGS im motorischen Betrieb bei einer Teilmaschinenaufteilung von 3:1

4 Zusammenfassung und Ausblick

Durch die statorseitige Aufteilung der Maschinenwicklungen in netzgespeiste und umrichterbetriebene Teilsysteme kann mithilfe des DGS-Regelkonzepts ein stabiler Netzbetrieb bei gleichzeitiger Wirkleistungssymmetrierung entsprechend der Aufteilung der Wicklungssysteme von PSM nachgewiesen werden. Dabei stellt sich heraus, dass ein geringer Anteil von umrichtergespeisten Statorspulen ausreicht, um die gesamte doppeltgespeiste PSM am Netz zu betreiben.

Neben dem Kalt- und Warmstartverhalten wurde die Robustheit des Systems ebenfalls an einer 1MW Torquemaschine mit permanenterregtem Rotor ohne Dämpfungsglieder validiert. Besonders von Bedeutung war das Systemverhalten bei transienten Drehmomentsprüngen. Dort konnten die analytischen Ansätze bestätigt werden.

Abschließend lässt sich das DGS-Konzept als eine kostenoptimierte Alternative für effiziente Konstantdrehzahlantriebe beschreiben. Es stellt einen Kompromiss aus möglichst verlustarmen Betrieb und verhältnismäßig niedrigem Anschaffungspreis dar.

Da nur ein Teil der Maschine über den Umrichter gespeist wird, kann dieser, im Vergleich zum Vollumrichter, deutlich kleiner dimensioniert werden. Auf der Maschinenseite sind je nach Auslegung keine Veränderungen notwendig, wodurch „Standardtypen" eingesetzt werden können.

Die Effizienzvorteile liegen vor allem in der Einsparung der Umrichterverluste durch den rein netzgespeisten Maschinenteil. Neben den Schalt- und Durchlassverlusten der Leistungshalbleiter werden zusätzlich die Oberschwingungsverluste in der Maschine reduziert. Referenzmessungen zur quantitativen Validierung der Verlusteinsparung werden in folgenden Veröffentlichungen präsentiert. In diesem Paper wird die Funktionsweise und Stabilität des Gesamtkonzepts untersucht und bewiesen.

5 Literatur

[1] ZVEI: Motoren und geregelte Antriebe - Normen und gesetzliche Anforderungen an die Energieeffizienz von Niederspannungs-Drehstrommotoren. 2. Auflage, Frankfurt am Main, 2010.

[2] Binder, A.: Energiesparen mit moderner Antriebstechnik – Potentiale und technische Möglichkeiten. ETG-Fachbericht 107, VDE Verlag, 2007.

[3] Fischer, R.: Betriebsverhalten von PM Line-Start Motoren mit am Luftspalt angeordneten Magneten. ETG-Fachbereicht 130, VDE-Verlag, 2011.

[4] Marquardt, R.: Multi-Level-Umrichter - Einführung, Topologien und Bauelemente. Cluster-Seminar zu Mulit-Level-Umrichter, Würzburg, 10.10.2012.

[5] Patentanmeldung WO2012120711A2: Verfahren zur Steuerung oder Regelung einer rotierenden elekrischen Maschine und rotierende elektrische Maschine. Angemeldet am 23. März 2011, veröffentlicht am 27. September 2012. Anmelder: Oswald Elektromotren GmbH.

[6] Teigelkötter J.: Energieeffiziente elektrische Antriebe – Grundlagen, Leistungselektronik, Betriebsverhalten und Regelung von Drehstrommotoren. Wiesbaden: Springer Vieweg, 2013

Auslegung, Optimierung und Vergleich von Transversalflussmaschinen mit Flach- und Sammlermagnetanordnung
Design, Optimization and Comparison of Transverse Flux Machines with Surface Mounted Magnets and Flux Concentration

M. Sc. Bo Zhang, Mirco Kahle, Prof. Dr.-Ing. Martin Doppelbauer
Elektrotechnisches Institut (ETI) – Hybridelektrische Fahrzeuge
Karlsruhe Institut für Technologie (KIT), Kaiserstr. 12, 76131 Karlsruhe, , 0721 608 41766, bo.zhang@kit.edu

Kurzfassung

Im Projekt „Konzeption und Analyse einer E-Maschine auf Basis neuer Werkstoffkomponenten (SMC)" wird der Einsatz von SMC-Materialien im Elektromotor speziell im Hinblick auf den Einsatz in Kraftfahrzeugen bewertet. Als eine wichtige Anwendungsmöglichkeit des SMCs zeichnet sich die Transversalflussmaschine (TFM) aufgrund ihrer hohen Kraft- und Drehmomentdichte, dem einfachen Aufbau der Wicklung, dem Fehlen der Wickelköpfe und damit verbunden einem hohen Wirkungsgrad aus. In dieser Arbeit werden drei grundlegende Topologien der TFM ausgelegt, mithilfe der Finite Elemente Methode (FEM) optimiert und anschließend miteinander verglichen.

Abstract

In the project „Design and Analysis of an E-Machine based on the new material (SMC) ", the Application of SMC in electrical machines, especially in the hybrid electrical vehicle, will be researched and evaluated. As an important possible application, the transverse flux machine (TFM) is characterized by the high power and torque density, simple structure of winding and high efficiency. In this work, three basic topologies of TFM with surface mounted magnets and flux concentration design are designed, optimized with finite element method (FEM) and compared.

1 Einleitung

Im Jahr 1988 hat Prof. Herbert Weh das Konzept der Transversalflussmaschine (TFM) vorgeschlagen [1]. In der Zwischenzeit haben die Materialien wie Permanentmagnet (PM) und Pulververbundwerkstoff eine schnelle Entwicklung erlebt. Aus dem Grund gewinnen die elektrischen Maschinen nach dem Transversalflusskonzept heutzutage immer mehr Bedeutung. Im Unterschied zur Longitudinalflussmaschine verläuft der Nutzfluss der TFMs in einer Ebene quer zur Bewegungsrichtung. Mit dieser Anordnung wird eine Entkopplung des magnetischen und elektrischen Kreises realisiert, was zu vereinfachter Auslegung, hoher Polpaarzahl und einer entsprechend hohen Kraft- und Drehmomentdichte führt [1] [2]. Außerdem wird der Wirkungsgrad durch Einsatz neuer PM-Materialien und durch Wegfall der Wickelköpfe deutlich erhöht. Mit Berücksichtigung der besonderen Eigenschaften ist die TFM gut für den Einsatz im Automobilbereich geeignet [3].

In dieser Arbeit werden drei grundlegende Topologien der TFM bezüglich des Einsatzes im Hybridelektrofahrzeug untersucht. Wegen des großen Zeitaufwands der dreidimensionalen Finite Elemente Methode (3D-FEM) werden zunächst analytische Rechenmodelle auf Basis eines Reluktanznetzes entwickelt und später mit der FEM validiert. Anschließend werden die ausgelegten Modelle unter Berücksichtigung der vorgegebenen Zwischenkreisspan-

nung und des maximalen Umrichterstroms weiter optimiert. Zum Schluss werden die Drehmoment-Drehzahl Kennfelder der drei Topologien der TFM berechnet und miteinander vergleichen. Es ist zu sehen, dass die verbesserte Topologie der TFM mit Sammlermagnetanordnung die größte Drehmomentdichte und den höchsten Wirkungsgrad liefern kann.

1.1 Pulververbundwerkstoff und PM

In der TFM fließt der magnetische Fluss nicht entlang einer Ebene, sondern drei dimensional. Daher können im Allgemeinen keine Elektrobleche verwendet werden. Stattdessen kommt Pulververbundwerkstoff, auf Englisch Soft Magnetic Composites (SMC), zum Einsatz.

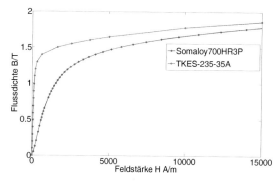

Bild 1 Magnetisierungsverlauf von SMC (Somaloy 700GR3P) und Elektroblech (TKES M235-35A)

Der SMC Werkstoff besteht aus einzelnen Partikeln (Pulver), die von einer Isolation überzogen sind. Außer der magnetischen und thermischen Isotropie zeichnet sich SMC durch räumliche Gestaltungsfreiheit und geringen elektrischen Leitwert aus, was zu niedrigen Wirbelstromverlusten führt [4]. Die Nachteile von SMC sind in **Bild 1** erkennbar, in dem die BH-Kurve von Somaloy700HR3P der Firma Höganäs mit der des Elektroblechs TKES-M235-35A der Firma ThyssenKrupp verglichen wird.

Es ist zu sehen, dass das SMC im Vergleich zum Elektroblech eine deutlich niedrigere Permeabilität und Sättigungsflussdichte aufweist. Darüber hinaus ist auch die Zugfestigkeit von SMC kleiner als die von Elektroblech, was bei der Auslegung des TFMs zu berücksichtigen ist. Die in den TFM eingesetzten Permanentmagnete (PM) sind Neodym-Eisen-Bor Permanentmagnete mit einer Remanenz B_r in Höhe von 1,19 T und einer Koerzitivfeldstärke H_c in Höhe von 925 kA/m.

1.2 Die drei grundlegenden Topologien

Wegen der großen Anzahl unterschiedlicher Anordnungen des Magnetkreises, der Wicklung und der Permanentmagnete sind viele verschiedene Bauformen der TFM vorstellbar. Unter Vernachlässigung der rein auf Reluktanzkraft basierenden TFM, die keine Permanentmagnete besitzt, lassen sich alle anderen Topologien anhand der Magnetanordnung in zwei Grundtypen klassifizieren: TFM mit Flachmagnetanordnung (FTFM) und TFM mit Sammlermagnetanordnung (STFM). Wegen der magnetischen Entkopplung zwischen den einzelnen Phasen genügt es, zwei Polteilungen einer Phase der TFM zu analysieren. Im **Bild 2** werden zwei Polteilungen einer FTFM dargestellt.

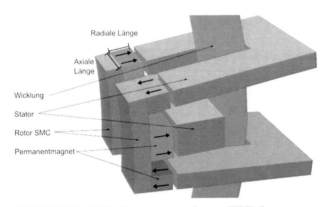

Bild 2 TFM mit Flachmagnetanordnung (FTFM)

Im Vergleich zur FTFM hat die STFM (**Bild 3**) eine höhere Kraft- und Drehmomentdichte. Im Unterschied zur FTFM werden die PM in der STFM nicht auf den Rotor geklebt, sondern im Rotor eingebettet. Die magnetischen Flüsse der beiden benachbarten PM konzentrieren sich im SMC des Rotors und fließen dann in den Luftspalt, was zu einer höheren Flussdichte im Luftspalt führt.

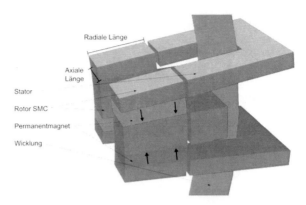

Bild 3 TFM mit Sammlermagnetanordnung (STFM)

In der STFM befinden sich alle Elemente des Stators auf der Außenseite des Rotors. Um die Streuflüsse zwischen den Statorelementen zu reduzieren und die Hauptflüsse zu erhöhen, kann die STFM weiter optimiert werden, wie im **Bild 4** dargestellt.

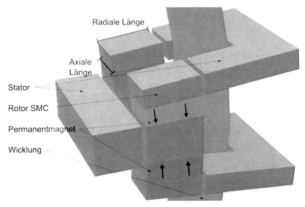

Bild 4 Optimierte STFM (OSTFM)

2 Analytische Berechnung

Wegen der dreidimensionalen magnetischen Flüsse in der TFM ist es notwendig, eine dreidimensionale Feldberechnung (3D-FEM) einzusetzen. Aber die zeitaufwändige 3D-FEM ist nicht geeignet für den Vorentwurf einer TFM. Daher werden nachfolgend analytische Modelle für alle drei Topologie entwickelt, um günstige Parametersätze schnell identifizieren zu können.

2.1 Vorüberlegung

Um die Auslegung zu vereinfachen und magnetische Sättigung des SMCs zu vermeiden, wird bei der Auslegung angestrebt, die Flussdichte bzw. die entsprechende Fläche des flussleitenden Querschnitts möglichst konstant zu halten [5]. Außerdem wird der Polbedeckungsfaktor α, der das Verhältnis der magnetischen aktiven Rotoroberfläche zur gesamten Rotoroberfläche angibt, fest auf den Wert 2/3 eingestellt, was sich bei Voruntersuchungen als günstig erwiesen hat. Angesichts der geforderten Drehzahl und begrenzten Taktfrequenz des Umrichters wird die Polpaarzahl p zunächst als 30 ausgewählt. Mit Berücksichtigung der obigen Annahmen und der vorgegebenen räumlichen Randbedingungen reduzieren sich die variablen geometrischen Parameter aller drei Topologien auf die radiale und axiale Länge der Permanentmagnete. Weitere geometrische Parameter lassen sich unter Annahme von konstanter flussleitender Fläche ableiten.

2.2 Reluktanznetzwerk

Die Methode des Reluktanznetzes ist ein standardisiertes Verfahren zur analytischen Berechnung des magnetischen Kreises, in dem Analogien zum elektrischen Kreis ausgenutzt werden. Das Reluktanznetz beinhaltet die von geometrischen Parametern abhängigen Haupt-Reluktanzen der einzelnen Bauelemente sowie die Streu-Reluktanzen zwischen den Bauelementen. Die einzelnen Reluktanzen lassen sich mit

$$R = l/(\mu \cdot A) \qquad (1)$$

berechnen. Dabei steht l für die Länge des Flusspfades, A für die durchflutete Querschnittsfläche und μ für die Permeabilität des Materials.

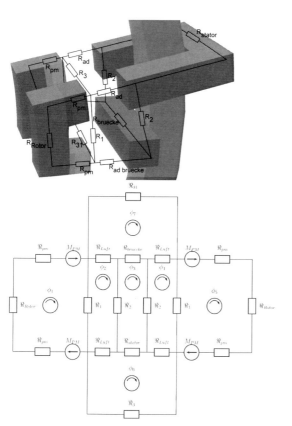

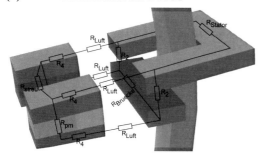

(a) Reluktanznetz der FTFM

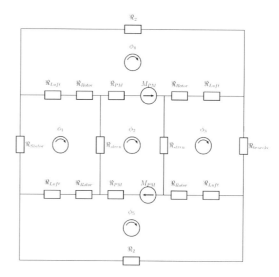

(b) Reluktanznetz der STFM

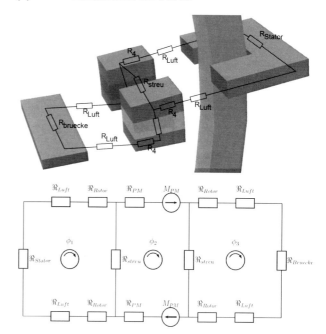

(c) Reluktanznetz der OSTFM
Bild 5 Reluktanznetze aller drei Topologie der TFM

Mit diesen Reluktanznetzen lassen sich Durchflutung und Fluss in der Anfangsposition des Rotors berechnen, wobei der Rückschluss des Rotors zentriert zum Statorelement ausgerichtet ist und kein Strom in der Ringwicklung fließt.. Infolgedessen wird der magnetische Fluss in dieser Anfangsposition nur von PM erzeugt. Die Reluktanznetze der FTFM, STFM und OSTFM sind im **Bild 5** dargestellt. Mit dem berechneten Fluss im Statorjoch wird die Berechnung des Drehmoments der TFM ermöglicht [6].

$$M = \frac{3}{2}p^2 \cdot \hat{\phi}_{stator} \cdot J \cdot A_{Leiter} \cdot k \qquad (2)$$

Dabei sind p, $\hat{\phi}_{stator}$, J, A_{Leiter} und k die Polpaarzahl, der magnetische Fluss im Statorjoch, die Stromdichte, die Querschnittsfläche und Füllungsfaktor der Wicklung. Bei der Berechnung wird zur Begrenzung der Sättigung die Stromdichte J_{rms} gleich 8 A/mm² angenommen. Der

Füllfaktor k in der Ringwicklung ist gleich 0,7 gesetzt worden.

2.3 Optimierung der Genauigkeit

Die Genauigkeit des Reluktanznetzes kann erhöht werden, indem die den einzelnen Bauteilen zugeordneten Reluktanzen genauer berechnet werden. Dabei wird die Nichtlinearität der BH Kurve des SMCs berücksichtigt und die Permeabilität μ_r iterativ berechnet, bis die Änderung des magnetischen Flusses innerhalb der Toleranz ist. Die Berechnung des Drehmoments beruht auf dem magnetischen Fluss in der Anfangsposition und der elektrischen Durchflutung, ohne Berücksichtigung des Sättigungseffekts, was zur großen Abweichung bei der großen Leiterquerschnittsfläche führt. Um das Problem zu lösen und die Sättigung im SMC Werkstoff zu begrenzen, wird zusätzlich die Querschnittsfläche der Ringwicklung begrenzt.

2.4 Ergebnisse und Validierung

Mit Hilfe der analytischen Berechnung wird die axiale und radiale Länge der Permanentmagneten optimiert. In **Bild 6** sind die mit den analytischen Modellen gefundenen optimalen Parametersätze der drei Topologien für unterschiedliche Begrenzung der Leiterquerschnittsfläche grafisch dargestellt.

Außerdem werden zur Validierung die mit Hilfe der 3D-FEM gefundenen optimalen Parametersätze zusätzlich im Bild 6 eingetragen. Es ist zu erkennen, dass sich der mit 3D-FEM zu untersuchende Parameterbereich durch analytische Modelle stark einschränken lässt.

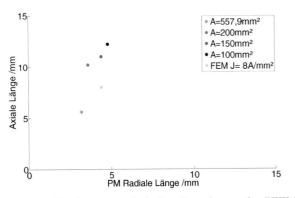

(a)   Ergebnisse analytischer Berechnung der FTFM

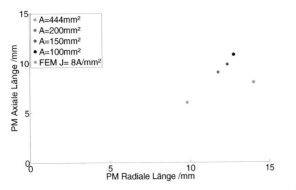

(b)   Ergebnisse analytischer Berechnung der STFM

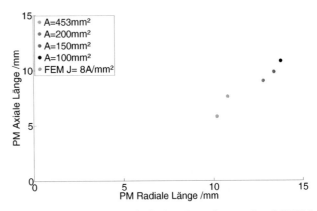

(c)   Ergebnisse analytischer Berechnung der OSTFM
Bild 6 Ergebnisse analytischer Berechnung aller drei Topologie der TFM

3 Optimierung der Auslegung mit Finite Elemente Methode

Im Kapitel 2.4 werden die Parameter aller drei Topologien mithilfe analytischer Modelle unter der angenommenen konstanten Stromdichte grob berechnet und mit der 3D-FEM optimiert. In der Praxis wird die Transversalflussmaschine an einem Frequenzumrichter betrieben. Daher müssen die Parameter unter Berücksichtigung der maximalen Spannung und des maximalen Stroms weiter optimiert werden. Bisher wird die Polpaarzahl in allen drei Topologien als konstant 30 gehalten. In diesem Kapitel wird die Polpaarzahl variiert, um den Einfluss der Polpaarzahl zu untersuchen und die Eigenschaften der TFM weiter zu verbessern.

3.1 Optimierung mit vorgegebenen Spannung und Strom

Die ausgelegte TFM wird mit einem Umrichter gespeist, dessen maximaler Strom und Zwischenkreisspannung in **Tabelle 1** aufgelistet sind. Um eine Überhitzung der TFM zu vermeiden, wird eine maximale Stromdichte gleich 18 A/mm² vorgegeben.

Maximaler effektiver Phasenstrom	290 A
Zwischenkreisspannung	325 V
Maximale effektive Stromdichte	18 A/mm²

Tabelle 1 Maximaler Strom und Zwischenkreisspannung des Umrichters

Wegen der zeitaufwändigen dreidimensionalen Finite-Elemente Berechnung können beim Optimierungsprozess nicht die Drehmoment-Drehzahl-Kennfelder, sondern zunächst nur die Eckdrehzahl und das zugehörige Drehmoment ermittelt werden. Diese Größen und die Stromdichte sind abhängig von der Windungszahl. Zum besseren Vergleich der gefundenen Varianten wird das Drehmoment jeweils auf eine Eckdrehzahl von 2000 1/min interpoliert.

R\A	10mm	10.5mm	11mm	11.5mm	12mm
6mm	143.07	146.84	151.31	153.80	159.10
6.5mm	143.63	148.10	151.99	155.55	162.33
7mm	145.36	149.77	154.79	158.08	165.19
7.5mm	147.33	150.95	155.50	160.69	167.83
8mm	149.03	153.07	157.90	164.58	171.96

(a)   Interpolierte Drehmomente der FTFM

R\A	9mm	9.5mm	10mm	10.5mm	11mm
13mm	151.54	158.15	166.23	170.55	180.63
13.5mm	154.95	162.92	170.71	176.12	186.57
14mm	158.76	166.58	174.51	181.63	192.54
14.5mm	159.40	165.18	173.11	182.83	194.31
15mm	162.69	167.49	177.48	185.90	198.79

(b)   Interpolierte Drehmomente der STFM

R\A	9mm	9.5mm	10mm	10.5mm	11mm
12.5mm	203.73	213.76	226.99	236.49	245.26
13mm	208.89	221.37	232.19	239.09	250.40
13.5mm	213.65	225.34	237.36	242.83	252.44
14mm	216.99	229.96	241.41	247.42	255.83
14.5mm	221.55	234.11	246.33	252.48	260.75
15mm	223.26	237.34	247.63	255.22	263.28
15.5mm	227.50	240.21	248.94	255.14	263.89

(c)   Interpolierte Drehmomente der OSTFM

Tabelle 2 Interpolierte Drehmomente der drei Topologien

In der **Tabelle 2** sind die auf die Eckdrehzahl 2000 1/min interpolierten Drehmomente aller drei Topologien in Abhängigkeit von der radialen und axialen Länge der Permanentmagneten aufgelistet. Die Konfigurationen mit einer Stromdichte über der maximal zulässigen Stromdichte sind mit roter Farbe markiert. Zum besseren Vergleich mit den analytischen Berechnungsergebnissen werden die optimalen Parameter nach Tabelle 2 im **Bild 7** eingetragen.

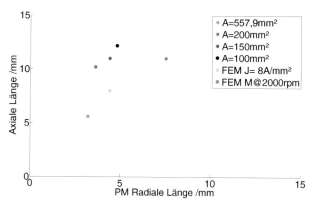

(a)   Weitere Optimierung der FTFM

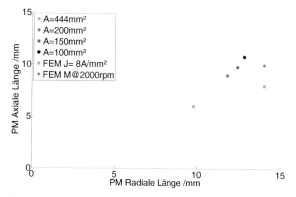

(b)   Weitere Optimierung der STFM

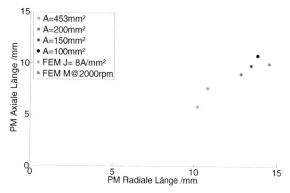

(c)   Weitere Optimierung der OSTFM

Bild 7 Optimierung der TFM mit Berücksichtigung der Strom und Spannungsbegrenzung

Aus Bild 7 ist zu erkennen, dass sich die optimalen Parametersätze deutlich unterscheiden, wenn der Strom und die Zwischenkreisspannung begrenzt sind. Aber trotzdem liefern die analytischen Modelle eine gute Unterstützung bei der Festlegung der interessanten Parametersätze. Die axiale und radiale Länge der Permanentmagneten, das interpolierte Drehmoment und die Stromdichte bei der Eckdrehzahl 2000 1/min sind in der **Tabelle 3** eingetragen.

	FTFM	STFM	OSTFM
$PM_{axial}[mm]$	11	10	10,5
$PM_{radial}[mm]$	7	14	14
α	2/3	2/3	2/3
p	30	30	30
$M@2000rpm\,[Nm]$	154,8	174,5	241,4

Tabelle 3 Optimale Konfiguration der FTFM, STFM und OSTFM mit Polpaarzahl 30

3.2   Variation der Polpaarzahl

Die Polpaarzahl wird variiert, um die Eigenschaften der TFM weiter zu verbessern. Die optimale radiale und axiale Länge der Permanentmagneten sind abhängig von der Polpaarzahl und müssen daher jeweils mit dem analytischen Modell und 3D-FEM neu berechnet werden. In **Bild 8** sind die Konfigurationen aller drei Topologien mit dem höchsten interpolierten Drehmoment für unterschiedliche Polpaarzahl dargestellt.

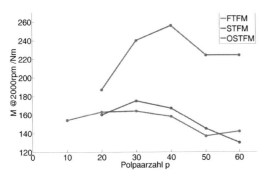

Bild 8 Die optimale Konfiguration der TFM mit höchstem Drehmoment für unterschiedliche Polpaarzahl

Es ist zu erkennen, dass die optimale Polpaarzahl für die drei Topologien FTFM, STFM und OSTFM unterschiedlich sind.

4 Zusammenfassung der Ergebnisse

Die Parameter optimaler Konfigurationen der drei Topologien sind in der Tabelle 4 aufgelistet.

	FTFM	STFM	OSTFM
$PM_{axial}[mm]$	11	10	10,5
$PM_{radial}[mm]$	7	14	14
α	2/3	2/3	2/3
p	30	30	40

Tabelle 4 Optimale Konfigurationen der drei Topologien

Die Drehmoment-Drehzahl Kennfelder der optimalen Konfigurationen sind in **Bild 9** dargestellt. Es ist zu sehen, dass die OSTFM das größte Drehmoment und den höchsten Wirkungsgrad liefert.

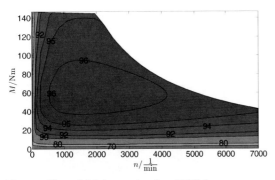

(a)   Kennfeld der optimalen FTFM

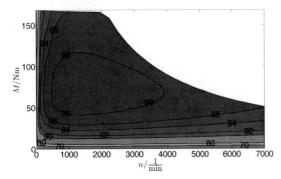

(b)   Kennfeld der optimalen STFM

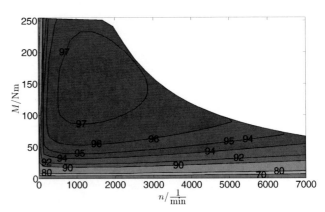

(c)   Kennfeld der optimalen OSTFM

Bild 9 Drehmoment-Drehzahl-Kennfelder der optimalen Konfigurationen aller drei Topologien

5 Fazit

In dieser Arbeit werden drei Topologien der Transversalflussmaschine (TFM) untersucht und miteinander verglichen. Wegen des großen Zeitaufwands der dreidimensionalen Finite-Elemente-Rechnung (3D-FEM) werden zunächst analytische Modelle basierend auf Reluktanznetzen entwickelt, die mit Hilfe der 3D-FEM validiert werden. Die für ein hybridelektrisches Fahrzeug ausgelegten TFM arbeiten mit einem Umrichter zusammen. Unter Berücksichtigung der Zwischenkreisspannung und des maximalen Umrichterstroms werden die TFM daher weiter optimiert. Zum Schluss wird die Polpaarzahl variiert und ihr Einfluss auf das Betriebsverhalten untersucht. Es ist zu sehen, dass die Topologie OSTFM bessere Eigenschaften als FTFM und STFM aufweist.

6 Literatur

[1] Weh, H.: Permanentmagneterregte Synchronmaschinen hoher Kraftdichte nach dem Transversalflusskonzept. etz Archiv, Bd. H. 5 ,1988.

[2] Schröder, D.: Elektrische Antriebe–Grundlagen. 4. Aufl., Springer-Verlag, 2009, pp. 396-412.

[3] Seibold, P.; Gartner, M.; Schuller, F. ; Parspour, N.: Design of a tranverse flux permanent magnet excited machine as a near-wheel motor fort he use in electric vehicles. Electrical Machines (ICEM), 2012, pp. 2641–2646.

[4] Boehm, A.; Hanh, I.: Comparison of soft magnetic composites (SMCs) and electrical steel. Electric Drives Production Conference (EDPC), Oct. 2012, pp. 1-6.

[5] Dreher, F.; Ebrahimi, A.; Parspour, N.: Optimizing the control behavior of Transverse Flux Machines by the use of hybrid flux conduction. Electrical and Power Engineering (EPE), 2012, pp. 374-378.

[6] Anpalahan, P.: Design of Transverse Flux Machines using Analytical Calculations & Finite Element Analysis. Dissertation, Kth.in Stockholm, 2001.

Windungszahlvariationen zur Reduzierung der Drehmomentwelligkeit bei PMSM
Varying the number of Windings to reduce the torque ripple of PMSM

Dipl.-Ing. (FH) David Kappel, Ziehl-Abegg AG, Künzelsau, Deutschland, david.kappel@ziehl-abegg.de
PD Dr.-Ing. habil. Andreas Möckel, TU Ilmenau, FG Kleinmaschinen, Deutschland, andreas.moeckel@tu-ilmenau.de

Kurzfassung

In dem vorliegenden Beitrag wird ein Berechnungsverfahren vorgestellt, mit Hilfe dessen bei permanentmagneterregten Synchronmaschinen, in der Ausführung mit Zahnspulenwickeltechnik, die Drehmomentwelligkeit reduziert werden kann. Die Reduzierung der Momentwelligkeit erfolgt über eine Optimierung des Wicklungssystems. Dabei wird die Zahnwicklung über eine Variation der einzelnen Spulenwindungszahlen so angepasst, dass gezielt Harmonische abgesenkt werden können. Im speziell vorgestellten, betrifft dies eine Reduzierung der 6. Harmonischen im Drehmoment, da diese zu störenden Schwingungen und somit zu Geräuschanregungen im Betrieb des Motors führt. Das Hauptaugenmerk soll auf den Entwurfsgang dieses Verfahrens gelegt werden. Dabei liegt der Weg in einer zeitoptimierten analytischen Berechnung. Der Entwurfsgang geht über eine Kombination aus analytischer und numerischer Momentberechnung für die Bewertung der Ergebnisse, da dieser einen sinnvollen Kompromiss zwischen der Rechenzeit und der Genauigkeit der Ergebnisse schließt. Es werden sowohl Simulationsergebnisse als auch Messergebnisse dargestellt.

Abstract

This paper presents a method to reduce torque ripple for permanent magnet synchronous machine with tooth-coil winding. The reduction of the torque ripple is realized by an optimization of the winding. The tooth-coil winding is adapted by a variation of the number of turns that specifically harmonics can be reduced. In particular this relates to a reduction of the 6. harmonics of the torque because these often lead to vibrations and noise. The main focus of attention will be placed to the design process of the method. The purpose is a time-optimized analytical calculation. The design process is a combination of analytical an numerical calculation of the torque because this is a reasonable compromise between computing time and accurateness of the results.
Simulation and measurement results are presented.

1 Einführung

Aktuell werden elektrische Antriebe, insbesondere Permanentmagnetmotoren, häufig in einer Ausführung mit Zahnspulenwicklungen gefertigt, um Vorteile gegenüber Motoren mit verteilter Wicklung im Bereich der Fertigung oder der Energieeffizienz zu erzielen.

Aufgrund der deutlich kürzeren Wickelköpfe der Zahnspulen gegenüber den verteilten Wicklungen, wie dies in **Bild 1** zu erkennen ist, ergibt sich z.B. die Möglichkeit den Motor in axialer Baulänge im Auslegungsprozess länger zu dimensionieren. Weiterhin werden aufgrund der kürzeren Wickelköpfe deren ohmsche Verluste verringert. Ein weiterer Vorteil, welcher die Zahnspulenwicklungen bieten, besteht in einer optimierten Wickeltechnik. Die Wicklung kann beispielsweise mit Hilfe eines Nadelwicklers oder vorgefertigten Spulen im Vergleich zu herkömmlichen Wicklungen zeitoptimierter hergestellt werden. Aufgrund dieser Techniken ist mit einer Zahnspulenwicklung ein höherer Nutfüllfaktor möglich. Allerdings bieten elektrische Maschinen in einer Ausführung mit Zahnspulenwicklungen auch Nachteile.

Bild 1 Vergleich einer Zahnwicklung (links) mit einer verteilten Wicklung (rechts)

Permanentmagnetmotore mit Bruchlochwicklungen, zu welchen die Zahnspulenwicklungen zählen, erzeugen einen höheren Oberwellenanteil des Luftspaltfeldes als diese mit Ganzlochwicklungen. Dieser hohe Oberwellenanteil des Luftspaltfeldes kann zu unerwünschten Effekten wie z.B. Schwingungen und

Geräuschanregungen im Betrieb des Motors führen. Um diesen unerwünschten Effekten entgegenzuwirken ist es erforderlich, mittels geeigneter Maßnahmen gezielt die erzeugten Harmonischen des Luftspaltfeldes zu beeinflussen, um optimale Laufeigenschaften des Motors zu gewährleisten. Es kann beispielsweise das Luftspaltfeld so beeinflusst werden, dass die Drehmomentwelligkeit des Motors reduziert wird.

2   Reduzierung der Drehmomentwelligkeit bei PMSM

Ein wichtiges Auslegungskriterium für elektrische Maschinen ist die Welligkeit des Drehmoments. Es existieren mehrere Verfahren, mit denen die Drehmomentwelligkeit reduziert werden kann.

2.1   Übersicht

Eine gängige Möglichkeit die Drehmomentwelligkeit zu reduzieren ist die Schrägung [4], [6]. Geschrägt werden können entweder das Ankerblechpaket oder erregerseitig die Permanentmagnete. Weiterhin können die Pendelmomente durch eine Anpassung der Form der Statorzähne, oder durch eine geeignete Wahl der Breite der Magnete reduziert werden [2], [5].

Es ist ersichtlich, dass all diese Methoden einen mehr oder weniger erhöhten technologischen und finanziellen Aufwand im Fertigungsprozess des Motors zur Folge haben. Ein geschrägtes Blechpaket führt zu einem erhöhten Fertigungsaufwand beim Einlegen der Wicklung, geschrägte Seltenerd-Permanentmagnete sind in der Herstellung sehr teuer.

Aufgrund dessen ist es sinnvoll, alternative Möglichkeiten, welche im Fertigungsprozess einfach zu realisieren sind, seitens der Auslegungsverfahren zu erschließen.

2.2   Variation der Windungszahlen

Ein alternatives, einfach zu realisierendes Verfahren die Drehmomentwelligkeit bei Permanentmagnetmotoren zu reduzieren, bietet eine Optimierung des Zahnspulen-wicklungssystems. Die Idee dahinter ist eine bereits bekannte Methode, wie z.B. in [1] beschrieben. So soll das Drehmoment mit einer Variation der einzelnen Spulenwindungszahlen geglättet werden.

Bild 2 Wicklungsschema einer Urwicklung für 18 Nuten und 20 Pole mit variablen Windungszahlen

Das Hauptaugenmerk wird hierbei auf den Entwurfsgang dieses Verfahrens der variablen Windungszahlen gelegt.

Diese Methode ist bei etlichen Nut-Polzahlkombinationen anwendbar, beispielhaft soll dies bei 18 Nuten und 20 Polen beschrieben werden. In **Bild 2** ist das entsprechende Wicklungsschema für eine Urwicklung gezeigt.

Wird z.B. wie dargestellt die Windungszahl n2 der mittleren Zahnspule je Wicklungszone verringert, können die Harmonischen gezielt beeinflusst werden und somit das Luftspaltfeld einer Sinusform angenähert und die 6. Harmonische im Drehmoment reduziert werden. Die restlichen Zahnspulen behalten die ursprüngliche Windungszahl n1 bei.

Die Wirksamkeit der Windungszahlvariation auf die Reduktion von Harmonischen im Luftspaltfeld soll anhand des Verlaufes der Magnetomotorischen Kraft (MMK) dargelegt werden. Die Windungszahl n2 der mittleren Spule in Bild 2 beträgt dabei 66% der Windungszahl n1. **Bild 3** zeigt den Vergleich der Oberwellenamplituden der MMK bei unoptimierter und bei optimierter Wicklung. Das aufgetragene Spektrum wurde auf die 10. Oberwelle genormt.

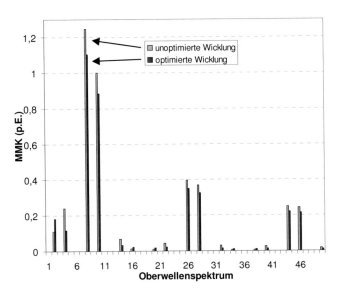

Bild 3 Oberwellenspektrum der MMK

Bild 3 ist zu entnehmen, dass die für die Erzeugung der 6. Harmonischen im Drehmoment mitverantwortlichen 50. Oberwelle durch die Wicklungsoptimierung der Wicklung um 40% reduziert wird. Es werden weiterhin etliche Oberschwingungen abgesenkt, beispielsweise die 4. Subharmonische um 50%. Hingegen steigt die 2. Subharmonische um 40% an.

Ein Maß für den Oberwellengehalt einer Wicklung ist der Koeffizient der doppeltverketteten Streuung [6]. Berechnet man diesen für beide Fälle, so ergibt sich für den unoptimierten Motor ein Koeffizient von 2,41, für die optimierte Wicklung ein Koeffizient von 2,55. Dieser höhere Wert hängt mit dem Anstieg der 2. Subharmonischen zusammen.

Die 10. Oberwelle, welche die Arbeitswelle des Motors darstellt, wird durch die Optimierung der Wicklung um 11,6% abgesenkt. Vergleicht man den Gesamtwicklungsfaktor des Grundfeldes so ergibt sich ein Wert von 0,9452 für die unoptimierte Wicklung. Für die optimierte Wicklung ergibt sich ein Wicklungsfaktor von 0,9403.

Die Vorteile der Methode der variablen Windungszahlen liegen auf der Hand. Die Änderungen der Windungszahlen sind im Fertigungsprozess des Motors einfach zu realisieren. Die Spulen können z.B. mit der jeweils benötigten Windungszahl vorgefertigt werden. Bei einer Realisierung der Statorgeometrie mit offenen Nuten, können die fertigen Spulen leicht über die Zähne und die Nutisolation geschoben werden. Vor allen Dingen ist keine Änderung der Blechschnittgeometrie erforderlich, da die Änderung der Windungszahl sich ausschließlich auf die Wicklung auswirkt.

Allerdings kann die Variierung der Windungen zu groben Abstufungen führen, falls die Windungszahl bereits vor der Optimierung sehr gering ist. Eine Magnetschrägung beispielsweise bietet deutlich feinere Abstufungen. Dies stellt einen der Nachteile dieses Verfahrens dar. Weiterhin wird ein Absenken der Drehmomentgrundwelle im Tausch gegen eine reduzierte 6. Harmonische im Drehmoment sowie ein reduzierter Füllfaktor einzelner Nuten in Kauf genommen.

2.3 Berechnungswege

Die für die Bewertung der Vielzahl von möglichen Windungszahlkombinationen nötige Berechnung der Drehmomente, kann sowohl numerisch mittels FEM, als auch analytisch erfolgen.

2.3.1 Numerische Berechnung

In **Bild 4** ist der Entwurfsweg für eine numerische Berechnung der Drehmomente dargelegt.

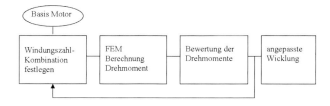

Bild 4 Berechnungsweg bei numerischer Drehmomentberechnung

Zu Beginn des Berechnungswegs steht eine Basis Wicklungsauslegung. Die Windungszahl wird variiert und anschließend für diese Kombination eine numerische Drehmomentberechnung durchgeführt. Die Rechenergebnisse werden bewertet und die nächste Windungszahlkombination wird festgelegt. Dieser Zyklus wird so lange ausgeführt, bis eine geeignete Kombination der Windungszahlen mit einer reduzierten 6. Harmonischen im Drehmoment gefunden worden ist. Die Vorteile dieses Berechnungswegs sind zum einen hohe Genauigkeiten der Rechenergebnisse und zum anderen eine breite Bestimmung des Oberwellenspektrums. Es ergibt sich eine Vielzahl von möglichen

Windungszahlkombinationen, welche bei der Bewertung hinsichtlich ihrer Drehmomentwelligkeit über einen Entwurfsgang basierend auf einer numerischen Rechnung sehr zeitaufwendig zu bestimmen sind.

2.3.2 Analytische Berechnung

Anstelle der numerischen Berechnung soll nun wie dies **Bild 5** zeigt, eine analytische Drehmomentberechnung in Betracht gezogen werden.

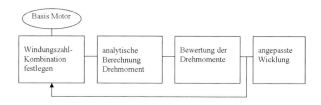

Bild 5 Berechnungsweg bei analytischer Drehmomentberechnung

Für eine analytische Bestimmung der Drehmomentwelligkeit bei Permanentmagnetmotoren, bietet sich die Bestimmung mittels Ankerstrombelag sowie Erregerinduktion nach [3] gemäß

$$M(t) = \frac{D^2}{4} l_i \int_0^{2\pi} A(x,t) B(x,t) dx$$

an. Ankerstrombelag und Induktion sind dabei gegeben als eine Summe von Drehwellen:

$$A(x,t) = \sum \hat{A}_\nu \cos(\nu \cdot x - \omega_\nu \cdot t - \varphi_\nu)$$

$$B(x,t) = \sum \hat{B}_\mu \cos(\mu \cdot x - \omega_\mu \cdot t - \varphi_\mu)$$

Zu Beginn wird auch bei dieser Variante von einer Basiswicklungsauslegung ausgehend die Windungszahl variiert und nach der analytischen Berechnung das Ergebnis bewertet. Dieser Rechengang wird so lange ausgeführt, bis eine den Anforderungen entsprechende Windungszahlkombination gefunden worden ist.

Die Rechenzeit für den Optimierungsablauf kann somit deutlich reduziert werden, da eine analytische Drehmomentberechnung nur wenige Sekunden benötigt. Da jedoch die analytische Rechnung keine Sättigungseffekte und Streuflüsse berücksichtigt, können die Harmonischen im Drehmomentspektrum nur unzureichend berechnet werden. Jedoch ist es für die Motorauslegung häufig von Nöten, die Amplituden der Harmonischen im Drehmoment zu kennen, um z.B. im Betrieb der Maschine eine nötige Laufruhe gewährleisten zu können. Somit stellt auch dieser Berechnungsweg eine Einschränkung für die Praxis dar.

2.3.3 Kombination aus analytischer und numerischer Berechnung

Aus vorangegangenen Betrachtungen wird ersichtlich, dass ein sinnvoller Kompromiss zwischen der Dauer und der Genauigkeit der Berechnung eingegangen werden muss. Das Ziel liegt in einer zeitoptimierten analytischen Berechnung, wie sie in 2.3.2 beschrieben ist und keine Sättigungseffekte berücksichtigt. Der Weg geht über eine Kombination aus analytischer und numerischer Drehmomentberechnung für die Bewertung der Drehmomente. Dieser Entwurfsgang schließt den geforderten Kompromiss zwischen der Rechenzeit und der Genauigkeit der Ergebnisse und ist in **Bild 6** dargelegt.

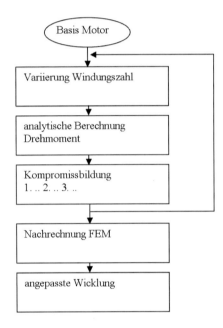

Bild 6 Berechnungsweg bei Kombination aus analytischer und numerischer Drehmomentberechnung

Dabei folgen nach der Variierung der Windungszahl zunächst eine analytische Berechnung der Drehmomentgrundwelle sowie der 6. Harmonischen. Diese analytische Vorausberechnung der Drehmomente wird idealer Weise über ein Berechnungstool realisiert, welches beispielsweise in Matlab programmiert werden kann. Im Anschluss daran werden die Ergebnisse über eine Kompromissbildung bewertet. Es kann beispielsweise die maximale zulässige Absenkung der Drehmomentgrundwelle vorgegeben werden, welche dann die maximal mögliche Reduzierung der 6. Harmonischen im Drehmoment bestimmt. Für eine weitere Kompromissbildung kann die gewünschte Reduzierung der 6. Harmonischen im Drehmoment festgelegt werden. Diese Vorgabe bestimmt somit die sich ergebende Absenkung der Drehmomentgrundwelle. Dieser Ablauf wird so lange durchgeführt, bis alle möglichen Windungszahlkombinationen analytisch berechnet und die gewünschten Ergebnisse der Kompromissbildung bestimmt wurden. Die über diese analytische Vorausberechnung ausgewählten Varianten von Windungszahlkombinationen werden schließlich numerisch nachgerechnet, um eine angepasste Wicklung mit einer reduzierten 6. Harmonischen zu erhalten.

Das Merkmal dieser Berechnungsvariante ist die Generierung einer Vorauswahl an geeigneten Windungszahlkombinationen über die analytische Vorausberechnung, um den Simulationsumfang deutlich zu reduzieren. Die Genauigkeit der Ergebnisse ist durch die numerische Nachrechnung gegeben, zusätzlich erlaubt die analytische Vorauswahl einen zeitoptimierten Ablauf der Berechnung.

3 Simulationsergebnisse

Es werden anhand eines Berechnungsbeispiels Ergebnisse dargelegt werden, welche sich aus der Realisierung der bisherigen theoretischen Überlegungen ergeben. Dabei wird für den Rechengang die Kombination aus analytischer und numerischer Drehmomentberechnung auf einen Motor mit 18 Statornuten und 20 Polen angewendet. Für die Kompromissbildung der Berechnung wird eine maximal erlaubte Absenkung der Drehmomentgrundwelle vorgegeben.

Aus der analytischen Vorausberechnung ergibt sich eine Absenkung der 6. Harmonischen im Drehmoment bei Absenkung der mittleren Spulenwindungszahl je Wicklungszone, wie dies in Bild 2 dargestellt ist. **In Bild 7** sind die Ergebnisse der analytischen Rechnung abgebildet.

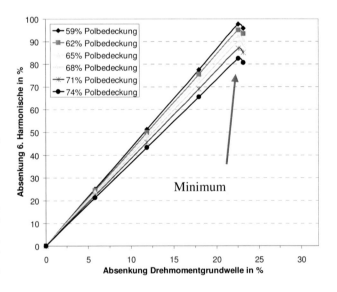

Bild 7 Analytische Berechnungsergebnisse bei Variierung der Windungszahl

Dargestellt ist die prozentuale Absenkung der 6. Harmonischen im Drehmoment, über der prozentualen Absenkung der Grundwelle für verschiedene Polbedeckungen. Zu erkennen ist, dass alle Verläufe bei derselben Windungszahlkombination, also bei derselben Grundwellenreduzierung im Drehmoment einen

Extrempunkt an maximaler Absenkung der 6. Harmonischen besitzen.

Die numerisch berechneten Ergebnisse der über die analytische Vorausberechnung ausgewählten Windungszahlkombinationen sind **Bild 8** zu entnehmen. Es wird deutlich, dass für eine Variierung der Windungszahl die 6. Harmonische im Drehmoment für verschiedene Polbedeckungen unterschiedlich stark abgesenkt werden kann. So kann beispielsweise die 6. Harmonische im Drehmoment bei einer Polbedeckung von 74% und einer zulässigen Absenkung der Drehmomentgrundwelle von 27% bis zu 95% reduziert werden. Bei der numerischen Nachrechnung liegen die Extrempunkte der Kurven jedoch aufgrund von Sättigung und Streuflüssen nicht deckungsgleich zu den Extrempunkten der analytischen Berechnung.

Aus Bild 8 kann für eine gewünschte Performance des Motors bei entsprechender Polbedeckung und maximal zulässiger Absenkung der Drehmomentgrundwelle die passende Windungszahlkombination der Wicklung bestimmt werden.

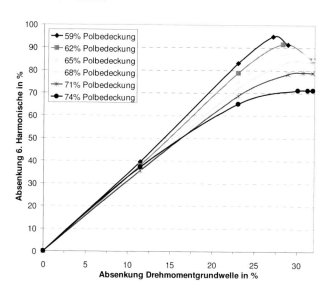

Bild 8 Numerische Berechnungsergebnisse bei Variierung der Windungszahl

4 Messergebnisse

Im folgenden Abschnitt soll anhand von Messungen die Methode der variabeln Windungszahlen auf ihre Wirksamkeit untersucht werden. Dazu wird ein Motor mit konstanter Spulenwindungszahl einem baugleichen Motor mit variabler Windungszahl gegenübergestellt. Die Maschinen besitzen jeweils 18 Nuten und 20 Pole. Die Variierung der Windungszahl der optimierten Maschine erfolgt nach dem Schema aus Bild 2.

Mit Hilfe eines 3-Achsen-Schwingungsaufnehmers wie **Bild 9** zu entnehmen ist, werden die Schwingungen im Betrieb des Motors im Nennpunkt auf der Oberfläche des Motorgehäuses in 3 Achsen aufgenommen. Dabei wird in der x-Achse in 90° zur Motorwelle, in der y-Achse in Umfangsrichtung des Motors sowie in der z-Achse in

Richtung der Welle gemessen. Bei einer Nenndrehzahl von 300 1/min ergibt sich für eine 6. Harmonische Schwingung eine Frequenz von 300Hz.

Bild 9 Messaufbau mit Schwingungssensor

In **Bild 10** sind die Ergebnisse der Messungen zu entnehmen. Hierbei sind die Schwinggeschwindigkeiten aller 3 Achsen für die jeweilige Schwingung bei 300Hz aufgetragen.

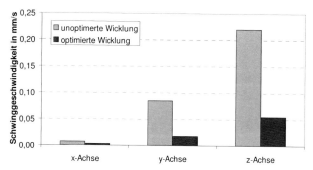

Bild 10 Ergebnisse der Schwingungsmessung

Da aus praktikablen Möglichkeiten der Schwingungsaufnehmer nicht in der Mitte des Gehäuses liegt, beinhaltet die Messung in der y-Achse nicht nur Anteile in Umfangsrichtung, die Messung in der z-Achse nicht nur Anteile in Wellenrichtung. Dieser Versuch bietet vielmehr eine überschlägige Messung, welche zeigt, dass die Schwingungen insgesamt deutlich reduziert werden können. Wie den Ergebnissen zu entnehmen ist, können die Schwingungen durch eine Optimierung der Wicklung über eine Variation der Windungszahlen deutlich abgesenkt werden. Die Schwinggeschwindigkeit in der y- bzw. in der z-Achse wird bis zu 80% reduziert.

5 Zusammenfassung

Das vorgeschlagene Prinzip der Reduzierung der Drehmomentwelligkeit, insbesondere der 6. Harmonischen, mittels einer Variation der Spulenwindungszahlen bei Zahnspulenwicklungen, stellt eine im Fertigungsprozess des Motors einfach zu realisierende Variante dar.

Es muss allerdings ein Kompromiss zwischen der Absenkung der Drehmomentgrundwelle und der zu reduzierenden 6. Harmonischen im Drehmoment eingegangen werden.

Für den Rechengang zur Realisierung einer optimierten Wicklung, bietet ein Berechnungsweg aus der Kombination von analytischer Vorausberechnung und numerischer Nachrechnung der jeweiligen Windungszahl-kombinationen, eine schnelle Berechnung mit genauen Ergebnissen.

6   Literatur

[1]   Evans, S.-A.: Elektrische Maschine, German patent application No. 102011 078 157 A1

[2]   Krotsch, J.; Piepenbreiter B.: Anwendung von FEMAG-Script: Mehrkriterielle Optimierung – Algorithmus, Umsetzung und Beispiele. FEMAG-Anwendertreffen 2010

[3]   Müller, G.; Vogt, K.; Ponick, B.: Berechnung elektrischer Maschinen. Wiley-VCH, 2008

[4]   Müller, G.; Ponick, B.: Theorie elektrischer Maschinen. Wiley-VCH, 2009

[5]   Huth,G.: Dynamische Regelantriebe. Vorlesungs-skript Universität Hannover

[6]   Seinsch, H.-O.: Oberfelderscheinungen in Drehfeld-maschinen. B:G: Teubner Stuttgart, 1992

Einfluss des Tränkharzes und der Applikation auf die Teilentladungsbeständigkeit bei Niederspannungsmotoren

Mario Kuschnerus, Andreas Gebert, ELANTAS Beck GmbH, Hamburg, Germany

1   DEFINITION VON TEILENTLADUNG

Inhomogene elektrische Felder oder Isolationssysteme können zu lokal starken Erhöhungen der Feldstärke führen. Das Ergebnis ist eine Entladung. Wenn die Entladung den Abstand zwischen zwei Leitern nicht überbrückt, spricht man von einer Teilentladung (TE). Im Unterschied dazu steht der Durchschlag. Teilentladungen, die an der Oberfläche sichtbar sind, werden als Corona bezeichnet (Elmsfeuer z. B.).

2   TEILENTLADUNGEN IN NIEDERSPANNUNGSMOTOREN

In Starkstromanwendungen sind Teilentladungen bekannt und werden schon seit längerem untersucht. Aber auch bei Niederspannungsmotoren in Verwendung mit einem Frequenzumrichter können Teilentladungen entstehen. Entscheidend ist der jeweilige Spannungsunterschied an einem Ort.

2.1   Theoretischer Hintergrund zum multiplizierenden Effekt auf die Spannung beim Gebrauch von Frequenzumrichtern [1]

Die Ausbreitungsgeschwindigkeit der Impulse ist ca. das $0,5 - 0,6$ fache der Lichtgeschwindigkeit c_0 [1]. Hochfrequenzumrichter arbeiten mit einer Taktung von bis zu 20 kHz. Dazu werden sehr große Spannungsänderungen in sehr kurzer Zeit (du/dt) erzeugt. Durch diese drei Effekte kann während einer Schaltung der volle Spannungsunterschied in einer Leitung, Anfang zu Ende, vorliegen. Dann spricht man von einer „elektrisch langen Leitung".

Die Periodendauer einer gedämpften Schwingung ist ca. 4 mal die Leitungslaufzeit [2]. Schaltet der Frequenzumrichter innerhalb dieser Einschwingzeit noch mal, kann sich sogar eine Verdreifachung des Spannungsunterschiedes von Anfang zu Ende der Leitung ergeben [3]. Bei einem 400 V Frequenzumrichter mit einer Zwischenstromkreisspannung von 560 V ist das ein Spannungsunterschied zu Erde von über 1,5 kV.

Zur vollständigen Betrachtung der Teilentladungsbeständigkeit wurden die Phase selber, die Phase gegen Erde, aber auch Phase gegen Phase geprüft.

3   MESSUNG DER TEILENTLADUNG AN STATOREN

3.1   Akustische und optische Testmethoden bei Statoren und Motoren

Weder akustische noch optische Testmethoden können bei gewickelten Statoren oder vollständigen Motoren „sinnvoll" angewendet werden [4]. Eine optische Prüfung würde das Öffnen der Wicklung voraussetzen. Dieses steht dem Grundsatz der zerstörungsfreien Prüfung entgegen. Auch akustische Prüfungen sind auf Grund der Dämpfung des Blechpaketes und der Vielzahl der Nebengeräusche schwer anwendbar.

3.2   Elektrische Prüfung

Hauptunterschiede der Prüfung und Messung von Teilentladungen bei 50 Hz Hochspannungsmaschinen und Frequenzumrichter gesteuerten Niederspannungsmotoren sind die entstehenden Stoßspannungen und die starken Störgeräusche des Frequenzumrichters. Drahtlose Messungen mit Mikrowellenantennen erlauben noch keine spezifische Ortsbestimmung der Entladung, sind aber eine einfache Methode, um die Qualität von Isolationssystemen zerstörungsfrei zu überprüfen. Auch die Integration in den Produktionsprozess ist möglich.

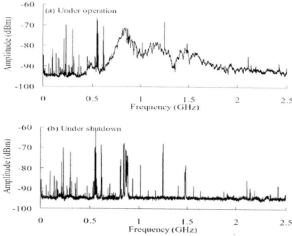

Bild 1 Frequenzspektrum der Teilentladung an einem Generator on-und offline [5]

Prüfgerät ist ein RM Prüftechnik DWX-05 PD.

Um dem Eigenschaftsbild der durch den Frequenzumrichterbetrieb entstehenden starken Spannungsänderung bei kurzer Zeit (du/dt) möglichst nahe zu kommen, werden Stoßspannungen verwendet. Es werden jeweils 5 Messimpulse mit einem Vorimpuls zur Entstörung des Signals abgegeben. Die Steigerungsrate der Spannung beträgt 2 % pro Serie. Eine Reihe kleinerer Messspitzen kann bei jeder Serie beobachtet werden. Um diese Hintergrundgeräusche von einer Teilentladung zu unterscheiden, muss die TE-Eingangsspannung anhand der Anzahl und Amplitude der aufgefangenen Peaks definiert werden. Eine allgemeine Regel kann hier nicht festgelegt werden. Für das hier getestete System hat sich die Detektion von 3 Peaks mit 15 dB (Beispiel in **Bild 2**) als eine reproduzierbare Teilentladungsprüfung herausgestellt.

Jede Messung wird 5mal durchgeführt. Entscheidende Aussagen über die Teilentladungsbeständigkeit sind der Mittelwert der 5 Teilentladungseingangsspannungen und die Standardabweichung der Werte zueinander.

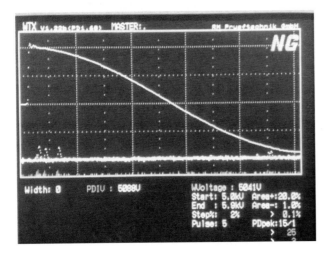

Bild 2 Automatischer Test mit auftretender Teilentladung

Teilentladungen treten nur in nicht homogenen Isolationen auf. Sie starten jeweils in Bereichen mit geringeren dielektrischen Konstanten. Luftbläschen oder Risse sind normalerweise der Startpunkt. Auch entlang der Grenzfläche zweier Dielektrika können Teilentladungen auftreten. Ein Isolationssystem ohne Schwachstellen (Bereiche mit geringerer Dielektrizitätskonstante wie Blasen und Risse) bietet die beste Sicherheit gegenüber Teilentladungen.

Daher konnte die Idee, einen Prüfaufbau zu entwickeln, bei dem das reine Harz gemessen wird, nicht verwirklicht werden. In einem idealen Isolationssystem ohne weitere Einflüsse oder Schwachstellen entstehen keine Teilentladungen; das Ergebnis wäre der Durchschlag. Es erfolgt daher die Prüfung an einem kompletten System aus Stator, Harz, Tränkmethode und Alterung.

Als Basis für die Untersuchungen wurde ein Stator der Baugröße 90 verwendet. Der Stator wird vor und nach der Tränkung gemessen. Die Teilentladungseinsetzspannung wird in jeder Phase, Phase zu Masse und Phase zu Phase gemessen. Damit ist sichergestellt, dass jede mögliche Schwachstelle vom konstruktiven Aufbau des Stators, der Produktion sowie aller Isolationsmaterialien mitgeprüft wird.

Ausgehend von einer reproduzierbaren Basis (Produktion des Stators) sind die Haupteinflüsse auf die Entstehung von Schwachstellen im Harz und damit auf die Teilentladungsbeständigkeit; (a) die Tränktechnik und das -ergebnis, (b) die Anpassung des Harzes an die Einsatzgebiete, (c) die Alterungsbeständigkeit sowie (d) die Interaktion mit der Umwelt (z. B. hydrophile oder -phobe Materialien)

(a) Viskosität und damit das Eindringvermögen, die Klebkraft zur Wicklung und die Rissanfälligkeit haben, neben den chemischen Eigenschaften, den größten und direkten Einfluss auf die Teilentladungsbeständigkeit. Gutes Eindringvermögen und hohe Klebkraft zur Windung müssen gegeben sein, damit das Harz alle Hohlräume verfüllt. Eine niedrige Viskosität des Harzes am Objekt und die Kapillarkräfte in den Windungen und den Nuten helfen eine gute Füllung vor der Aushärtung zu gewährleisten. Die Adhäsion zum Lackdraht und gegebenenfalls auch eine thixotrope Einstellung des Harzes verringern den hohen Abtropfverlust. Besonderes Augenmerk muss hier auf der starken Viskositätsverringerung kurz vorm Gelieren des Harzes gelegt werden, was zu einem verstärkten Abtropfen im Ofen führt. **Graphik 1** gibt ein gutes Beispiel wie Füllfaktor und Teilentladungsbeständigkeit unabhängig vom Harz zusammenhängen. Das monomerfreie und das acrylatische Harz wurden mit der gleichen Tränktechnik für eine vollständige und eine teilweise Verfüllung verwendet. Ein geringer Füllfaktor birgt die Wahrscheinlichkeit, dass einzelne Stellen nur unzureichend oder sogar gar nicht benetzt werden. Diese Stellen zeigen sich durch eine nur sehr geringe oder gar keine Verbesserung der TE-Einsetzspannung gegenüber dem ungetränkten Stator. In Graphik 1 sind die Bereiche mit schlechter TE-Beständigkeit auf Grund nicht ausreichender Füllung beim monomerfreien Harz zwischen V und Masse und beim acrylatischen Harz U zu Masse zu erkennen. Etwas gesondert sind hierbei die Lacke zu betrachten. Sie legen sich auf Grund der sehr niedrigen Viskosität sehr gut an alle Oberflächen. In dieser dünnen Schicht sind auch keine Fehlstellen zu erwarten. Daher folgen die Lacke einem anderen Verhältnis von Füllfaktor zu TE-Beständigkeit verglichen zu den Harzen. Wiederum kann durch die dünne Schicht aber auch nur ein recht geringer Maximalwert erreicht werden, so dass Lacke für die Anwendung in Motoren, die TE-beständig sein müssen, nicht anwendbar sind. Monomerfreie Harze haben eine höhere Viskosität und einen geringen Abdampfverlust, vollständige Füllungen sind möglich.

(b, c und d) können unter dem Begriff der TE-beständigkeits-Alterung zusammengefasst werden. Das Harz muss den neuen Anforderungen angepasst werden. Umwelteinflüsse wie starke Temperaturwechsel oder Chemikalienbeständigkeit werden, da Motoren mit Frequenzumrichter einen entscheidenden Faktor in der E-Mobilität spielen, einen immer stärkeren Einfluss auf die Alterungsanforderungen des Harzes haben. Das Auftreten von kurzzeitig erhöhten Spannungen kann in der Konstruktionsplanung zu erhöhten Drahtquerschnitten führen, wodurch direkt die Abstände der Drähte zueinander und damit auch die Schichtdicken größer werden. Tränktechniken und Harze ausgelegt auf kleine Drahtdurchmesser können nicht ohne weiteres auf entsprechende Motoren übertragen werden. Abtropfverluste, Wärmetransfer und Rissbildung sind nur drei Punkte, die Harze in diesen Anwendungen bewältigen müssen.

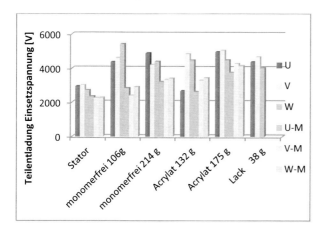

Graphik 1 TE-Beständigkeit bei verschiedenen Harzmengen, gemessen in der Phase und Phase gegen Masse

4 EINFLUSS DES TRÄNKMATERIALS

Die Vergleiche wurden rein auf die Messungen der TE-Eingangsspannung gezogen. Die Durchschlagsfestigkeit des Harzes wurde nicht mit berücksichtigt. Entscheidend ist der Einfluss des Harzes im und auf das gesamte System. Die maximale Füllmenge wird großteils vom Harz und der angewendeten Tränktechnik bestimmt. Kleinere Einstellungen können noch über die Parametrierung des Prozesses vorgenommen werden. Diese Feinheiten werden in dieser Arbeit nicht mit berücksichtigt, da es um prinzipielle Auswirkungen auf die Teilentladungsbeständigkeit geht. **Graphik 2** zeigt die unterschiedliche Harzaufnahme mit verschiedenen Harz- und Lacktypen. Es wurde das Tauchverfahren ohne Vorwärmung angewendet. Ausnahme ist der Balken „Hot-Dip", der die Aus-

wertung für einen Heißtauchprozess ist. Die Werte wurden nach dem Abtropfen über dem Becken ermittelt. Überschüssiges oder Material, das kalt abtropft, wurden nicht mit einbezogen.

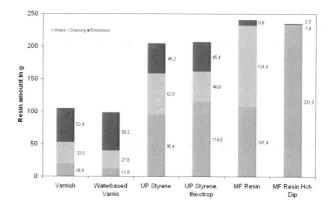

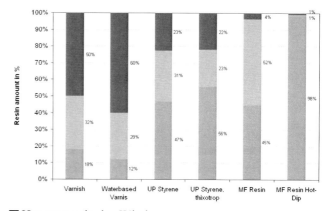

☐ Harzmenge in den Windungen
☐ Abtropfverluste im Ofen
■ Abdampfverluste

Graphik 2 Harzaufnahme versch. Harzsysteme in [g] und [%]

Lacke sind auf Lösemittel basierend. Das Lösemittel verdampft vollständig, ohne mit dem Feststoff selber zu reagieren. Vorteile dieser Tränkmaterialien sind die sehr niedrige Viskosität und die sehr gute Oberflächenbenetzung. Daher verbessern sie auch bei sehr geringen Füllmengen die TE-Beständigkeit positiv (Graphik 1). Der Nachteil liegt beim hohen Abdampf- und Abtropfverlust. Ein hoher Füllgrad kann bei einem Verlust von > 50 % (Graphik 2) nicht erreicht werden.

Harze mit Reaktivverdünner wie Styrol oder Vinyltoluol sind die meist verwendeten für die Herstellung von Niederspannungsmotoren. Der Reaktivverdünner vernetzt zum Großteil mit dem Harz, daher ist der Abdampfverlust wesentlich geringer verglichen mit den Lacken (Graphik 2 UP-Styrene).

Monomerfreie Harze haben die höchste Grundviskosität der hier geprüften Harze. Die fehlenden Monomere bringen den Abdampfverlust zu einem Minimum. Die höhere Grundviskosität des Harzes führt zu einer schlechteren Penetration. In Kombination mit dem erhöhten Abtropfverlust im Ofen, ergeben sich bei einem Dip & Bake Prozess keine signifikanten Vorteile gegenüber den Harzen mit Reaktivverdünner. Wird die Viskosität des Harzes am Objekt aber mit Hilfe von vorgewärmten Objekten verringert, kann eine fast 100 %ige Füllung erreicht werden. Die TE-Einsetzspannung erreicht auf allen Phasen ein sehr hohes Niveau. Dazu ist die Standardabweichung sehr gering.

Epoxide wurden bei den ersten Versuchsreihen noch nicht mitgeprüft.

Thixotrop eingestellte Harze sind entwickelt worden, um den Abtropfverlust in den Wicklungen und der Nuten während der Aushärtung zu verringern. Mit dieser Technik können viele Harzsysteme einen höheren Füllgrad erreichen. Als Beispiel wird in Graphik 2 ein UP Harz mit Styrol als Reaktivverdünner angeführt, bei dem die thixotrope Einstellung zu einer erhöhten Füllmenge von knapp 20 g (ca. 20 %) führt.

5   EINFLUSS DES TRÄNKPROZESSES

Die Durchschlagsfestigkeit des Lackdrahtes und des Harzes bilden die Obergrenze der Teilentladungsbeständigkeit. Für die industrielle Anwendung ist viel mehr die Beständigkeit des ganzen Systems von Bedeutung, hierfür muss auch der Einfluss der Tränkmethode mit einbezogen werden.

Alle Tränkprozesse werden so gesteuert, dass sie das Harz während der Applikation nicht schädigen. Faktoren wie Lagerstabilität oder mögliche Qualitätsschwankungen der Harze wurden für diese Auswertung nicht mit berücksichtigt, sind aber für die Verwendung in einer Serienproduktion zu beachten.

Die verschiedenen Methoden können großen Einfluss auf die TE-Beständigkeit haben. Füllgrad, Harzverteilung, Abdampfverhalten, Aushärtung, etc. bestimmen die Einsetzspannung der Teilentladung. Jeder Faktor kann je nach Objekt mit den Tränkverfahren Tauchen, Heiß-Tauchen, Tauchrollieren, VPI oder Träufeln gesteuert werden. Es wird hier nur auf die meist verwendeten Tränktechniken eingegangen.

Tauchen ist die meist verwendete Tränktechnik. Voraussetzung ist eine niedrige Viskosität des Harzes oder Lackes. Mit dem Tauchprozess kann eine Füllung und Verbackung der Nuten und Wicklungen auf relativ gerin-

gem Niveau erreicht werden. Auch ist die Harzverteilung nicht genau kontrollierbar, der obere Wickelkopf ist zumeist magerer gefüllt. Da diese Effekte beim Tauchen kaum zu vermeiden sind, ist diese Tränktechnik in Bezug auf die TE-Beständigkeit mit Vorsicht zu betrachten. Diese Tränktechnik wurde bei den Versuchen nicht mit aufgenommen, da auf eine vergleichbare Harzaufnahme geachtet wurde (Graphik 3 und 4). Diese kann bei einem kalten Tauchprozess mit einem monomerfreien Harz nicht gewährleistet werden. Vorgewärmte Objekte zu tauchen ist die Adaption dieser Methode, um auch Harze mit höherer Grundviskosität zu verwenden.

Die **Vakuum-Druck-Imprägnierung** wird vor allem in der Hochvolttechnik angewendet. Eine perfekte Penetration auch durch mehrere Lagen Glimmerband muss gewährleistet sein. Für Motoren im Niederspannungsbereich werden normalerweise keine bandagierten Drähte verwendet, daher werden diese Isolationssysteme hier nicht weiter betrachtet. Ohne die Kapillarkräfte, die durch die Bänder erzeugt werden, ist ein gewisser Abtropfverlust nicht zu vermeiden. Eine vollständige Füllung kann erreicht werden, wenn entweder unter Spiegel oder unter Rotation geliert wird. Werte zu diesen speziellen Prozessmethoden können auf Grund der nicht vorhandenen Technik nicht aufgeführt werden. Die Auswertung der unter Vakuum heißgetauchten Statoren zeigt kein klares Ergebnis (Graphik 3 und 4, HT+Vac). Weitere Untersuchungen hierzu folgen.

Das **Träufeln** ist eine technisch aufwändige Methode. Der Füllfaktor kann sehr gut über die Zugabemenge bestimmt und die Verteilung kann über die Dosierpunkte recht genau gesteuert werden. Abtropfverluste sind nicht zu erwarten. Durch die Vorwärmung der Objekte können auch hier höherviskose Harze verwendet werden. Die Bewertung des Träufelergebnisses wäre eine denkbare Anwendung der TE-Messung. Es zeigte sich, dass selbst bei hoher Füllmenge das Ergebnis der TE-Beständigkeit im Träufelverfahren nicht einheitlich ist. (Graphik 3, Träufeln 170 g)

Das **Heiß-Tauch-UV-Verfahren** ist sehr flexibel in den Einstellungsmöglichkeiten. Füllgrad sowie Harzverteilung können geregelt werden. Mit Stromwärme kann unter Harz geliert oder sogar ausgehärtet werden, somit wird ein Abtropfen des Harzes an den entscheidenden Stellen vermieden. Bei geeigneter Prozesssteuerung zeigte dieses Verfahren immer eine gute TE-Beständigkeit. Weiterhin waren auch kaum Unterschiede in den Einzelprüfungen oder in der Standardabweichung zu messen.

Beim **Tauchrollieren** wird der Füllgrad über die Einstellung von Rotationsgeschwindigkeit und Tauchzeit festgelegt. Die horizontale Aufhängung gewährleistet eine gleichmäßige Verteilung. Einige Bereiche wie die Nutinnenseiten werden aber dennoch nur durch die Kapillarkräfte mit dem Harz benetzt. Es müssen immer volle Umdrehungen ausgeführt werden. Schwachstellen aufgrund einer geringen Verfüllung der Phase U sind in Graphik [3,4] bei der Messung von U-V und U-M zu erkennen. Die TE-Eingangsspannung liegt im Niveau des ungetränkten Stators. Hierbei wurde 2 1/3 Umdrehungen lang getaucht, um die Füllung niedrig zu halten.

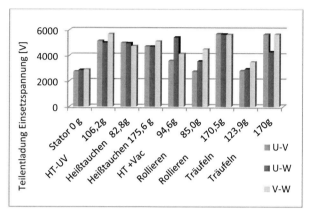

Graphik 3 Tränkverfahren mit gleichem Harz und unterschiedlichen Füllmengen, Phase/Phase

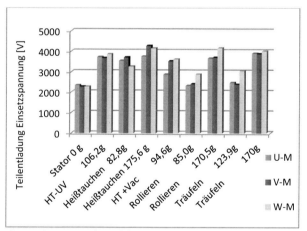

Graphik 4 Tränkverfahren mit gleichem Harz und unterschiedlichen Füllmengen, Phase/Masse

6   EINFLUSS DER AUSHÄRTUNG

Mit den Aushärtungsparametern kann man Abtropfverlust, Aushärtegrad und Oberflächenbeschaffenheit beeinflussen. Eine sehr hohe Aushärtungstemperatur kann den Abtropfverlust verringern, führt aber gleichzeitig zu dem Risiko, ausdampfende Stoffe einzuschließen und damit Schwachstellen zu bilden. Als Beispiel ist die Siedetemperatur vom Styrol mit 145 °C zu nennen. Alle physikalischen wie chemischen Eigenschaften sind erst bei vollständiger Aushärtung (> 95 %) bestimmt und sichergestellt. Der Einfluss des Aushärtegrades auf die TE-Be-

ständigkeit gehört mit zu den noch zu untersuchenden Parametern.

LITERATUR

1   Dr.-Ing. Kai Müller, „Entwicklung und Anwendung eines Messsystems zur Erfassung von Teilentladungen bei Frequenzumrichter betriebenen elektrischen Maschinen", Ph.D. Thesis Universität Duisburg-Essen, 2003

2   Rudolf Busch, Sven Hilfert and Kai Müller, „Investigation in evaluating whether frequency converter endanger low voltage motor windings" ISIE 2000 (IEEE international symposium on industrial electronics 2000), December 4-8, Puebla, Mexico, Proceedings pp. 448-452. ISBN 0-7803-6606-9

3   Busch, Pohlmann, Müller „Insulating systems of three-phase low voltage motors which are controlled by PWM inverters – state of the development and applications aspects" INSUCON 2002, Belrin Germany, Proceedings pp. 341-345.

4   M. Tozzi, G. L. Giuliattini Burbui, A. Cavallini and G.C. Montanari "Sensoring partial discharge signals in MV switchgears" Dept. of Electric Engineering, University of Bologna, Bologna, Italy

5   Dipl.-Ing. Reimar Mannhaupt „Neue Verfahren zur automatischen Gewinnung der Teilentladungseinsetz- und Aussetzspannung an elektrischen Wicklungen nach VDE 0530-18-41, IEC 61934 und IEC 60270", Coiltechnica 2011

Methoden zur energieeffizienten Betriebsführung von Asynchronmaschinen – Ein Überblick
Methods for energy efficient control of induction machines – A Survey

Prof. Dr.-Ing. Gernot Schullerus, Hochschule Reutlingen, Reutlingen, Deutschland, gernot.schullerus@reutlingen-university.de

Kurzfassung

Aufgrund der zunehmenden Anforderungen nach energieeffizienten elektrischen Maschinen nimmt die Bedeutung von Verfahren zu einer energieeffizienten Betriebsführung zu. Der vorliegende Beitrag bietet einen Überblick über die unterschiedlichen entwickelten Verfahren zur energieeffizienten Betriebsführung von Asynchronmaschinen sowohl im U/f-Betrieb als auch bei feldorientierter Regelung.

Abstract

Due to the increasing demand for energy efficiency for electrical machines there also is an increasing need for methods for energy efficient control. This article therefore presents a survey on the currently existing various approaches for an energy efficient control of induction machines under scalar control as well as under field oriented control.

1 Einführung

Vor dem Hintergrund steigender Energiepreise und der gesetzlichen Vorschriften bezüglich Energieeffizienz nimmt die Bedeutung energieeffizient betriebener Antriebe zu. Um den neuen steigenden Anforderungen in diesem Bereich gerecht zu werden, können einerseits die Antriebe bautechnisch optimiert oder durch entsprechende Verfahren energieeffizient betrieben werden.

Dieser Beitrag gibt einen Überblick über solche Verfahren für die Betriebsführung von Asynchronmaschinen. Dieser Maschinentyp ist aufgrund seines robusten wie kostengünstigen Aufbaus einer der Standardantriebe in industriellen Anwendungen. Die Tatsache, dass auch Asynchronmaschinen, die bisher als Netzmotoren eingesetzt wurden, zunehmend mit Hilfe von Frequenzumrichtern angesteuert werden, ermöglicht einen breiten Einsatz von Methoden zur energieeffizienten Betriebsführung.

Ausgangspunkt der Überlegungen sind die Verluste in der Asynchronmaschine. Daher wird zunächst im Abschnitt 2 gezeigt, wie die Verluste modelliert werden. Aufbauend auf diesen Grundlagen wird anschließend im Abschnitt 3 ein Überblick über wesentliche in der Literatur bekannte Verfahren zur Minimierung dieser Verluste gegeben.

Die Bewertung der Verfahren im Abschnitt 4 hat das Ziel, dem Anwender eine Entscheidungshilfe für den Einsatz solcher Verfahren im Frequenzumrichter zu geben. Der Beitrag schließt mit einer Zusammenfassung.

2 Verluste in Asynchronmaschinen

Beim Betrieb einer Asynchronmaschine mit Käfigläufer wird im Motorbetrieb der Maschine elektrische Leistung zugeführt und an der Welle mechanische Leistung erzeugt. Die dabei auftretenden mechanischen Verluste

werden zwar z.B. in [1] modelliert, bei der Optimierung der Effizienz jedoch nicht weiter berücksichtigt. Der vorliegende Beitrag folgt hier der Argumentation aus [2] und betrachtet die mechanischen Verluste nicht, da diese durch die Betriebsführung nicht beeinflusst werden.

Die im Folgenden betrachteten Verluste sind die sogenannten Kupferverluste P_{VCu} aufgrund der Widerstände von Stator- und Rotorleitern und die sogenannten Eisenverluste P_{VFe} aufgrund der Wirbelströme im Stator- und Rotorblechpaket und der Ummagnetisierung dieser Bleche. Zusätzliche Verluste entstehen im Frequenzumrichter. Wie die Untersuchung in [3] für Motoren bis zu einer Leistung von 90 kW zeigt, kann auf eine Betrachtung dieser Verluste im darunter liegenden Leistungsbereich verzichtet werden. Daher werden Verluste im Umrichter in diesem Abschnitt nicht betrachtet.

Die folgende Darstellung geht von dem im Bild 1 gezeigten Γ^{-1}-Ersatzschaltbild der Asynchronmaschine aus. In einigen Publikationen wird alternativ das T-Ersatzschaltbild verwendet.

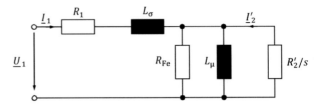

Bild 1: Γ^{-1}-Ersatzschaltbild der Asynchronmaschine

Für die Kupferverluste erhält man bei einer amplitudeninvarianten Transformation der dreiphasigen Größen in Raumzeiger

$$P_{\mathrm{VCu}} = \frac{3}{2}R_1 I_1^2 + \frac{3}{2}R_2' I_2'^2 \ .$$

Die Eisenverluste P_{VFe} werden in [4], [5], [6], [7], [8] als Wirbelstromverluste und Hystereseverluste durch die Beziehung

$$P_{VFe} = c_H \Psi_2^2 \Omega_1 + c_W \Psi_2^2 \Omega_1^2$$

mit den Verlustkoeffizienten c_H und c_W für Hysterese- bzw. Wirbelstromverluste, der Rotorflussverkettung Ψ_2 sowie der Statorkreisfrequenz Ω_1, dargestellt.

Eine andere Beschreibung erfolgt in [1], [9], [10]. Dabei werden die Eisenverluste durch einen Widerstand R_{Fe}, der parallel zur Hauptinduktivität L_μ geschaltet ist, beschrieben. Aus der darauffolgenden Rechnung ergibt sich, dass die Eisenverluste proportional zu Ω_1^2 sind. Somit entspricht diese Darstellung einem Modell, bei dem die Hystereseverluste vernachlässigt und lediglich die Wirbelstromverluste berücksichtigt werden.

Einen besonders einfachen Zusammenhang erhält man im stationären Zustand bei feldorientierter Darstellung der Größen und der Vernachlässigung der Eisenverluste. In diesem Fall gilt für die Verlustleistung P_V mit den Komponenten Magnetisierungsstrom I_{1d} und drehmomentbildender Strom I_{1q} des Statorstromzeigers

$$P_V = P_{VCu} = \underbrace{\frac{3}{2} R_1 I_{1d}^2}_{P_{Vd}} + \underbrace{\frac{3}{2}(R_1 + R_2') I_{1q}^2}_{P_{Vq}} \quad . \quad (1)$$

Für ein stationär gefordertes Motormoment

$$M_M = \frac{3}{2} Z_p L_\mu I_{1d} I_{1q}$$

mit der Polpaarzahl Z_p, erhält man daraus

$$P_V = P_{VCu} = \frac{3}{2} R_1 I_{1d}^2 + (R_1 + R_2') \frac{2}{3} \frac{M_M^2}{Z_p^2 L_\mu^2 I_{1d}^2} \quad . \quad (2)$$

Dieser Zusammenhang zwischen Verlustleistung und Magnetisierungsstrom wird im Bild 2 für einen Motor mit einer Nennleistung von 0.37 kW für unterschiedliche Belastungszustände dargestellt.

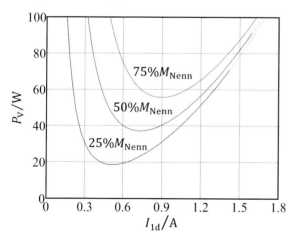

Bild 2: Verlustleistung und Magnetisierungsstrom

Der im Bild 2 dargestellte Verlauf $P_V(I_{1d})$ zeigt, dass die wesentliche Größe zur Beeinflussung der Verlustleistung der Magnetisierungsstrom bzw. die daraus resultierende Flussverkettung Ψ ist. Dies gilt, gemäß [11] auch bei Berücksichtigung der Eisenverluste, dass nämlich die wesentliche Größe zur Beeinflussung der Verluste bei gegebener Solldrehzahl und einem geforderten Moment des Antriebs die Flussverkettung Ψ im Stator oder Rotor bzw. die Schlupfkreisfrequenz Ω_2 ist. Die Methoden, mit denen diese Größen zu einer Reduzierung der Verluste eingestellt werden, werden im folgenden Abschnitt erläutert.

3 Methoden zur energieeffizienten Betriebsführung

Die bisherigen Überlegungen zeigen den Zusammenhang zwischen den Kupfer- und Eisenverlusten in einer Asynchronmaschine und den Prozessgrößen wie Strom, Frequenz bzw. Flussverkettung. Die im Folgenden beschriebenen Methoden zielen darauf ab, diese Größen so einzustellen, dass die Verluste verringert oder im Idealfall minimiert werden. Erste Überlegungen dazu wurden in [12] durchgeführt. Seither wurden in zahlreichen Publikationen neue Methoden vorgeschlagen. Ein wesentliches Kennzeichen dieser Methoden ist die Betrachtung der Maschine im stationären Zustand, d.h. bei konstanter Drehzahl und konstantem Drehmoment sowie konstanten Amplituden und Phasenlagen der Spannungs-, Strom- und Flusszeiger.

Bezüglich der Vorgehensweise lassen sich die eingesetzten Methoden in zwei Klassen einteilen, nämlich parameterbasierte Verfahren sowie Suchverfahren.

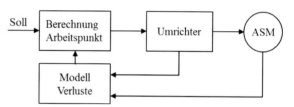

Bild 3: Parameterbasierte Verfahren

Parameterbasierte Verfahren bestimmen, wie im Bild 3 prinzipiell gezeigt, aus im aktuellen Betriebszustand geforderten Drehzahl- und Drehmomentwerten mit Hilfe der Motorparameter diejenigen Sollwerte wie z.B. Flussverkettungs- oder Stromsollwert für die Motorführung, mit denen ein Minimum an Verlusten erzielt wird.

Demgegenüber ermitteln Suchverfahren anhand von Messdaten die bezüglich der Energieeffizienz optimale Motorführung durch ein online-Suchverfahren. Dies wird im Bild 4 prinzipiell dargestellt.

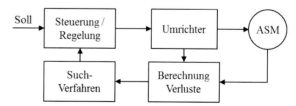

Bild 4: Suchverfahren

Die genaue Struktur der Verfahren hängt vom gewählten Regel- oder Steuerverfahren ab. Für einfache Anwendungen wird der Motor über ein U/f-Verfahren angesteuert, bei dem die Flussverkettung nur näherungsweise eingestellt wird.

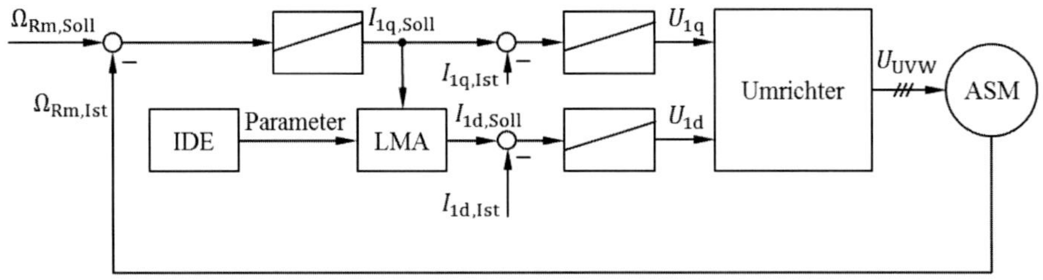

Bild 5: Parameterbasierte Verlustminimierung bei Feldorientierung

Für ein gutes dynamisches Verhalten werden feldorientierte Verfahren eingesetzt, bei denen die Flussverkettung gesteuert oder geregelt wird. Diese Verfahren erfordern die genaue Kenntnis der Motorparameter über den gesamten Betriebsbereich. Eine dritte Klasse von Verfahren sind die direkten Verfahren, die unter dem Begriff „Direct Torque Control" genannt werden. Die folgenden Abschnitte beschreiben parameterbasierte Verfahren und Suchverfahren beim Einsatz der drei genannten Steuer- bzw. Regelverfahren.

3.1 Parameterbasierte Verfahren

3.1.1 Parameterbasierte Verfahren bei Feldorientierung

Offensichtlich erfordern parameterbasierte Verfahren die Kenntnis der Motorparameter. Daher können solche Methoden insbesondere im Zusammenhang mit den feldorientierten Steuer- und Regelverfahren eingesetzt werden, da für diese ebenfalls die Kenntnis der Motorparameter erforderlich ist. Im Bild 5 wird die prinzipielle Vorgehensweise dargestellt, die die wesentlichen Aspekte des Verfahrens zeigt. Aus der Abweichung von Soll- und Istdrehzahl bzw. -kreisfrequenz ermittelt der Drehzahlregler den Sollwert für den drehmomentbildenden Strom $I_{1q,Soll}$. Dieser Wert wird in dem mit *LMA (Loss Minimization Algorithm)* bezeichneten Block zur Berechnung der optimalen Flussverkettung bzw. des entsprechenden optimalen Magnetisierungsstroms $I_{1d,Soll}$ verwendet. Die beiden Stromsollwerte werden über zwei Stromregler eingestellt. Zur Nachführung der für die Berechnung des optimalen Betriebspunktes benötigten Motorparameter werden deren Werte in einem zusätzlichen Block *IDE* (Identifikation) aus Messdaten ermittelt. Diese sind der Übersichtlichkeit halber nicht eingezeichnet.

Die Verfahren aus [1], [8], [9], [10], [13], [14] nutzen im Wesentlichen diese Struktur und berechnen den Sollwert $I_{1d,Soll}$ durch Minimierung von (2) bei zusätzlicher Berücksichtigung der Eisenverluste.

In [15] wird die optimale Flussverkettung aus der parameterabhängigen Verlustfunktion durch eine Minimumsuche offline berechnet. Der Block *LMA* enthält also in diesem Fall ein Kennfeld.

Eine andere Vorgehensweise wird in [16] dargestellt. Hier wird gezeigt, dass der optimale Betriebspunkt für den Fall erreicht wird, dass die Verlustanteile P_{Vd} und P_{Vq} aus (1) gleich sind. Dies gilt auch bei Berücksichtigung der Eisenverluste. Somit wird im Block *LMA* ein PI-Regler eingesetzt, der als Regeldifferenz die Größe $P_{Vd} - P_{Vq}$ erhält und dessen Stellgröße $I_{1d,Soll}$ ist. Bei Betrachtung der

Verluste entsprechend (1) und (2) ist dies ein Vorteil, da die Induktivität L_μ in der Optimierung nicht mehr berücksichtigt werden muss und sich so die Parameterabhängigkeit des Optimums reduziert.

Den betriebspunktabhängigen Variationen der Parameter wird auf unterschiedliche Weise Rechnung getragen. Einerseits werden die a priori bekannten Abhängigkeiten wie z.B. die Stromabhängigkeit der Induktivitäten über Kennfelder im Regelverfahren und der Optimierung berücksichtigt. Für temperaturabhängige Parameter wie den Rotorwiderstand sind jedoch Ergänzungen notwendig.

In [2] wird eine Vorgehensweise vorgeschlagen, bei der die Eingangsleistung abhängig von den Verlusten und den Prozessgrößen, Strom, Flussverkettung, Drehfeldfrequenz sowie der abgegebenen mechanischen Leistung und noch zu ermittelnden Parametern beschrieben wird. Diese Parameter werden online aus Messdaten berechnet. Mit den identifizierten Parametern wird anschließend die optimale Flussverkettung bzw. der optimale Statorstrom berechnet und über einen Stromregler eingestellt.

In [9], [17] werden die Parameter durch ein *Adaptive Backstepping*-Verfahren, bzw. eine Online-Identifikation nachgeführt. Dies gilt ebenso für [6] wo eine parameterbasierte Methode vorgeschlagen wird, bei der Stator- und Rotorwiderstand online geschätzt und nachgeführt werden. Das in [7] vorgeschlagene Verfahren ist vom Ansatz her ähnlich. Der Unterschied besteht lediglich in der Berechnung des Rotorwiderstands über *Model Reference Adaptive Control (MRAC)* sowie der Annahme des Statorwiderstands bei Betriebstemperatur.

Einen etwas breiteren Ansatz wählen die Autoren in [18]. Hier werden zunächst mit Hilfe des Hamiltonverfahrens optimale Fahrprofile ermittelt und zu einer weiteren Effizienzsteigerung noch der Rotorflussbetrag abgesenkt.

3.1.2 Parameterbasierte Verfahren bei U/f

Für parameterbasierte Verfahren bei U/f werden ebenfalls unterschiedliche Ansätze vorgeschlagen. Im Bild 6 ist die Vorgehensweise nach [19] dargestellt. Die hier eingezeichneten Größen $\Omega_{R,Soll}$ und $\Omega_{R,Ist}$ bezeichnen jeweils die elektrische Rotorsoll- bzw. Rotoristdrehzahl.

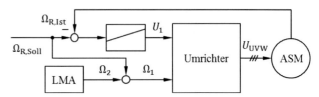

Bild 6: Parameterbasierte Verfahren bei U/f

Dieses Verfahren verwendet im Spannungsstellbereich den sogenannten *Maximum Torque per Ampere (MTPA)*-Ansatz, der darauf beruht, dass bei einer gegebenen Rotordrehzahl und einem gegebenen Drehmoment der optimale Betriebspunkt für eine Schlupfkreisfrequenz

$$\Omega_2 = \frac{1}{T_2}$$

erreicht wird. Dabei bezeichnet T_2 die Rotorzeitkonstante. Somit wird für jeden Betriebspunkt im Spannungsstellbereich diese Schlupfkreisfrequenz über die Statorkreisfrequenz Ω_1 und den Betrag der Statorspannung U_1 eingestellt. Der Feldschwächbereich wird gesondert betrachtet und es wird ebenfalls eine Einstellregel für Ω_2 angegeben. Auf die im Bild 6 dargestellte Messung der Rotorkreisfrequenz $\Omega_{R,Ist}$ kann aus Kostengründen verzichtet werden, da diese mit einem aus den Statorströmen gewonnenen Schätzwert für Ω_2 näherungsweise ermittelt werden kann. Das in [20] vorgeschlagene Verfahren ist vom Grundsatz her ähnlich. Der wesentliche Unterschied besteht darin, aus der Solldrehzahl des Antriebs über ein Kennfeld unmittelbar die Statorfrequenz für minimale Verlustleistung zu ermitteln.

Demgegenüber wird in [21] der Betriebspunkt mit den geringsten Kupferverlusten auf einen statorfrequenzabhängigen Wert für den Leistungsfaktor $\cos\varphi$ zurückgeführt. Der Verlauf $\cos\varphi(f_1)$, für den das Optimum erreicht wird, wird für jeden Motor anhand der Motorparameter ermittelt und als Kennfeld im Frequenzumrichter abgelegt. Der jeweils optimale Wert des Leistungsfaktors bei einer gegebenen Statorfrequenz wird über die Statorspannung mittels eines Reglers eingestellt. Ein Drehzahlgeber wird dabei nicht benötigt. Die Drehzahlanpassung erfolgt über eine Schlupfkompensation. Die Methode aus [1] berechnet die optimale Flussverkettung aus einem Polynom 8. Ordnung und stellt diesen Wert über den Modulationsgrad ein.

3.2 Suchverfahren

Anders als bei parameterbasierten Verfahren wird der optimale Betriebspunkt bei den Suchverfahren unmittelbar aus Messdaten ermittelt. Eine genaue Kenntnis der Motorparameter ist nicht erforderlich. Dies ist insbesondere bei U/f-Steuerverfahren ein Vorteil, da in einfachen Anwendungen die Kenntnis der Motorparameter keine oder nur eine untergeordnete Rolle spielt. Aber auch bei den feldorientierten Verfahren bieten diese Methoden Vorteile, da das Modell, welches jedem parameterbasierten Verfahren zugrunde liegt, eine Vereinfachung der physikalischen Verhältnisse enthält und somit schon prinzipbedingt ungenau ist.

3.2.1 Suchverfahren bei Feldorientierung

Im Bild 7 wird die grundsätzliche Struktur bei Verwendung von Suchverfahren in Anlehnung an [22] und [23] dargestellt. Die vom Motor aufgenommene elektrische Leistung P_M wird im Block P ermittelt und mit Hilfe des Blocks SC *(Search Control)* minimiert. Die Methode aus [22] ist ein Suchverfahren, bei dem die Anpassung des

Magnetisierungsstromsollwerts ähnlich einer Schrittweitensteuerung erfolgt, wobei die Schrittgröße mit Hilfe des Prinzips des goldenen Schnitts ermittelt wurde. Das Ziel dieser Herangehensweise ist die Beschleunigung der Konvergenz des Sucherverfahrens. Zur Vermeidung der bei Suchverfahren typischen Drehmomentschwankungen wird $I_{1d,Soll}$ über ein Filter geführt, welches der Übersichtlichkeit halber im Bild 7 nicht dargestellt wurde.

Der wesentliche Aspekt in [23] ist ein hybrides Verfahren, welches anhand von Motorparametern einen Startwert für das Suchverfahren ermittelt und mit diesem Suchverfahren die Rotorflussverkettung im Sinne eines optimalen Betriebs einstellt. Die Verlustleistung wird in beiden Fällen bei konstanter Ausgangsleistung anhand der Zwischenkreisleistung aus U_Z und I_Z ermittelt.

3.2.2 Suchverfahren bei U/f

Wie bereits im Abschnitt 3.1.2 dargestellt, ist die Schlupfkreisfrequenz Ω_2 eine mögliche Einflussgröße für das Einstellen des optimalen Betriebspunktes. Diese Tatsache ist der Ausgangspunkt des in [12] beschriebenen Verfahrens. Mittels eines Suchverfahrens wird die optimale Schlupfkreisfrequenz Ω_2 ermittelt. Dabei wird in jedem Schritt des Suchverfahrens aus dem aktuell betrachteten Wert für Ω_2 diejenige Statorfrequenz f_1 berechnet, die für die gewünschte Solldrehzahl erforderlich ist. Mit diesen Größen und Maschinenparametern wird dann die Statorspannung U_1 so festgelegt, dass das geforderte Moment und damit die mechanische Leistung eingestellt wird.

Ein weiteres Suchverfahren für den optimalen Betriebspunkt beim Einsatz eines U/f-Steuerverfahrens wird in [24] vorgestellt. Dabei wird die Zwischenkreisleistung gemessen. Die Statorspannung U_1 und die Statorfrequenz f_1 werden iterativ so verändert, dass die aus dem Zwischenkreis entnommene Leistung minimal wird. Über eine Schlupfkompensation wird sichergestellt, dass die mechanische Leistung konstant bleibt.

3.2.3 Suchverfahren bei direkten Verfahren

Anders als die bisher betrachteten Verfahren erfolgt die Regelung bei direkten Verfahren nicht mit Hilfe der Raumzeiger von Spannung, Strom und Flussverkettung sondern direkt mit den dreiphasigen Größen. Diese Verfahren erlauben eine hohe Dynamik erfordern jedoch auch ein hohe Abtastzeit, so dass deren Einsatz in Standardumrichtern eher die Ausnahme darstellt. Dies führt dazu, dass für direkte Verfahren nur wenige Methoden zur optimalen Betriebsführung angegeben wurden. Die in [25] vorgestellte Methode basiert auf einem Suchverfahren, bei dem der optimale Wert für die Rotorflussverkettung gesucht wird. Insofern unterscheidet sich das Verfahren von den Suchverfahren bei feldorientierter Regelung zunächst nur durch den Ansatz zur Einstellung der gewünschten Flussverkettung. Darüber hinaus wird aber in [25] auch die Vorgabe des Flussverkettungssollwerts für ein gutes dynamisches Verhalten diskutiert.

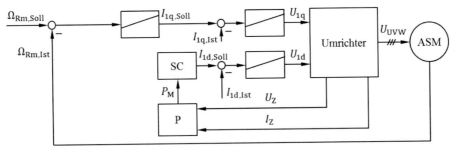

Bild 7: Suchverfahren bei Feldorientierung

4 Bewertung der Verfahren

Kennzeichen der in diesem Beitrag vorgestellten Verfahren mit Ausnahme von [18] ist die Betrachtung der Verluste im stationären Zustand, d.h. bei konstanter Drehzahl, konstantem Drehmoment und konstanten Strom-Spanungs- und Flussverkettungsamplituden. Somit kommen diese Verfahren in Anwendungen zum Einsatz, bei denen der Antrieb über einen längeren Zeitraum in einem Betriebszustand verharrt, z.B. bei Lüftern, Pumpen oder Förderantrieben.

Bezüglich der verlustoptimalen Betriebsführung bringt die höhere Dynamik einer feldorientierten Regelung gegenüber einem U/f-Verfahren nach aktuellem Stand der Technik kaum Vorteile, da die Optimierung der Energieeffizienz in den hier diskutierten Verfahren mit Ausnahme von [18] im stationären Zustand des Antriebs erfolgt. Die Entkopplung der Prozessgrößen Flussverkettung und Drehmoment durch die Feldorientierung erleichtert jedoch die direkte Einstellung der Flussverkettung und damit die direkte Beeinflussung der Verluste. Damit erweitert sich das Spektrum an möglichen Verfahren, mit denen das Optimum erreicht wird. Dies wird auch durch die große Anzahl an Arbeiten auf diesem Gebiet deutlich. Da feldorientierte Verfahren die Kenntnis der Motorparameter erfordern, bietet sich eine parameterbasierte Minimierung der Verluste an, die in einem stationären Betriebspunkt schnell die optimale Ansteuerung des Motors ermittelt, und in jedem Fall die Kupferverluste minimiert. Die Berücksichtigung der Eisenverluste ist jedoch für den feldorientierten Betrieb an sich nicht erforderlich. Daher sind die Modellparameter für eine genaue Beschreibung der Eisenverluste häufig nicht verfügbar. Sollen diese berücksichtigt werden, ist der Einsatz eines Suchverfahrens erforderlich. Wie in [23] bietet sich in diesem Fall eine Kombination der beiden Verfahren, nämlich eine parameterbasierte Ermittlung eines Startwerts für das anschließende Suchverfahren, an. Ein solches Verfahren ist einfach und mit wenig Aufwand in ein bestehendes Regelungskonzept zu integrieren.

Folgt man der Überlegung aus [11] und [21], dass nämlich mit einer Minimierung der Kupferverluste aufgrund einer Absenkung der Flussverkettung auch eine Verringerung der Eisenverluste verbunden ist, ist aber auch eine Beschränkung allein auf ein parameterbasiertes Verfahren berechtigt und führt zumindest zu einer Verringerung der Verluste. Diese Überlegungen gelten prinzipiell auch für die direkten Verfahren.

Der Einsatz eines U/f-Verfahrens erfolgt häufig vor dem Hintergrund, dass Motordaten nicht oder nur ungenau bekannt sind, weil z.B. eine Inbetriebnahme des Motors anhand der Daten auf dem Leistungsschild erfolgt. Dies ist z.B. dann der Fall, wenn ein Motor eines Herstellers an einem einfachen Umrichter eines anderen Herstellers betrieben werden soll. Soll der Umrichter diesen Fall abdecken, sind Suchverfahren vorzuziehen, weil sie weitgehend auf die Kenntnis der Motorparameter verzichten können. Zur Schätzung der für die Schlupfkompensation oder Drehzahlregelung benötigten Schlupfkreisfrequenz ist die Kenntnis von Motorparametern von Vorteil. Für den Fall, dass der Umrichter nur an Motoren mit bekannten Motorparametern eingesetzt wird, bietet die Methode nach [19] einen sehr einfachen und die Methode nach [21] einen in der Inbetriebnahme etwas aufwendigeren aber über den gesamten Betriebsbereich voraussichtlich genaueren Ansatz.

5 Zusammenfassung

Der vorliegende Beitrag gab eine Übersicht über die in Forschungsarbeiten vorgeschlagenen Verfahren zur energieeffizienten Betriebsführung von Asynchronmaschinen gesteuert durch ein U/f-Verfahren, durch eine feldorientierte Steuerung oder Regelung oder ein direktes Verfahren. Dabei wurden zwei Klassen, nämlich parameterbasierte Verfahren und Suchverfahren dargestellt und die unterschiedlichen Methoden aus diesen Klassen beschrieben. Die daran anschließende Bewertung dient dem Anwender als Entscheidungshilfe für die Auswahl der geeigneten Methode zur Steigerung der Energieeffizienz von Asynchronmaschinen.

6 Literaturverzeichnis

[1] M. Waheedabeevi, A. Sukeshkumar und Nithin S. Nair, "New online loss-minimization-based control of scalar and vector-controlled induction motor drives", in IEEE International Conference on Power Electronics, Drives and Energy Systems (PEDES), 2012, pp. 1-7.

[2] S. N. Vukosavic und E. Levi, "Robust DSP-based efficiency optimization of a variable speed induction motor drive," IEEE Transactions on Industrial Electronics, vol. 50, no. 3, pp. 560-570, 2003.

[3] Flemming Abrahamsen, Frede Blaabjerg, John K. Pedersen und Paul B. Thoegersen, "Efficiency-optimized control of medium-size induction motor drives", IEEE Transactions on Industry Applications, vol. 37, no. 6, pp. 1761-1767, 2001.

[4] Branko Blanusa, "New Trends in Efficiency Optimization of Induction Motor Drives", in New Trends in Technologies: Devices, Computer, Communication and Industrial Systems. Rijeka: Sciyo, 2010.

[5] Z. Qu, M. Ranta, M. Hinkkanen und J. Luomi, "Loss-Minimizing Flux Level Control of Induction Motor Drives", IEEE Transactions on Industry Applications, vol. 48, no. 3, pp. 952-961, 2012.

[6] Emad Hussein und Peter Mutschler, "Improving the efficiency for speed sensorless indirect field oriented control induction motor", in 14th International Power Electronics and Motion Control Conference (E-PE/PEMC 2010), 2010, pp. 136-141.

[7] Emad Hussein und Peter Mutschler, "Optimal flux loss model based of speed sensorless vector control induction motor", in 5th IET International Conference on Power Electronics, Machines and Drives (PEMD 2010), 2010, pp. 1-6.

[8] Mini Sreejeth, Madhusudan Singh, und Parmod Kumar, "Efficiency optimization of vector controlled induction motor drive", in Proceedings of the 38th Annual Conference on IEEE Industrial Electronics Society, 2012, pp. 1758-1763.

[9] M. Nasir Uddin und Sang Woo Nam, "Development of a Nonlinear and Model-Based Online Loss Minimization Control of an IM Drive", IEEE Transactions on Energy Conversion, vol. 23, no. 4, pp. 1015-1024, 2008.

[10] M. Nasir Uddin und Sang Woo Nam, "New Online Loss-Minimization-Based Control of an Induction Motor Drive", IEEE Transactions on Power Electronics, vol. 23, no. 2, pp. 926-933, 2008.

[11] Ali M. Bazzi und Philip T. Krein, "Input power minimization of an induction motor operating from an electronic drive under ripple correlation control", in IEEE Power Electronics Specialists Conference - PESC 2008, 2008, pp. 4675-4681.

[12] Daniel S. Kirschen, Donald W. Novotny und Warin Suwanwisoot, "Minimizing Induction Motor Losses by Excitation Control in Variable Frequency Drives", IEEE Transactions on Industry Applications, vol. 20, no. 5, pp. 1244-1250, 1984.

[13] Mineo Tsuji et al., "A precise torque and high efficiency control for Q-axis flux-based induction motor sensorless vector control system", in 2006 International Symposium on Power Electronics, Electrical Drives, Automation and Motion, 2006, pp. 990-995.

[14] Wen-Jieh J. Wang und Chun-Chieh C. Wang, "Speed and efficiency control of an induction motor with input-output linearization", IEEE Transactions on Energy Conversion, vol. 14, no. 3, pp. 373-378, 1999.

[15] Aiyuan Wang und Zhihao Ling, "Improved Efficiency Optimization for Vector Controlled Induction Motor", in Asia-Pacific Power and Energy Engineering Conference, 2009, pp. 1-4.

[16] F. Abrahamsen, F. Blaabjerg, J. K. Pedersen, P. Z Grabowski und P. Thogersen, "On the energy optimized control of standard and high-efficiency induction motors in CT and HVAC applications", IEEE Transactions on Industry Applications, vol. 34, no. 4, pp. 822–831, 1998.

[17] Gerardo Mino-Aguilar, Juan Manuel Moreno-Eguilaz, Bogdan Pryymak und Joan Peracaula, "An induction motor drive including a self-tuning loss-model based efficiency controller", in IEEE Applied Power Electronics Conference and Exposition - APEC 2008, 2008, pp. 1119-1125.

[18] F. Klenke und W. Hofmann, "Energy-efficient control of induction motor servo drives with optimized motion and flux trajectories", in Proceedings of the European Power Electronics and Drives Application Conference, EPE 2011, Birmingham, 2011, pp. 1-7.

[19] A. Consoli, G. Scarcella, G. Scelba und M. Cacciato, "Energy efficient sensorless scalar control for full speed operating range IM drives", in Proceedings of the 14th European Conference on Power Electronics and Applications, 2011, pp. 1-10.

[20] Aiyuan Wang, "Modeling and simulation of energy saving for inverter-fed induction motor", in IEEE International Conference on Automation, 2008, pp. 1730-1733.

[21] Heiko Stichweh und Albert Einhaus, "Energie-effiziente Regelung einer Asynchronmaschine mit einem Frequenzumrichter", in Tagungsband SPS/IPC/DRIVES Kongress, 2010, pp. 301-309.

[22] Minh Cao Ta und Yoichi Hori, "Convergence Improvement of Efficiency-Optimization Control of Induction Motor Drives", IEEE Transactions on Industry Applications, vol. 37, no. 6, pp. 1746-1753, 2001.

[23] Chandan Chakraborty und Yoichi Hori, "Fast Efficiency Optimization Techniques for the Indirect Vector-Controlled Induction Motor Drives", IEEE Transactions on Industry Applications, vol. 39, no. 4, pp. 1070-1076, 2003.

[24] John G. Cleland, Vance E. McCormick und Wayne Wayne Turner, "Design of an efficiency optimization controller for inverter-fed AC induction motors", in IAS '95, vol. 1, 1995, pp. 16-21.

[25] S. Ghozzi, K. Jelassi und X. Roboam, "Energy optimization of induction motor drives", in Proceedings of the IEEE International Conference on Industrial Technology, 2004, pp. 602-610.

Auslegung einer Asynchronmaschine für Querschneiderantriebe bei hoher Drehmomentdynamik und transienter Stromverdrängung
Design of an induction motor for rotating cross cutters with high torque dynamics and transient skin effect

Yuanpeng Zhang, Wilfried Hofmann, Technische Universität Dresden, Elektrotechnisches Institut,
Lehrstuhl Elektrische Maschinen und Antriebe, D-01062 Dresden, Helmholtzstraße 9,
yuanpeng.zhang@tu-dresden.de

Kurzfassung

In dieser Arbeit wird dem Maschinenberechner aufgezeigt, wie sich zusätzliche Läuferverluste, verursacht durch transiente Stromverdrängung, bei schnellen Lastspielen durch die Stab- bzw. Nutoptimierung vermindert werden können, ohne dass die sonstigen Betriebseigenschaften des Asynchronmotors zugleich verschlechtert werden.

Abstract

This paper demonstrates how to optimize the rotor slot geometry to alleviate the skin effect and to reduce the additional losses in the squirrel cage induction motor operated with high dynamic torque reversals. In the meantime, the other operating performances of the motor should not be impaired by the optimized rotor slot.

1   Einleitung

An moderne stromrichterbetriebene Drehstromantriebe werden hohe Anforderungen bezüglich einer hohen Drehmomentdynamik gestellt. Jedoch erfordert die schnelle Drehmomentänderung eine entsprechend schnelle Änderung der Wicklungsströme, die zur Ausbildung der Stromverdrängung in den Rotorstäben von Käfigläufermotoren führt. Die sich infolge der dynamischen Stromverdrängung ergebenden zusätzlichen Läuferverluste erzeugen bei schnellen Lastspielen (< 300 ms, je nach Stabhöhe) eine nennenswerte zusätzliche Wärme (ca. 20%) im Läufer [1]. Ein repräsentatives Beispiel derartiger zusätzlicher Läuferverluste bieten die Querschneiderantriebe (z. B. 170 kW, Achshöhe 280).

In dieser Arbeit wird eine Maßnahme zur Reduzierung dieser bisher wenig beachteten zusätzlichen Rotorverluste in Bezug auf die Auslegung des Käfigläufermotors bei hohen dynamischen Drehmomentwechseln behandelt. Neben einer optimalen Drehmomentsollwertvorgabe (Vermeidung der sprungförmigen Drehmomentvorgaben) [2] sorgt eine verbesserte Rotornutgeometrie für reduzierte dynamische Rotorverluste.

2   Transiente Stromverdrängung

Im Vergleich zur stationären Stromverdrängung, die ein zeitlich periodischer Strom mit konstanter Frequenz und Amplitude als Anregung hat, wird die transiente Stromverdrängung durch eine sprungförmige oder beliebigförmige schnelle Anregung ausgelöst. In vielen rege-lungstechnischen Fällen weist der anregende Strom keinen sinusförmigen Verlauf, sondern eine regelungstechnisch bedingte, beliebige Zeitfunktion auf. Zum Beispiel ist der Drehmomentverlauf und damit der Stromverlauf bei der zeitsuboptimalen Steuerung trapezförmig [3]. Dabei wird die direkte Proportionalität zwischen Drehmoment und Rotorstabstrom betrachtet [4].

Zur Berechnung der transienten Stromverdrängung für Käfigläuferstäbe kann ein RL-Kettenleitermodell verwendet werden [5]. Der Rotorstab wird fiktiv in mehrere übereinander liegende Teilleiter unterteilt. Der Skin-Effekt in den Teilleitern kann bei verschiedenen Stabstromformen numerisch über ein elektrisches Netzwerk gelöst werden, vgl. Bild 1.

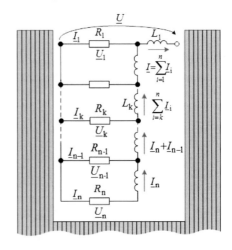

Bild 1 Elektrisches Ersatzschaltbild

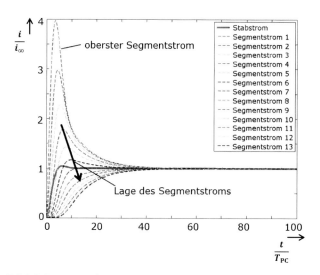

Bild 2 Stromverdrängung bei einem Sollwertsprung

Bild 2 zeigt die ungleichmäßige Stromverteilung in verschiedenen Teilleitern eines Rechteckstabs während des transienten Vorgangs bei einem Sollwertsprung des Stabstroms i_{Stab} mit der Taktfrequenz des Stromrichters T_{PC} als Erregerfrequenz. Alle Stromverläufe sind zur besseren Vergleichbarkeit auf ihre endgültigen stationären Werte bezogen dargestellt. Der Skin-Effekt bewirkt einen starken Anstieg des Teilleiterstroms zur Nutöffnung hin während des transienten Vorgangs. Der oberste Teilleiterstrom erreicht im vorliegenden Fall einen Wert, welcher das 4-fache seines stationären Wertes erreicht. Die Berechnung des Stromverdrängungsfaktors kann vorgenommen werden nach

$$k_r = \frac{W_{\text{mit}}}{W_{\text{ohne}}} = \frac{\int_0^t (\sum_1^n R_i i_i^2) dt}{\int_0^t (R_{\text{Stab}} i_{\text{Stab}}^2) dt}. \quad (1)$$

Außerdem kann der transiente Skin-Effekt aus den partiellen Differentialgleichungen nach Beschränkung auf eine Ortskoordinate geschlossen berechnet werden [6]. Aber diese Methode beschränkt sich lediglich auf die rechteckförmige Stabform. Darüber hinaus kann die FEM (Finite Elemente Methode) für die Berechnung des transienten Skin-Effekts in Betracht gezogen werden. Dabei handelt es sich um die nichtlineare transiente Analyse, weil die Materialeigenschaft des Bleches nicht linear ist. Es macht die FEM-Methode kompliziert und teuer. Daher wird die Kettenleiter-Methode wegen ihrer Einfachheit und Flexibilität bevorzugt für die Berechnung des transienten Skin-Effekts in Rotorstäben.

3 Optimierung der Stabform

Beim stromrichtergespeisten Motor weist die Trapezform die technologisch und von der Dimensionierung her günstigste Läufernutform auf [7]. Daher stehen die Trapezformen bzw. Rechteckformen im Vordergrund bei der Untersuchung. In Bild 3 wird die Nutformänderung bei konstanter Nutfläche dargestellt. Denn die Nutfläche hat einen großen Einfluss auf den Rotorwiderstand und damit

das Betriebsverhalten der Maschine. Ein Rechteckstab mit einer Nuthöhe von 35 mm und einer Nutbreite von 5 mm gilt als Ausgangsform. Die Nutformänderung kann bei gleicher Nutfläche in zwei Richtungen vorgenommen werden. Auf der einen Seite kann die Stabhöhe bei Beibehaltung der Rechteckform verändert werden. Auf der anderen Seite kann das Nutbreiteverhältnis in der Trapezform bei konstanter Stabhöhe variiert werden.

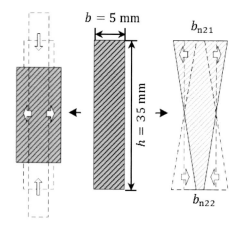

Bild 3 Nutformänderung bei gleicher Nutfläche

Für jede Nutform wird der Stromverdrängungsfaktor als Beispiel bei einer sinusförmigen Stromeinspeisung mit einer Periodendauer von 100 ms mithilfe der Methode des Kettenleiters ermittelt. Dabei wird die elektrische Leitfähigkeit von Kupfer als Stabmaterial bei 180 °C eingesetzt. Entsprechend der oben genannten Nutformänderung werden die Trendkurven des Stromverdrängungsfaktors in Abhängigkeit von der Stabhöhe (rote Kurve) und dem Nutbreiteverhältnis (blaue Kurve) in Bild 4 dargestellt.

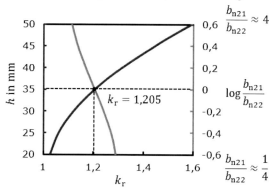

Bild 4 Stromverdrängungsfaktor k_r in Abhängigkeit von der Nuthöhe und vom Nutbreiteverhältnis

Aus den Trendkurven lässt sich erkennen, dass die dynamische Stromverdrängung und die damit zusammenhängenden Zusatzverluste insbesondere bei großer Stabhöhe beträchtlich sind. Je größer die Stabhöhe ist, desto größer ist der Stromverdrängungsfaktor. Zudem spielt das Nutbreiteverhältnis der Trapeznutform beim Stromverdrängungseffekt auch eine wichtige Rolle. Je größer die obere Nutbreite im Vergleich zur unteren Nutbreite ist, desto schwächer ist die Stromverdrängung. In diesem Fall wäre eine umgekehrte Dreieckform am günstigsten. Aber der Zahnquerschnitt weicht damit stark von der magnetisch günstig parallelflankiger Zahnform ab. Zum Kompromiss wird ein umgekehrter Keilstab bei parallelflankigen Zähnen als Ausgangspunkt zur Nutoptimierung betrachtet. Außerdem hat die Stabhöhe einen größeren Einfluss auf den Stromverdrängungseffekt als das Nutbreiteverhältnis. Daher ist eine reduzierte Nutstabhöhe die effektivste Maßnahme zur Verringerung der dynamischen Stromverdrängungsverluste.

4 Nachrechnung einer Asynchronmaschine des Querschneiderantriebs

In der Dissertationsschrift Köhring [1] wurde zum ersten Mal auf erhöhte Endübertemperatur bei hochdynamischen betriebenen Asynchronkäfigläufermaschinen für Querschneiderantriebe in der Papierindustrie aufmerksam gemacht. Um das Potenzial der Nutoptimierung zur Reduzierung der zusätzlichen Verluste herauszuarbeiten, wird die dort untersuchte 170 kW, 4-polige trägheitsarme Asynchronmaschine UHTK 280.4-4, die speziell für Querschneiderantriebe konzipiert wurde, hier als Vergleichsmotor anhand seiner Datenangabe durch iterative Rechenvorgänge magnetisch und thermisch nachgerechnet. Der Motor verfügt über eine ausreichende Nuthöhe von 35 mm im Läufer. Die allgemeinen Berechnungsverfahren werden in Bild 5 dargestellt. Außer elektrischen Daten sollen die in Tabelle 1 aufgelisteten mechanischen und thermischen Größen des Motors UHTK 280.4-4 bei der Nachrechnung berücksichtigt bzw. angepasst werden.

Trägheitsmoment des Rotors	2,7 kgm²
Endübertemperatur der Ständerwicklung	80 K
Endübertemperatur der Läuferwicklung	160 K

Tabelle 1 Mechanische und thermische Größen des Motors UHTK 280.4-4

Die Ergebnisse dieser iterativen Berechnung sind die Abmessungen und Materialeigenschaften, die zum Betriebsverhalten der mittels des Datenblatts nachgerechneten Maschine führen. Die wahren baulichen und materiellen Parameter sind nicht bekannt, es sei denn, der Hersteller gibt einen Einblick. Zum fairen Vergleich werden die gleichen Materialeigenschaften für die Berechnung von allen anderen Auslegungsvarianten verwendet.

Die Elektromagnetische Nachrechnung erfordert Kenntnisse vom Einfluss der internen Maschinenparameter auf das Betriebsverhalten. Allerdings beruht die Berechnung des Asynchronmotors auf einer gesicherten Berechnungsmethode für Standardmotoren, z.B. beschrieben in [5]. Als Material des Bleches wird M330-50A von SURA ausgewählt. Der Käfigläufer besteht aus Kupfer.

Das thermische Verhalten wird mit Hilfe des Wärmequellennetzes simuliert. Verlustbehaftete Maschinenteile, wie Zähne und Nuten, werden nach [8] modelliert. Dieses Verfahren ermöglicht die korrekte Ermittlung der Knoten-

temperaturen, obwohl die Knoten mit Wärmequellen verbunden sind. Der Einfachheit halber wird angenommen, dass die Wärme nur durch erzwungene Konvektion an der Oberfläche der Maschine zur Umgebung abgeführt wird.

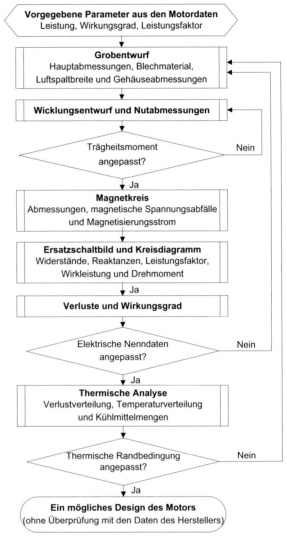

Bild 5 Algorithmus für die Nachrechnung eines Motors anhand des Datenblatts

Ferner wird angenommen, dass die Wärme in der Maschine nur in radialer und axialer Richtung fließt, die völlig unabhängig voneinander sind. In Bezug auf die Kühlung wird die Durchzugsbelüftung mit Fremdlüfter betrachtet. Die Wärmeabführung an die Kühlluft wird mit Wärmestrom-gesteuerten Temperaturquellen modelliert [9].

Das Bild 6 zeigt das Wärmequellennetz mit Knoten, Wärmequellen und Wärmewiderständen. Die Temperatur der Ständerwicklung von 120 °C und die Temperatur der Läuferwicklung von 200 °C werden bei der Umgebungstemperatur von 40 °C durch die Verstellung von Volumenströmen an die in Tabelle 1 angegebenen thermischen Randbedingungen genau angepasst.

In Tabelle 2 sind durch Nachrechnung bestimmte Daten gegenüber vorgegebenen Daten vom Motor UHTK 280.4-4 aufgeführt. Daraus lässt sich erkennen, dass die wichtigen Parameter wie der Bemessungsleistungsfaktor, die

Bemessungsleistung, der Wirkungsgrad sowie das Rotorträgheitsmoment an die entsprechenden Nennwerte mit guter Genauigkeit angepasst sind. Die Läuferstabhöhe von 35 mm wird bei der Nachrechnung eingehalten.

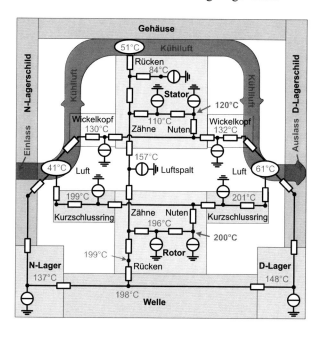

Bild 6 Wärmequellennetz und Temperaturverteilung

	Vorgegebene Daten	Nachgerechnete Daten
Achshöhe	280 mm	280 mm
Elektrische Grunddaten	340 V/17,4 Hz/4 Pole	
Bemessungsleistung	170 kW	170 kW
Bemessungsdrehzahl	500 min^{-1}	500 min^{-1}
Bemessungsleistungsfaktor	0,86	0,8604
Wirkungsgrad	90,7 %	90,65 %
Rotorträgheitsmoment	2,7 kgm²	2,695 kgm²
Läuferstabhöhe	35 mm	35 mm

Tabelle 2 Vergleich der nachgerechneten Werte mit den vorgegebenen Daten des Motors UHTK 280.4-4

5 Neuauslegung mit modifizierter Nutgeometrie

Die Neuauslegung des Käfigläufermotors konzentriert sich schwerpunktmäßig auf die Reduzierung der Rotorstabhöhe, um die zusätzliche Wirbelstromverluste bei dynamischen Drehmomentwechseln zu verringern. Die Neuauslegung erfolgt mit den gleichen Materialeigenschaften und gleichem Kühlsystem wie bei der Nachrechnung.

5.1 Maßnahme zur Reduzierung der Rotorstabhöhe

Die wichtigste Maßnahme um die Rotorstabhöhe zu reduzieren besteht darin, die benötigte Stabfläche S_{Stab} zu

verkleinern und damit den Stombelag A_2 auf der Rotorseite zu verringern nach

$$A_2 = \frac{N_2 \cdot I_{\text{Stab}}}{2\pi r_2} = \frac{N_2 \cdot J_{\text{Stab}} S_{\text{Stab}}}{2\pi r_2}. \quad (2)$$

wobei N_2 die Läufernutzahl, r_r der Läuferradius und J_{Stab} die Stromdichte des Stabs sind. Die Verringerung des Stombelags A_2 kann durch die Vergrößerung des Läufervolumens erzielt werden. Diese Aussage lässt sich folgendermaßen vom Gesichtspunkt der Momentbildung aus begründen.

Zuerst lässt sich der mittlere tangentiale Maxwellsche Spannungstensor aus Strombelag A_2 und dem Scheitelwert der Induktion im Luftspalt B_{max} berechnen zu

$$\sigma_{\text{tan}} = \frac{A_2 B_{\text{max}} cos\varphi}{2}. \quad (3)$$

Das Drehmoment errechnet sich aus der Läuferoberfläche S_2, der ideellen Länge l_i und dem Läufervolumen V_2 zu

$$M = \sigma_{\text{tan}} r_2 S_2 = \sigma_{\text{tan}} r_2 (2\pi r_2 l_i) = 2\sigma_{\text{tan}} V_2. \quad (4)$$

Daraus lässt sich erkennen, dass das Drehmoment sich proportional zum Läufervolumen verhält. Um ein bestimmtes Drehmoment zu erreichen, besitzt die Maschine bei gleicher Ausnutzung (A_2 und B_{max}) entweder einen kurzen Läufer mit einem großen Durchmesser oder einen langen Läufer mit einem geringen Durchmesser. Um den Rotorstrombelag A_2 bei ungefähr gleicher magnetischer Ausnutzung zu verkleinern, lässt sich das Läufervolumen V_2 bei gleichem Drehmoment vergrößern. Das heißt, dass die Vergrößerung des Läufervolumens im Endeffekt die Reduzierung der Rotorstabhöhe und damit die Verringerung der dynamischen Stromverdrängungsverluste ermöglicht.

5.2 Vergrößerung der Blechpaketlänge

Die Vergrößerung des aktiven Bauvolumens in der radialen Richtung ist allerdings durch die genormte Achshöhe begrenzt. Deswegen kann zuerst die Blechpaketlänge beim gleichen Bohrungsdurchmesser vergrößert werden. Damit ergibt sich ein größerer Hauptfluss Φ_h bei gleicher Luftspaltinduktion B_m und Polteilung τ_p nach

$$\Phi_h = B_m l_i \tau_p. \quad (5)$$

Die Windungszahl der Ständerwicklung w_1 lässt sich beim erhöhten Luftspaltfluss verringern, um die gleiche Spannung U_h zu induzieren nach

$$w_1 = \frac{U_h \sqrt{2}}{2\pi f_N \xi_{p1} \Phi_h}. \quad (6)$$

wobei f_N die Netzfrequenz und ξ_{p1} der Wicklungsfaktor sind. Demzufolge verkleinert sich der Läuferstrom nach

$$I_2 = \frac{3w_1\xi_{p1}}{\frac{N_2}{2p}}I_1\cos\varphi. \tag{7}$$

wobei p für Polpaarzahl steht. Das bedeutet gleichzeitig die Reduzierung des Stabstroms nach $I_s = I_2/p$, die eine Verkleinerung der Rotornutfläche und damit eine Reduzierung der Stabhöhe ermöglicht.

Auf diese Weise wird ein neuer Motor (Typ I) beim gleichen Bohrungsdurchmesser ausgelegt. Die Motorparameter werden in Tabellen 3, 4 und 5 aufgeführt. Eine Reduzierung der Stabhöhe von 19 mm wird auf Kosten des Bauvolumens erreicht. Damit ergibt sich eine Zunahme des Trägheitsmoments und damit eine Verschlechterung der Maschinendynamik.

5.3 Beibehaltung des Trägheitsmoments

Eine andere alternative Auslegung kann im Hinblick auf die Einhaltung des Rotorträgheitsmoments durchgeführt werden. Denn hochdynamische Antriebe benötigen trägheitsarme Elektromotoren, die einen Läufer mit möglichst geringem Durchmesser erfordern. In diesem Sinne soll das Rotorträgheitsmoment zum fairen Vergleich bei der zweiten Auslegungsvariante konstant bleiben. Der Bohrungsdurchmesser und die Blechpaketlänge bestimmen direkt das polare Trägheitsmoment für zylindrische Körper nach

$$J = \frac{\pi}{32}\rho D_2^4 l_{\text{Fe}} \sim D_2^4 l_{\text{Fe}}. \tag{8}$$

Nach einer kleiner Umformung von (4) nach

Tabelle 3 Geometrische Daten

Parameter	UHTK 280.4-4	Typ I	Typ II	Einheit
Bohrungsdurchmesser	260	260	255	mm
Blechpaketlänge	800	1000	865	mm
Trägheitsmoment des Rotors	2,695	3,37	2,697	kgm²
Ständeraußendurchmesser	420			mm
Wellendurchmesser	115			mm
Nutzahl Stator/Rotor	36 / 28			/
Rotorstabhöhe	35	16	25	mm
Rotorstabfläche	192	96	132	mm²

Tabelle 4 Entwurfsdaten und Betriebsparameter

Parameter	UHTK 280.4-4	Typ I	Typ II	Einheit
Achshöhe	280			mm
Bemessungsleistung	170			kW
Elektrische Grunddaten	340 V / 17,4 Hz / 4 Pole			/
Schlupf	0,0422			/
Bemessungsstrom	364	357	360	A
Mittlere Luftspaltinduktion	0,557	0,595	0,601	T
Strombelag	75,32	56,49	67,2	kA/m
Ständerstromdichte	4,674	3,965	4,303	A/mm²
Läuferstromdichte	3,983	5,996	5,073	A/mm²
Stabstrom des Läufers	764	573	668	A
Strangwindungszahl	48	36	42	/
Bemessungsleistungsfaktor	0,86	0,867	0,864	/
Wirkungsgrad	90,65	91,65	91,26	%
Verluste und dynamische Rotorverluste				
Kupferverluste Stator/Rotor	6938/7482	4753/7490	5615/7486	W
Eisenverluste	502	662	577	W
dynamische Rotorverluste	1305	406	823	W
Stromverdrängungsfaktor	1,277	1,068	1,152	/

Tabelle 5 Thermische Daten

Parameter	UHTK 280.4-4	Typ I	Typ II	Einheit
Statorrücken ohne/mit k_r	84/86	76/77	80/82	°C
Statorzähne ohne/mit k_r	110/115	94/96	102/106	°C
Statornuten ohne/mit k_r	120/125	101/102	110/113	°C
Rotorzähne ohne/mit k_r	196/214	169/174	188/199	°C
Rotornuten ohne/mit k_r	200/219	177/182	193/205	°C

$$M = \sigma_{\text{tan}} 2\pi r_2^2 l_i = \frac{1}{2}\pi\sigma_{\text{tan}} D_2^2 l_i \sim D_2^2 l_i \approx D_2^2 l_{\text{Fe}} \quad (9)$$

lässt sich erkennen, dass das Drehmoment proportional zum Term $D_2^2 l_{\text{Fe}}$ ist. Wenn der Bohrungsdurchmesser geringfügig vergrößert wird, muss die Blechpaketlänge viel stärker verkürzt werden, um das Rotorträgheitsmoment konstant zu halten. Demzufolge ergibt sich beim gleichen Drehmoment ein größerer Spannungstensor und damit ein größerer Strombelag, die eine Verkleinerung der Rotorstabhöhe erschwert. Im Gegensatz dazu kann der Bohrungsdurchmesser verkleinert werden, um den Spannungstensor und damit den Strombelag zu senken. Ähnlich wie bei der ersten Auslegungsvariante, lässt sich die Rotorstabhöhe durch einen kleineren Strombelag verkleinern.

Ein zweiter Motor (Typ II) wird im Hinblick auf die Einhaltung des gleichen Trägheitsmoments ausgelegt. Einige wichtige Parameter von dieser Auslegungsvariante sind wiederum in Tabelle 3, 4 und 5 zu finden. Eine Reduzierung der Stabhöhe von 10 mm wird ebenso durch das größere Läufervolumen und damit den kleineren Strombelag erzielt. Der Bohrungsdurchmesser wird wie erwartet verkleinert. Damit ergibt sich eine längere Blechpaketlänge zur Einhaltung des gleichen Trägheitsmoments.

5.4 Vergleich aller Beispielsmaschinen

In Tabellen 3, 4 und 5 sind die Parameter von allen Maschinenvarianten gegenübergestellt. Der Stromverdrängungsfaktor und die entsprechenden dynamischen Stromverdrängungsverluste werden beispielsweise für einen periodischen zeitoptimalen Stromverlauf (10 Hz) ermittelt. Die zusätzlichen Stromverdrängungsverluste im Rotor werden durch die kleinere Rotorstabhöhe deutlich reduziert. Der Stabstrom des Läufers wird zur Erzielung kleinerer Rotornutfläche und damit kleinerer Rotorstabhöhe verkleinert, indem die Windungszahl der Ständerwicklung bzw. das Übersetzungsverhältnis kleiner gewählt werden. Um die gleiche Spannung bei dem kleiner gewählten Übersetzungsverhältnis zu induzieren, wird der Hauptfluss entsprechend vergrößert. Das wird durch die Verlängerung des Blechpakets nach (5) bei ungefähr gleicher mittlerer Luftspaltinduktion erreicht. Bei dem gleichen Außendurchmesser des Ständers nimmt die Eisenmasse mit dem länger gewordenen Blechpaket zu. Wegen der größeren Eisenmasse sind Eisenverluste der ersten Neuauslegung bei ungefähr gleicher magnetischer Ausnutzung höher als bei den anderen Motoren. Da der Schlupf s von allen drei Maschinen unverändert bleibt, sind die Rotorstromwärmeverluste P_{vw2} ungefähr gleich nach

$$P_{\text{vw2}} = P_{\text{mech}} \frac{s}{1-s}. \quad (10)$$

Thermische Berechnung wird mit dem gleichen Wärmequellennetz durchgeführt. Die Temperaturen des Maschinenteils werden für die Fälle mit und ohne Berücksichtigung der dynamischen Stromverdrängungsverluste be-

stimmt bzw. in Tabelle 5 dargestellt. Die neuen Maschinenvarianten haben wegen geringerer Verluste und größerer Kühloberfläche niedrigere Innentemperatur als die alte Maschine. Damit ergeben sich kleinere Ständer- und Rotorwiderstände und damit geringere Stromwärmeverluste.

6 Zusammenfassung

Im Beitrag werden die dynamischen Stromverdrängungsverluste bei dem periodischen zeitoptimalen Stromverlauf (10 Hz) durch die Optimierung der Rotornutgeometrie um 69 % bei Typ 1 und um 37 % bei Typ 2 gegenüber der alten Maschine UHTK 280.4-4 reduziert. Zugleich werden andere Betriebswerte, wie der Leistungsfaktor und der Wirkungsgrad, mit der neuen Nutgeometrie sogar verbessert. Außerdem sind die inneren Temperaturen bei der neu ausgelegten Maschine bei Berücksichtigung der zusätzlichen Wärmeverluste im Vergleich zur nachgerechneten Maschine ohne Berücksichtigung der dynamischen Stromverdrängung sogar bei Typ 1 leicht gesunken und bei Typ 2 ungefähr gleich. Damit kann die neue Maschine bei gleichem Lastspiel thermisch beständig sein, ohne hochwertigere Isoliermaterialen zu verwenden.

7 Literatur

[1] Köhring, P.: Beitrag zur Berechnung der Stromverdrängung in Niederspannungsasynchronmaschinen mit Kurzschlussläufern mittlerer bis großer Leistung. Dissertation, TU Bergakademie Freiberg, 2009

[2] Zhang, Y; Hofmann, W: Energy-efficient control of induction motors with high torque dynamics and transient skin effect. IECON, Vienna, 2013

[3] Hofmann, W.: Energieoptimale Stellvorgänge und deren Auswirkungen auf die Auslegung von rotatorischen und linearen Stellantrieben. VDI/VDE Tagung. Böblingen 2008.

[4] Riefenstahl, U.: Elektrische Antriebssysteme – Grundlagen, Komponenten, Regelverfahren, Bewegungssteuerung. 3. Aufl. Wiesbaden: B. G. Teubner Verlag 2010

[5] Müller, G.; Vogt, K.; Ponick, B.: Berechnung elektrischer Maschinen. 6. Aufl. Weinheim, Berlin, New York, Tokyo: Wiley-VCH, 2007

[6] Köhring, P.: Closed solution of the transient skin effect in induction machines, Electrical Engineering, Springer, Vol.91, Nr.9, S. 263-272, 2009

[7] Budig, P.: Stromrichtergespeiste Drehstromantriebe. VDE Verlag, Berlin und Offenbach, 2001

[8] Saari, J.: Thermal Modelling of High-Speed Induction Machines. Electrical Engineering Series No. 82, Helsinki University of Technology, 1993

[9] Jokinen, T; Saari, J: Modelling of the coolant flow with heat flow controlled temperature sources in thermal networks. IEE Proc., Electr. Power Appl., 144 (5), 338–342, 1997

Berechnung von Wirkungsgradkennfeldern von Asynchronmaschinen mit Hilfe der Finite-Elemente-Methode
Calculation of Efficiency Maps of Induction Motors Using Finite Element Method

Dipl.-Ing. Patrick Winzer, Prof. Dr.-Ing. Martin Doppelbauer
Elektrotechnisches Institut (ETI) – Hybridelektrische Fahrzeuge
Karlsruher Institut für Technologie (KIT), Kaiserstr. 12, 76131 Karlsruhe, 0721 608 41955, patrick.winzer@kit.edu

Kurzfassung

Ein wichtiges Optimierungsziel bei der Entwicklung von Elektromotoren ist ein möglichst guter Wirkungsgrad. Bei drehzahlvariablen Maschinen, gerade im Bereich der Elektromobilität, bei denen verschiedene Lastpunkte angefahren werden, wird dieser als stationäres Kennfeld in der Drehzahl-Drehmoment-Ebene dargestellt. Der Entwicklungsingenieur muss darauf achten, dass sowohl die Mindestanforderungen an den Wirkungsgrad in verschiedenen Betriebspunkten erfüllt sind als auch darauf, das geforderte Maximaldrehmoment zu erreichen. Zu diesem Zweck muss das Kennfeld schon während der Entwurfsphase schnell und einfach berechnet werden können.
In diesem Beitrag wird eine Möglichkeit aufgezeigt, die Asynchronmaschine durch geschickte Wahl der Parameterebene mit nur zwei unabhängigen Größen mathematisch vollständig und drehzahlunabhängig zu beschreiben. Auf die Verwendung von Ersatzschaltbildern oder auf die Manipulation des Rotorkreises in der numerischen Finite-Elemente Berechnung (FEM) kann bei Verwendung des beschriebenen Verfahrens verzichtet werden. Dadurch wird eine vergleichsweise einfache und genaue Berechnung ermöglicht.

Abstract

An important optimization goal in the development of electric motors is a high energy efficiency. For variable-speed machines, especially in the field of electric traction drives, where different load points are utilized, the efficiency is usually visualized as a stationary map in the speed-torque plane. The development engineer has to make sure that both the minimum requirements for efficiency in different load points as well as the required maximum torque are achieved. Therefore, the efficiency map must be calculated often and quickly during the design process.
This paper shows a possibility to describe induction machines mathematically in a complete way and independent of speed with only two independent parameters by choosing an appropriate parameter plane and versatile quantities. There is no need to utilize an equivalent circuit or to manipulate the rotor circuit in the FEM calculation when applying the proposed method. Thus, a comparatively easy and accurate calculation is possible.

1 Einleitung

Heutzutage findet ein Großteil des Entwurfs- und Optimierungsprozesses elektrischer Maschinen am Computer statt [1]. Zur Bewertung des Entwurfs wird in der Regel das stationäre Wirkungsgradkennfeld der Maschine herangezogen. Dessen Berechnung verläuft, wie in **Bild 1** illustriert, in der Regel in einem zweistufigen Prozess [2]. Zunächst wird das Maschinenmodell mit einer geeigneten Methode parametriert, z.B. durch Berechnung mittels Fi-

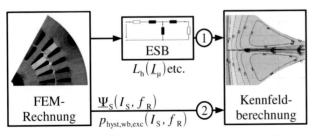

Bild 1 Klassische (1) und verbesserte Methode (2) zur Wirkungsgradkennfeldberechnung der ASM

nite-Elemente-Methode (FEM). Anschließend wird die Ansteuerung einzelner Lastpunkte in der Drehzahl-Drehmoment-Ebene der Maschine so optimiert, dass sich möglichst geringe Gesamtverluste ergeben.
Dazu ist eine physikalisch vollständige Maschinenbeschreibung erforderlich. Bei Asynchronmaschinen wird in der Literatur [2,3] dazu häufig ein Ersatzschaltbild (ESB) [4] der Maschine verwendet, welches wie im oberen Pfad 1 in Bild 1 gezeigt mit Hilfe der FEM parametriert werden kann [2,5-8]. Dabei müssen jedoch grundsätzlich Annahmen und Vereinfachungen gemacht oder Zusatzrechnungen durchgeführt werden, da aus den FEM-Ergebnissen nicht direkt auf die ESB-Werte geschlossen werden kann. In [5] wird u.a. eine FEM-Rechnung ohne Rotor durchgeführt, in [6] wird das stark vereinfachende Invers-Γ-ESB verwendet, in [7] geht der berechnete Luftspaltfluss in die Parametrierung mit ein und in [8] wird das Γ-ESB verwendet, wobei die Rotorkreiselemente als nur von der Rotorfrequenz abhängig und die Hauptinduktivität dabei als konstant angenommen werden.

In diesem Beitrag wird anhand einer 40 kW Asynchronmaschine (ASM) für Traktionsanwendungen, deren Schnitt in **Bild 2** dargestellt ist, eine Möglichkeit aufgezeigt, direkt die FEM-Ergebnisse bei der Kennfeldberechnung zu verwenden, ohne den Umweg über ein ESB gehen zu müssen (unterer Pfad 2 in Bild 1). Dies erspart sowohl einen Rechenschritt als auch die Notwendigkeit, Modellannahmen und Näherungen machen zu müssen. Dadurch ist das Ergebnis der Wirkungsgradkennfeldberechnung stets so genau wie die FEM-Rechnung selbst.

Nach einer kurzen Übersicht über die verwendete magnetoharmonische FEM [8-10] in Abschnitt 2 wird in Abschnitt 3 hergeleitet, dass die Statorstrom-Rotorfrequenz-Ebene (I_S-f_R-Ebene) die Asynchronmaschine sowohl im linearen als auch im nichtlinearen Fall vollständig beschreibt. In Abschnitt 4 wird auf die Praxis der Kennfeldberechnung eingegangen und das Wirkungsgradkennfeld der Maschine aus Bild 2 vorgestellt.

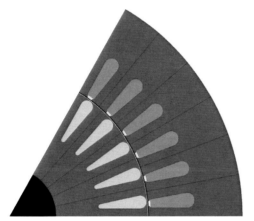

Bild 2 Schnitt durch einen Pol der in diesem Beitrag betrachteten Asynchronmaschine

2 Grundlagen der magnetoharmonischen Finite-Elemente-Rechnung

In diesem Abschnitt werden einige Grundlagen der magnetoharmonischen FEM zusammengefasst, die als Ausgangsbasis der Modellbildung der Asynchronmaschine dienen.

2.1 Darstellung physikalischer Größen

Bei der magnetoharmonischen FEM-Rechnung wird vorausgesetzt, dass alle zeitlich veränderlichen Größen $G(t)$ einen sinusförmigen Verlauf gleicher Frequenz haben [8-10]. Ihre Amplitude und Phasenlage wird mit der komplexen Amplitude

$$\underline{G} = G \cdot e^{j\varphi} \tag{1}$$

ausgedrückt. Die zeitliche Ableitung von $\underline{G}$ lautet damit:

$$\frac{d\underline{G}}{dt} = j\omega\underline{G} \tag{2}$$

Mit dieser Darstellung kann der eingeschwungene periodische Zustand einer ASM als ein stationäres Problem mit komplexen Zustandswerten gelöst werden.

2.2 Grundgleichung

In jedem Element des zweidimensionalen FEM-Problems wird die Grundgleichung der magnetoharmonischen FEM aufgestellt, die nach [9] lautet:

$$\frac{1}{\mu}\frac{\partial^2\underline{A}}{\partial x^2} + \frac{1}{\mu}\frac{\partial^2\underline{A}}{\partial y^2} = -\underline{J}_0 + j\omega\sigma\underline{A} \tag{3}$$

Dabei stellt das Vektorpotential $\underline{A}$ die Lösung des FEM-Problems dar, aus der alle weiteren physikalischen Größen, wie etwa die Flussdichte, abgeleitet werden können. Die rechte Seite der FEM-Gleichung (3) enthält zwei Summanden, die die magnetischen Verhältnisse in der Maschine beeinflussen. Mit dem Summanden $-\underline{J}_0$ wird der Einfluss einer extern eingeprägten Stromdichte in von außen zugängliche Wicklungen beschrieben. Im Fall der Kurzschlussläufer-Asynchronmaschine ist dieser Summand nur in den Elementen innerhalb der Statornuten (in Bild 2 rot gekennzeichnet) ungleich Null. Mit $j\omega\sigma\underline{A}$ wird der Wirbelstromfluss in axialer Richtung in leitfähigen Regionen berücksichtigt. Dieser kann sich grundsätzlich in Abhängigkeit der magnetischen Verhältnisse frei ausbilden, wird aber nicht von einer externen Quelle gespeist. Mit diesem Summanden wird die Stromverdrängung in den Rotorstäben (in Bild 2 hellblau gekennzeichnet) modelliert. In allen anderen Bereichen des FEM-Problems (z.B. Rotor- und Statorbleche, in Bild 2 dunkelblau gekennzeichnet) ist die rechte Seite von Gleichung (3) gleich Null. **Tabelle 1** fasst zusammen, welche Summanden der FEM-Gleichung (3) in den einzelnen Maschinenbereichen berücksichtigt werden.

Statornuten (rot in Bild 2)	$\frac{1}{\mu}\frac{\partial^2\underline{A}}{\partial x^2} + \frac{1}{\mu}\frac{\partial^2\underline{A}}{\partial y^2} = -\underline{J}_0$
Rotorstäbe (hellblau in Bild 2)	$\frac{1}{\mu}\frac{\partial^2\underline{A}}{\partial x^2} + \frac{1}{\mu}\frac{\partial^2\underline{A}}{\partial y^2} = j\omega_R\sigma\underline{A}$
restliche Bereiche	$\frac{1}{\mu}\frac{\partial^2\underline{A}}{\partial x^2} + \frac{1}{\mu}\frac{\partial^2\underline{A}}{\partial y^2} = 0$

Tabelle 1 FEM-Gleichung in einzelnen Maschinenteilen

2.3 Ableitung von Lastfällen

Beim hier verwendeten Maschinenmodell ist der in Gleichung (3) enthaltene Wirbelstromanteil $j\omega\sigma\underline{A}$ nur innerhalb der Rotorstäbe ungleich Null, da nur hier Wirbelströme berücksichtigt werden sollen. Im Lastfall stellt sich eine Rotordrehzahl ungleich Null ein, die zu einer Kreisfrequenz der Rotorströme von ω_R führt. Grundsätzlich wird bei der magnetoharmonischen FEM jedoch mit mechanisch feststehendem Rotor gerechnet, da ein stationäres Problem gelöst wird, wodurch $\omega_R = \omega_S$ gilt. Um Lastfälle in der FEM korrekt berücksichtigen zu können, wird eine elektrische Ersatz-Leitfähigkeit der Rotorstäbe $\sigma' = s \cdot \sigma$ eingeführt [9]:

$$j\omega_R\sigma\underline{A} = j(s \cdot \omega_S)\sigma\underline{A} = j\omega_S(s \cdot \sigma)\underline{A} \qquad (4)$$

Für den Lastfall wird also ein elektromagnetisch äquivalenter Fall eines stillstehenden Rotors eingeführt. Durch diese Korrektur werden die komplexen Amplituden der zeitlich veränderlichen Rotorgrößen richtig berechnet. Da der Rotor in der FEM-Rechnung stillsteht, entspricht die gesamte Drehfeldleistung den im Rotorkäfig anfallenden ohmschen Verlusten. Durch Gleichung (4) werden die Rotorstromamplituden korrekt berechnet. Allerdings rechnet die FEM mit einem $1/s$-fach höheren Rotorwiderstand, tatsächlich fällt also nur der s-te Teil der Drehfeldleistung als ohmsche Verluste im Rotor an. Wie im Fall der linearen Maschinengleichungen [4] kann damit die abgegebene mechanische Leistung bzw. das abgegebene Drehmoment berechnet werden:

$$P_{\text{mech}} = M \cdot \Omega_{\text{mech}} = (1 - s) \cdot P_D \qquad (5)$$

2.4 Berechnung des Drehmoments

Wie in Abschnitt 3 gezeigt wird, ist eine wichtige Ergebnisgröße aus der FEM-Rechnung die Statorflussverkettung eines Stranges $\underline{\Psi}_S$. Werden Wickelkopfinduktivität und Statorwiderstand bei der FEM-Rechnung vernachlässigt, lässt sie sich durch Integration der idealen Statorstrangspannung

$$\underline{\Psi}_S = -j\frac{\underline{U}_{S,\text{ideal}}}{\omega_S} \qquad (6)$$

berechnen. In diesem Fall entspricht die elektrische Leistung der Drehfeldleistung. Mit Gleichung (6) folgt daraus

$$P_D = \frac{3}{2}\Re\{\underline{U}_{S,\text{ideal}} \cdot \underline{I}_S^*\} = \frac{3}{2}\Re\{j\omega_S\underline{\Psi}_S \cdot \underline{I}_S^*\} \qquad (7)$$

Nach Gleichung (5) gilt:

$$P_D = M \cdot \frac{\Omega_{\text{mech}}}{1 - s} = M \cdot \frac{\omega_S}{p} \qquad (8)$$

Durch Umformen der Gleichungen (7) und (8) erhält man für das Drehmoment:

$$M_i = \frac{3}{2}p \cdot \Im\{\underline{I}_S \cdot \underline{\Psi}_S^*\} \qquad (9)$$

3 Modellbildung

In diesem Beitrag wird die I_S-f_R-Ebene zur Beschreibung allgemeiner nichtlinearer Asynchronmaschinen verwendet. Diese wird in diesem Abschnitt zunächst für den linearen Fall mithilfe des ESB in **Bild 3** hergeleitet und an-

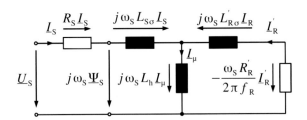

Bild 3 einphasiges T-ESB der Asynchronmaschine zur Herleitung der I_S-f_R-Ebene im linearen Fall

schließend auf den nichtlinearen Fall der magnetoharmonischen FEM übertragen.

3.1 I_S-f_R-Darstellung im linearen Fall

In Bild 3 ist das einphasige T-ESB der Asynchronmaschine gegeben. Darin wurde der Rotorwiderstand bereits in Abhängigkeit der Statorkreisfrequenz dargestellt:

$$\frac{R'_R}{s} = \frac{\omega_S \cdot R'_R}{2\pi \cdot f_R} \qquad (10)$$

Damit sind alle Elemente des ESB, die die Statorflussverkettung $\underline{\Psi}_S$ bestimmen, direkt zu ω_S proportional. Für sie kann eine komplexe Ersatzinduktivität $\underline{L}_E$ gemäß

$$\underline{L}_E(f_R) = L_{S\sigma} + \frac{L_h\left(L'_{R\sigma} - j\frac{R'_R}{2\pi f_R}\right)}{L_h + L'_{R\sigma} - j\frac{R'_R}{2\pi f_R}} \qquad (11)$$

eingeführt werden, die nur von den Maschinenparametern (konstant) und der Rotorfrequenz f_R (variabel) abhängig ist.

Wird das ESB von einer Stromquelle gespeist, kann die Phasenlage des Statorstroms frei gewählt werden. Der Einfachheit halber bietet es sich an, den Zeiger des komplexen Statorstroms in die reelle Achse zu legen. Die Statorflussverkettung berechnet sich so zu

$$\underline{\Psi}_S(I_S, f_R) = \underline{L}_E(f_R) \cdot I_S \qquad (12)$$

und ist von I_S und f_R abhängig. Die Drehmomentgleichung (9), die auch im linearen Fall gilt, vereinfacht sich damit zu

$$M_i = -\frac{3}{2}p \cdot I_S \cdot \Im\{\underline{\Psi}_S\} \qquad (13)$$

Der Imaginärteil der nach Gleichung (12) definierten Statorflussverkettung ist in **Bild 4** zu sehen. Für einen konstanten Strom ist das Drehmoment nach Gleichung (13) dann am größten, wenn der Imaginärteil der Statorflussverkettung ein Minimum annimmt. Gesucht ist also die Rotorfrequenz, bei der für einen bestimmten Strom das größte Drehmoment erreicht wird. Diese Punkte sind in Bild 4 für unterschiedliche Ströme mit einer schwarzen Linie gekennzeichnet.

Mit der Statorflussverkettung $\underline{\Psi}_S(I_S, f_R)$ ist die Maschine elektromagnetisch vollständig parametriert. Alle weiteren

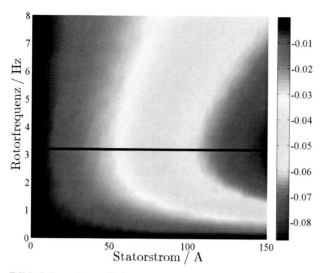

Bild 4 Imaginärteil der nach Gleichung (12) definierten Statorflussverkettung in Vs der linearen Maschine

Maschinengrößen, wie etwa die Statorspannung, können für einen Lastpunkt unter Kenntnis der Statorkreisfrequenz ω_S daraus berechnet werden.

3.2 I_S-f_R-Darstellung im nichtlinearen Fall

Aus Tabelle 1 ist ersichtlich, dass der elektromagnetische Zustand der Maschine nur von zwei Eingangsgrößen abhängt: Der Stromdichte $\underline{J}_0$ und der Rotorkreisfrequenz ω_R. Die magnetische Permeabilität μ stellt eine Lösungsgröße der FEM dar, deren sättigungsabhängige und damit lokal unterschiedliche Werte iterativ ermittelt werden. Andere physikalische Größen, wie etwa die Statorfrequenz, die Statorspannung oder die Drehzahl, haben keinen direkten Einfluss sondern können als Sekundärgrößen betrachtet werden.

Aus diesem Grund kann äquivalent zum linearen Fall in Abschnitt 3.1 das Maschinenverhalten mithilfe der Statorflussverkettung $\underline{\Psi}_S$ in Abhängigkeit der Parameter I_S und f_R dargestellt werden, die jeweils proportional zu den Größen $\underline{J}_0$ und ω_R sind [4,11]. Auch hier kann die Phasenlage der komplexen Amplitude $\underline{I}_S$ frei vorgegeben werden: Eine Änderung der Phase bewirkt ausschließlich eine ebenso große Änderung der Phasen aller anderen komplexen Amplituden, da dies lediglich einer Verschiebung in Zeitrichtung entspricht. Es bietet sich auch hier an, den Zeiger in die reelle Achse zu legen.

Bild 5 zeigt den nach Gleichung (6) berechneten Imaginärteil der Statorflussverkettung der hier betrachteten nichtlinearen Asynchronmaschine. Im Vergleich zu Bild 4 lässt sich der Einfluss der Eisensättigung erkennen: Während für kleine Ströme das Minimum des Imaginärteils der Statorflussverkettung über der Rotorfrequenz (schwarze Linie) näherungsweise unabhängig von der Rotorfrequenz selbst ist, verschiebt es sich ab einem gewissen Strom zu immer größer werdenden Rotorfrequenzen. Weiterhin fällt es zunächst etwa linear zum Strom ab, bis sich der Betrag des Gradienten aufgrund der Eisensättigung bei größeren Strömen verkleinert.

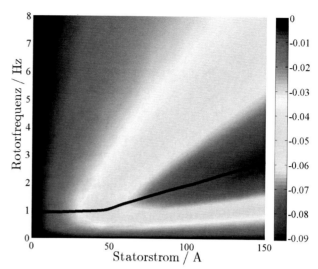

Bild 5 Imaginärteil der Statorflussverkettung in Vs der in Bild 2 gezeigten nichtlinearen ASM

3.3 Berücksichtigung weiterer Maschineneigenschaften

In der 2D-FEM findet die Feldberechnung nur in der Schnittebene der Maschine statt. Ferner wird die Maschine von Stromquellen in eine ideale Statorwicklung gespeist. Dadurch können einige Effekte nicht direkt in den Feldgleichungen berücksichtigt werden und müssen gesondert betrachtet werden:

3.3.1 Rotorendringe

Die Endringsegmente des Rotorkäfigs können durch RL-Glieder in der Berechnung berücksichtigt werden, indem sie in einem externen Schaltplan zwischen die einzelnen Rotorstäbe geschaltet werden. Da der Spannungsabfall an ihnen nur vom Rotorstrom und der Frequenz der Rotorströme abhängt, lässt sich ihr Einfluss ebenfalls auf die Eingangsgrößen I_S und f_R zurückführen.

3.3.2 Statorwiderstand und Wickelkopfinduktivität

Durch die Speisung der Statorwicklung mit einer idealen Stromquelle beeinflussen der Statorwiderstand und der Wickelkopf das Feldergebnis nicht. Sie tragen gemäß

$$\underline{U}_S = (R_S + j\omega_S L_{WK}) \cdot I_S + j\omega_S\underline{\Psi}_S \qquad (14)$$

lediglich zu einer Veränderung der Amplitude und Phasenlage der Spannung bei, die an den Maschinenklemmen angelegt werden muss, um den geforderten Statorstrom einzuprägen.

3.3.3 Eisenverluste

Aus den FEM-Ergebnissen lassen sich in einem nachgelagerten Rechengang die Eisenverluste in Stator und Rotor berechnen. Unter Verwendung des Bertotti-Verlustmodells [10] können diese in drei Komponenten unterteilt werden, die unterschiedlich von der Feldkreisfrequenz ω_M im jeweiligen Maschinenteil M und dem magnetischen Lastpunkt abhängig sind:

$$P_{\text{hyst}}(I_S, f_R, \omega_M) = p_{\text{hyst}}(I_S, f_R) \cdot \omega_M \qquad (15a)$$

$$P_{\text{wb}}(I_S, f_R, \omega_M) = p_{\text{wb}}(I_S, f_R) \cdot \omega_M^2 \qquad (15b)$$

$$P_{\text{exc}}(I_S, f_R, \omega_M) = p_{\text{exc}}(I_S, f_R) \cdot \omega_M^{1,5} \qquad (15c)$$

Die Größen p stellen die auf unterschiedliche Potenzen der Winkelgeschwindigkeit bezogenen Eisenverlustkomponenten dar und werden lediglich durch das Feldbild beeinflusst. Sie sind daher ebenfalls nur von I_S und f_R abhängig.

3.3.4 Temperatureinfluss

Die Maschinentemperatur wirkt sowohl auf den Stator- als auch auf den Rotorwiderstand. Abhängig von der Ausgangstemperatur ϑ_1 verändert sich der Statorwiderstand R_S für die Temperatur ϑ_2 mit der Materialkonstanten α in Gleichung (14) [11]:

$$R_S(\vartheta_2) = R_S(\vartheta_1) \cdot \left(1 + \alpha(\vartheta_2 - \vartheta_1)\right) \qquad (16)$$

Im Rotor führt eine temperaturabhängige Änderung des Rotorwiderstands zu einem anderen Feldbild. Der zweite Summand in Gleichung (3) ändert sich zu:

$$j\omega_R \sigma_2 \underline{A} = j\left(\omega_R \frac{\sigma_2}{\sigma_1}\right)\sigma_1\underline{A} = j\omega_R'\sigma_1\underline{A} \qquad (17)$$

Für eine Rotortemperatur ϑ_2 kann also eine Ersatz-Rotorfrequenz f_R' gemäß

$$f_R' = f_R \cdot \frac{\sigma_2}{\sigma_1} = f_R \cdot \frac{1}{1 + \alpha(\vartheta_2 - \vartheta_1)} \qquad (18)$$

gefunden werden, die den magnetischen Zustand bei der Temperatur ϑ_2 beschreibt. Das FEM-Ergebnis kann somit durch entsprechendes Post-Processing ohne Neuberechnung auf andere Temperaturen übertragen werden.

3.3.5 Generatorischer Betrieb

Die Vorgabe positiver Rotorfrequenzen bei der Maschinenparametrierung ist ausreichend, denn die Ergebnisse für negative Rotorfrequenzen beim generatorischen Betrieb lassen sich aus Symmetrieüberlegungen aus dem Berechneten ableiten (siehe auch Gleichungen (11) und (12)):

$$\underline{\Psi}_S(I_S, -f_R) = \underline{\Psi}_S^*(I_S, f_R) \qquad (19a)$$

$$p_{\text{hyst,wb,exc}}(I_S, -f_R) = p_{\text{hyst,wb,exc}}(I_S, f_R) \qquad (19b)$$

4 Kennfeldberechnung

Nachdem die Asynchronmaschine durch die FEM mittels Lookup-Tabellen für Statorflussverkettung und bezogene Eisenverlustkomponenten parametriert wurde, kann die Kennfeldberechnung durchgeführt werden.

4.1 Programmablauf

Ziel ist es, für ein Gitter von Lastpunkten in der Drehzahl-Drehmoment-Ebene der Maschine jeweils die wirkungsgradoptimale Ansteuerung, d.h. das ideale I_S-f_R-Wertepaar zu finden. Dazu wird ein zweistufiges Verfahren angewendet:

Im ersten Schritt wird für jeden Punkt des Drehzahlvektors das maximale motorische sowie generatorische Drehmoment berechnet. Im zweiten Schritt wird daraus zunächst ein Lastpunkte-Gitter abgeleitet. Anschließend wird für die einzelnen Lastpunkte („Gitterstellen") die optimale Ansteuerung berechnet. Dieser Schritt lässt sich auf modernen Computersystemen parallelisieren, da die Drehzahlen unabhängig voneinander abgearbeitet werden können.

4.2 Mathematische Formulierung

Der Kern beider Schritte ist ein Optimierungsalgorithmus, der das Problem

$$f(x) \to \min, \qquad (20)$$

löst. Die Zielfunktion $f(x)$ ist im ersten Schritt im motorischen Fall das negative Wellendrehmoment, im generatorischen Fall das positive Wellendrehmoment, sodass jeweils der Betrag desselben maximiert wird. Im zweiten Schritt repräsentiert die Zielfunktion die Verlustleistung der Maschine in den einzelnen Lastpunkten. Als Randbedingung müssen dabei stets die Maximalwerte von Strom und Spannung eingehalten werden:

$$I_S \leq I_{S,\text{max}} \qquad (21a)$$

$$|\underline{U}_S| \leq U_{S,\text{max}} \qquad (21b)$$

$$M_W = M_{W,\text{soll}} \qquad (21c)$$

Während die Bedingung (21a) direkt über die Beschränkung der Eingangsgrößen abgefangen werden kann, muss für die Bedingung (21b) beim Lösungsprozess eine nichtlineare Nebenbedingung nach Gleichung (14) ausgewertet werden. Die Nebenbedingung (21c) ist nur im zweiten Schritt zu berücksichtigen.

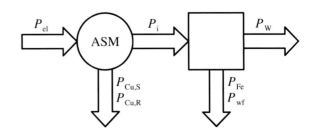

Bild 6 Zugrunde gelegtes Leistungsflussdiagramm bei der Kennfeldberechnung

4.3 Leistungsbilanz

Um den Besonderheiten der FEM-Rechnung gerecht zu werden, wird ein spezielles Leistungsflussdiagramm zugrunde gelegt. Dieses ist in **Bild 6** dargestellt und zeigt die unterschiedlichen angenommenen Entstehungsorte der einzelnen Verlustleistungsmechanismen.

Ausgehend von der elektrischen Wirkleistung P_{el} werden zunächst die Statorkupferverluste aus der Statorstromamplitude I_S und dem Statorwiderstand R_S nach

$$P_{Cu,S} = \frac{3}{2} R_S I_S^2 \qquad (22)$$

berechnet und subtrahiert. Diese Differenz entspricht der Drehfeldleistung P_D, von der die Rotorkupferverluste zu

$$P_{Cu,R} = s \cdot P_D = \frac{\omega_R}{p} M_i \qquad (23)$$

abgezogen werden, die aus dem inneren Drehmoment M_i berechnet werden. Die verbleibende Leistung P_i wird um die Eisenverluste nach Gleichungen (15) und um Reibungs- und Strömungsverluste P_{wf} nach der empirischen Gleichung

$$P_{wf} = P_{wf0} \cdot \left(\frac{n}{n_0}\right)^k \qquad (24)$$

verringert [11]. Diese werden proportional zur k-ten Potenz der auf die Drehzahl n_0 bezogenen Drehzahl n angenommen. P_{wf0} stellt die Bezugs-Verlustleistung bei der Drehzahl n_0 dar.

4.4 Berechnungsergebnis

In **Bild 7** ist das Wirkungsgradkennfeld der Asynchronmaschine aus Bild 2 als Ergebnis der Kennfeldberechnung dargestellt. Für jeden Lastpunkt wurde automatisch das gesamtverlustärmste und damit wirkungsgradoptimale I_S-f_R-Wertepaar berechnet. Aus diesem lassen sich alle weiteren Größen, wie etwa Statorspannung oder Schlupf, berechnen.

Der Feldschwächbereich wurde vom Optimierungsalgorithmus selbstständig erkannt und berechnet: Durch die

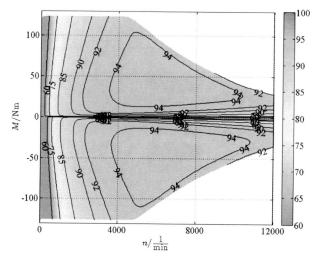

Bild 7 Wirkungsgradkennfeld (in %) über Drehzahl und Drehmoment für wirkungsgradoptimale Ansteuerung

Statorspannungs-Nebenbedingung werden I_S und f_R so eingestellt, dass keine Nebenbedingung verletzt wird.

5 Zusammenfassung

In diesem Beitrag ist eine Möglichkeit gezeigt, mit der basierend auf der FEM-Lösung in der I_S-f_R-Ebene Wirkungsgradkennfelder von Asynchronmaschinen berechnet werden können. Durch das vorgestellte Verfahren entsteht im Vergleich zu anderen Methoden kein Genauigkeitsverlust im Vergleich zur FEM-Lösung selbst, ebenso sind keine Zwischenschritte, wie etwa das Ableiten eines ESB, erforderlich.

6 Literatur

[1] Reinhardt, V.; Kimmich, R.; Winzer, P.: Virtuelle Entwicklung von Elektromotoren. Auslegung einer Asynchronmaschine für Fahrantriebe mittels numerischer Optimierung und Softwareautomatisierung: VDI-Berichte 2138, VDI-Verlag, 2011

[2] Pugsley, G.; Chillet, C.; Fonseca, A.; Bui-Van, A.-L.: New modeling methodology for induction machine efficiency mapping for hybrid vehicles. Electric Machines and Drives Conference 2003. IEEE International, Vol. 2, 1-4 June 2003, pp. 776-781

[3] Richter, M.; Brendle, B.; Stiegeler, M.; Mendes, M.; Kabza, H.: Flux maps for an efficiency-optimal operation of asynchronous machines in hybrid electric vehicles. Vehicle Power and Propulsion Conference (VPPC), 2011 IEEE, 6-9 Sept. 2011, pp. 1-6

[4] Müller, G.; Ponick, B.: Elektrische Maschinen Band 1: Grundlagen elektrischer Maschinen: Wiley-VCH, 2006

[5] Shindo, R.; Ferreira, A.C.; Soares, G.A.: Calculation of polyphase induction motor parameters using the finite element method. IEEE/ACES International Conference on Wireless Communications and Applied Computational Electromagnetics, 2005, 3-7 April 2005, pp. 662-665

[6] Grabner, C.: Simplified evaluation of equivalent circuit parameters of a squirrel cage induction motor by finite element calculations and measurement. Canadian Conference on Electrical and Computer Engineering, 4-7 May 2008, pp. 295-300

[7] Yang, T.; Zhou L.; Li L.: Parameters and performance calculation of induction motor by nonlinear circuit-coupled finite element analysis, International Conference on Power Electronics and Drive Systems, 2-5 Nov. 2009, pp. 979-984

[8] Bianchi, N.: Electrical machine analysis using finite elements: Taylor & Francis, 2005

[9] Salon, S. J.: Finite element analysis of electrical machines: Kluwer Academic, 1995

[10] CEDRAT S.A.: Flux 11: User guide, 2012

[11] Müller, G.; Vogt, K.; Ponick, B.: Elektrische Maschinen Band 2: Berechnung elektrischer Maschinen: Wiley-VCH, 2008

Magnetisch gelagerte Rundtische als intelligente Werkzeugmaschine
Magnetically suspended Rotary Table as an intelligent machine tool

Dr.-Ing. T. Schallschmidt, Otto von Guericke Universität Magdeburg, Deutschland, thomas.schallschmidt@ovgu.de
Dipl.-Ing. M. Stamman, Otto von Guericke Universität Magdeburg, Deutschland, mario.stamann@ovgu.de
Prof. Dr.-Ing. R. Leidhold, Otto von Guericke Universität Magdeburg, Deutschland, roberto.leidhold@ovgu.de
Prof. Dr.-Ing. F. Palis, Otto von Guericke Universität Magdeburg, Deutschland, frank.palis@ovgu.de

Kurzfassung

Dieser Beitrag stellt die Ergebnisse einer langjährigen Forschungs- und Entwicklungsarbeit auf dem Gebiet der Magnetlagertechnik für den Schwermaschinenbau vor. Anhand von drei konstruktiv unterschiedlichen Prototypen, von magnetisch gelagerten Rundtischen, werden die Eigenschaften und Möglichkeiten einer solchen Technik und die Ergebnisse aus Feldversuchen präsentiert. Neben den konstruktiven Umsetzungen der Lagerung, wird auch das auf industriellen Standardkomponenten umgesetzte Steuerungs- und Regelungskonzept vorgestellt. Es wird gezeigt, dass der höhere gerätetechnische Aufwand gegenüber der konventionellen Technik gerechtfertigt ist und eine intelligente Werkzeugmaschine zur Verfügung steht.

Abstract

This paper presents the results of the research and development work in the field of magnetic bearings as a rotary table. On the basis of three different prototypes, the properties and opportunities of such a technology are presented. Beside the practicable control law is implemented on industrial standard components. It is shown that the higher device-technical expenditure is justified compared with the conventional technology and an intelligent tool machine is available.

Einleitung

Der Markt der magnetischen Lagerungen umfasst mittlerweile verschiedenste, anwendungsorientierte Applikationen. Zu den bekanntesten Beispiele zählen hierbei Hochgeschwindigkeitsanwendungen [7] und Energiespeichersysteme, wie das Flywheel [8].
Alle magnetisch gelagerte Systeme zeichnen sich durch die bekannten Vorteile, wie Berührungslosigkeit, Verschleißfreiheit und die über eine Regelung beeinflussbare Dämpfung und Steifigkeit aus. Dem gegenüber steht immer der erhöhte Kostenaufwand durch zusätzliche Sensorik, Aktorik und Reglerhardware, sowie die komplexere Inbetriebnahme und die Nichtlinearität einer solchen Anwendung. Die Nichtlinearität bezieht sich hierbei auf die Luftspaltabhängigkeit der Induktivität und den quadratischen Zusammenhang zwischen Magnetkraft und Strom.
Eine nicht so bekannte Anwendung dieser Technik sind die hier vorgestellten magnetisch gelagerte Maschinenrundtische. Zu den beschriebenen Vor- und Nachteilen, der aktiven magnetischen Lagerung, kommen noch die Anforderungen aus dem Einsatzgebiet dieser Rundtische hinzu. Das Arbeitsfeld ist durch große Störkräfte, resultierend aus Fräs – und Bohrbearbeitung und verändernde Massenverhältnisse aufgrund unterschiedlicher Werkstücke bei gleichzeitig exakter Positionierung, geprägt.
Um im Vergleich mit konventionellen Rundtischen und im industriellen Einsatz bestehen zu können, muss die instabile, nichtlineare Strecke ein gutes Stör- und Führungsverhalten besitzen, relativ schnell und einfach in Betrieb

zu nehmen sein und die notwendige Steuerung und Regelung muss auf industriell verfügbaren Standardkomponenten umsetzbar sein.

Bild 1: Prototyp 1 und 2

Im nachfolgenden werden drei Maschinenrundtische für Werkstücke mit einem Durchmesser von 1–2m und einem Gewicht von bis zu 7 Tonnen vorgestellt. Neben dem prinzipiellen Aufbau, wird das beispielhaft auf einer Applikationsbaugruppe (FM 458-1 DP) umgesetzte Regelungskonzept und die damit verbunden Einsatzmöglichkeiten gezeigt.

Systembeschreibung

Die bislang entstanden Prototypen sind das Ergebnis einer Zusammenarbeit von Unternehmen aus Sachsen-Anhalt und Lehrstühlen der Otto-von-Guericke Universität Magdeburg und stellen verschiedene Ausbau- bzw. Entwicklungsstufen dar. Sie unterscheiden sich in der Konstruktion und Ausführung der magnetischen Lagerung, sowie in der eingesetzten Leistungselektronischen Steller und der verwendeten Regelungssysteme.

Bei allen realisierten Prototypen erfolgt die Lagerung des Rotors in 5 Freiheitsgraden und wird durch den Positionsvektor **q** beschrieben.

$$\mathbf{q} = (x\ y\ z\ \varphi_x \varphi_y)^T$$

Funktionell wird zwischen Trag-, Halte- und Zentriermagneten unterschieden. Die Trag- und Haltemagneten bewegen den Körper in z-, φ_x- und φ_y-Achse. Hierbei entspricht eine Bewegung in der z-Achse dem Heben und Senken des Rotors und φ_x und φ_y steht für die Drehung um die x- bzw. y- Achse. Die Zentriermagnete realisieren die Bewegung in der x- und y- Achse. Die Rotation um die z-Achse wird bei allen Prototypen durch einen Synchronmotor umgesetzt und kann nicht durch die Lagerung beeinflusst werden. Über 6 Wirbelstromsensoren und eine anschließende Koordinatentransformation wird der Lage des Rotors in den 5 Freiheitsgraden erfasst.

Prototyp 1 [**Bild 1**] hat einen Durchmesser von 1 m und der Rotor, mit einer Masse von 1300 kg, wird von insgesamt acht Halte- und Tragmagneten und zwei Zentriermagnetpaarungen gelagert. Alle Magnete sind als Hybridmagnete ausgeführt und werden in Differenzanordnung angesteuert [**Bild 2**].

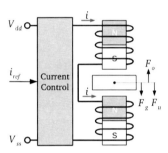

Bild 2 Differenzansteuerung für zwei Hybridmagnete und für einen Freiheitsgrad

Die Verwendung von Permanentmagnetanteilen führt zu einer magnetischen Vorspannung und zu einer geringeren Stromaufnahme im Gleichgewichtspunkt der Lagerung.

Durch die Differenzansteuerung wird die Luftspaltabhängigkeit der Gesamtinduktivität aufgehoben, da der resultierende Gesamtluftspalt immer konstant ist.

Als Leistungselektronische Stellglieder dienen 4 Quadranten-Gleichstromsteller mit einem maximalen Dauerstrom von 30 A bei einer Zwischenkreisspannung von 240 V. Die Drehung des Rotors wird über einen hochpoligen Torquemotor realisiert. Die maximale Drehzahl beträgt 68 min^{-1}. Im Falle einer Störung wird der Kontakt zwischen Magnet und Rotor über ein zentrales Fanglager verhindert. Die Regelung ist auf einem Linux-PC mit RTAI-Echtzeit-Kernel implementiert und die Kopplung zur Regelstrecke erfolgt über AD- und DA-Messkarten.

Der Prototyp 1 steht in der Experimentellen Fabrik in Magdeburg und dient dort als Demonstrator der Magnetlagertechnik.

Die Erfahrungen aus der Konstruktion und der Inbetriebnahme des ersten Prototypen wurden bei der Entwicklung des zweiten Prototypen berücksichtigt. Die Komponenten, wie die Sensorik, der Direktantrieb und die Differenzansteuerung der Hybridmagneten, wurden übernommen und ebenfalls eingesetzt. Veränderungen gab es vor allem bei der Anordnung der Zentriermagneten, den Fanglagern und der eingesetzten Regelungsbaugruppe.

Fanglager

Zentriermagneten

Torquemotor

Haltemagneten

Bild 3: Innenansicht Prototyp 2

Die Zentriermagneten befinden sich nun in der Mitte der Anlage und die Fanglager wurden sowohl zwischen den einzelnen Magneten als auch am Rand des Gehäuses platziert [**Bild 3**]. Hierdurch wurde eine gerade Auflagefläche und damit eine definierte und reproduzierbare Startposition für die Regelung geschaffen. Insgesamt ist die Konstruktion in den Abmessungen mit 0.4 m eine bedeutend geringere Höhe und kann mit einem Durchmesser von 2 m auch wesentlich größere Aufspannplatten und Werkstücke tragen. Die Regelung wurde auf einem echtzeitfähigen dSPACE-System umgesetzt, was die direkte Programmierung in Matlab/Simulink ohne Einbußen bei der Echtzeitfähigkeit ermöglicht.

Die Inbetriebnahme und Erprobung der Anlage, erfolgte beim Kooperationspartner, der Genthiner-Maschinen und Vorrichtungsbau GmbH. Dieser Einsatzort ermöglicht Versuche im rauen industriellen Umfeld und die Bearbeitung von schweren und übergroßen Werkstücken.

Der dritte Prototyp [**Bild 4**] ist eine Entwicklung, die gleich mehrere Veränderungen beinhaltet.

Der Permanentmagnetanteil der Hybridmagneten und die damit verbundene magnetische Vorspannung wurde durch eine zusätzliche Spule in den Elektromagneten ersetzt. Hierdurch konnte die Fertigung der Magnete, hinsichtlich der spannenden Bearbeitung und damit die Montage des Rundtisches vereinfacht werden. Zudem wurde die Gesamtanzahl der Magnet durch die Kombination der Halte- und Zentrierfunktion in schräg angeordnete Magnete verringert. [Bild 4]. Für die Regelung und die Stromversorgung wurden bei diesem Prototypen industrielle Standardbaugruppen, wie z.B. die Reglerapplikationsbaugruppe FM 458-1 DP, verwendet und so eine industrienahe Lösung in kompakterer Bauweise realisiert.

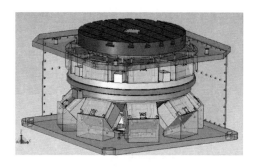

Bild 4 Rundtisch 3 CAD-Zeichnung

Die Anforderungen an eine hohe Verfügbarkeit bzw. geringe Ausfallzeiten der Einzelkomponenten kann durch am Markt verfügbaren Standardbaugruppen erfüllt werden, so dass eine höhere Akzeptanz für eine solche Technik erreichbar wird.

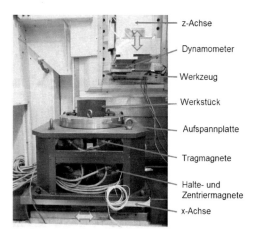

Bild 5: Versuchsaufbau mit Prototyp 3

Aktuell wird im Rahmen einer Kooperation mit dem Lehrstuhl für Fertigungseinrichtungen der Otto-von-Guericke Universität Magdeburg, die Möglichkeiten dieser Maschine im spannenden Bearbeitungsprozess getestet [**Bild 5**].

Modellbildung

Grundlage für den Entwurf einer Regelung ist das Modell der Regelstrecke. Das Streckenmodell in **Abbildung 6** zeigt den Zusammenhang zwischen Eingangsgröße

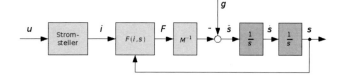

Bild 6: Nichtlineares Modell für einen Freiheitsgrad

Stromsollwert u und der Position s des Schwebekörpers im Luftspalt für einen Freiheitsgrad. Dabei wird der Rotor als Starrkörper angenommen und es sind die wesentlichen Komponenten wie die Stromsteller und die Magnetaktoren berücksichtigt.

Erweitert man das Modell auf die Darstellung der 5 Freiheitsgrade, so muss die Koordinatentransformation für die Position, für die Magnetkraft, sowie die Massenmatrix **M** berücksichtigt werden [**Bild 7**].

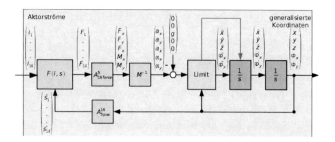

Bild 7: Modell für 5 Freiheitsgrade

Die Nichtlinearität der Magnetkraft kann aus der Bewegungsgleichung abgeleitet werden, wobei sich die Beschreibungen für eine Hybridanordnung von der mit reinen Elektromagneten unterscheidet.

$$F_{M,hyb}(i,s) = a\left[\frac{(i+H_0)^2)}{(k_1-2s)^2} - \frac{(-i+H_0)^2}{(k_2+2s)^2}\right]$$

$$F_{M,elec}(i,s) = a\frac{i^2}{(k-2s)^2}$$

Um die Nichtlinearität $F = f(s,i)$ der Strecke auch experimentell ermitteln zu können, wurden die einzelnen Magnete in einem Prüfstand vermessen. Ergebnis ist die in **Abbildung 8** dargestellte Strom-Abstand-Kraftkennlinie für jeden einzelnen Magneten.

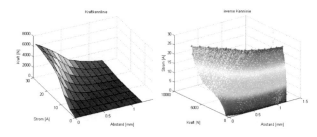

Bild 8: Aktorkennlinie und Inverse Kennlinie (Prototyp 3)

Deutlich ist der nichtlineare Zusammenhang und Sättigungseffekte des Eisenkreises erkennbar.
Anhand der Messwerte, wurde die inverse Kennlinie berechnet. Diese ist die Basis für eine Kompensation der Nichtlinearität im gesamten Arbeitsbereich.

Regelung und technische Umsetzung

Die Funktionsweise und das Verhalten des magnetisch gelagerten Maschinenrundtisches hängt im Wesentlichen vom implementierten Regelalgorithmus ab.

Aus dem nichtlinearen Streckenmodell kann unter Anwendung von Linearisierungsverfahren ein lineares Modell berechnet werden, wodurch in Folge die Methoden der linearen Regelungstechnik anwendbar sind [**Bild 9**]

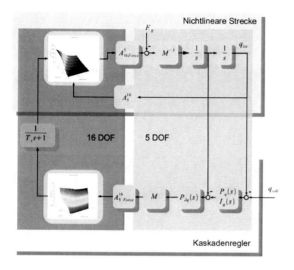

Bild 9: Gesamtsignalflussplan

Als Linearisierungsmethoden wurden einerseits die Linearisierung im Arbeitspunkt und andererseits die Feedbacklinearisierung angewendet. Bei der Feedbacklinearisierung wandert die Nichtlinearität der Strecke mittels Zustandstransfomation an deren Anfang. Zusätzlich ergibt sich eine, mit der Zeitkonstante des Stromregelkreises bewertete, Aufschaltung der Zustandsgrößen.

Bei Vernachlässigung der Dynamik des Stromregelkreises, ergibt sich die Brunovsky Normalform und die Möglichkeit einer direkten Inversion.

Unter Anwendung der Kompensation, reduziert sich die Regelstrecke für den Reglerentwurf auf eine Struktur mit aufeinanderfolgender Integrationen und es kann für jeden Freiheitsgrad ein linearer Regler entworfen werden.

Als Reglerstruktur wurde die PI-Kaskadenstruktur verwendet, da diese Struktur eine bessere physikalische Deutung der Zustandsgrößen erlaubt, Begrenzungen physikalischer Größen ermöglicht und praxisorientierte Reglerentwurfsverfahren der Antriebstechnik angewendet werden können. Zusätzlich bietet diese Struktur die Möglichkeit, die unterlagerten Regelkreise vorzusteuern und auftretende Störungen durch Aufschaltung zu kompensieren.

Die Auslegung des inneren Geschwindigkeitsregelkreises, erfolgt durch die Berechnung von P_{dq}, so dass die Dynamik des Regelkreises nicht größer ist als die Stromstellerdynamik und alle weiteren auftretenden Verzögerungen ist. Hierzu zählen Totzeiten durch das Abtastsystem und zusätzliche Filter die das Messrauschen unterdrücken. Die obere Grenze wird durch die Phasenreserve festgelegt, die

nicht zu klein werden darf. Ziel ist es, den inneren Regelkreis mit P_{dq} so schnell wie möglich einzustellen, ohne dabei die Stabilität zu gefährden. Die Zielfunktion des geschlossenen, inneren Regelkreises ist ein durch die Summenzeitkonstante beschriebenes PT_1-Verhalten.

Die sogenannte Summenzeitkonstante bestimmt die Dynamik des inneren Regelkreises. Mit Hilfe der Regleroptimierung nach dem symmetrischen Optimum, wird das Störverhalten des Gesamtsystems optimiert. Daraus lassen sich für den äußeren Lageregelkreis die Parameter P_q und I_q berechnen.

$$P_q = \frac{1}{2T_\Sigma} \text{ und } I_q = \frac{1}{8T_\Sigma^2}$$

Durch Wahl der Summenzeitkonstanten kann die dynamische Steifigkeit (Störverhalten) und das Übergangsverhalten (Führungsverhalten) der Maschine vorgegeben werden. Diese variable Einstellung der Lagereigenschaften verknüpft mit nur einem Parameter stellt einen großen Vorteil gegenüber herkömmlicher Lagerungen dar. Die Regelstruktur wurde bei allen drei Prototypen und damit auf verschiedensten Systemen erfolgreich implementiert. Bei Prototyp 3 wurde diese beispielhaft als CFC-Struktur auf der Applikationsbaugruppe FM458-1DP umgesetzt. Die Baugruppe arbeitet mit einem Grundzyklustakt von 1ms. Die inverse Charakteristik wurde als Polygonzug für verschiedene Arbeitspunkte hinterlegt, so dass die Kompensation der Nichtlinearität umgesetzt wurde.

Experimentelle Verifizierung

Die Erprobung der Funktionsfähigkeit und der Adaptionsmöglichkeiten, erfolgte an allen drei Maschinenrundtischen.

Das Führungs- und Störverhalten der z- Achse bei Variation der Summenzeitkonstanten ist in **Abbildung 10** dargestellt.

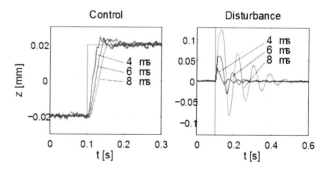

Bild 10: Führungs- und Störverhalten bei unterschiedlichem Reglerparameter T_Σ und $F_{stör} = 1kN$

Der Einfluss dieser Änderung auf die Sprungantwort und auf die dynamische Steifigkeit ist deutlich ersichtlich und ist für alle Achsen gegeben. Somit ergibt sich die Möglichkeit die einzelnen Achsen hinsichtlich der Dynamik auch unterschiedlich einzustellen. Hierfür muss pro Achse nur ein Parameter verändert werden. Über einen Sollwertgenerator [**Bild 11**], der das Modell der Regelstrecke beinhaltet, kann das Führungsverhalten der Maschine noch weiter verbessert werden.

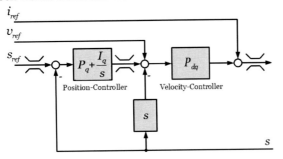

Bild 11: Kaskadenregler mit Vorsteuerung

Aufgrund der Ansteuerung aller 5 Achsen kann der Rotor in den gegebenen mechanischen Grenzen auch Trajektorien abfahren und so ist z.B. auch ein unrunder, nicht zentrischer Lauf realisierbar.

Bild 12: Prototyp 2 mit Werkstück vor Bohrwerk

Eine mechanische Bearbeitung und die dadurch verursachten Reaktionen in der y-Achse sind in **Abbildung 12** und **13** dargestellt. Hierbei handelt es sich um einen Bohrprozess, bei dem eine Bohrung mit einem Durchmesser von 30 mm in ein Werkstück eingebracht wurde.

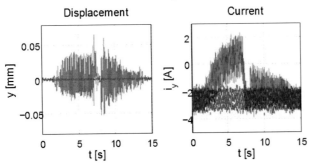

Bild 13: Positions- und Stromverlauf während eines Bohrprozesses

Die stationären Störgröße kann, wie durch den Stromanstieg i_y ersichtlich, durch den Regler ausgeglichen werden. Dennoch kann ein Teil unerwünschter Schwingungen aufgrund der dennoch begrenzten Lagersteifigkeit nicht komplett kompensiert werden. Hier sollen in weiterführenden Arbeiten [6] durch aktive Schwingungsdämpfung eine Verbesserung erreicht werden.

Zusammenfassung und Ausblick

Der Beitrag stellt eine magnetische Lagerung mit speziellen Anforderungen vor, die sich aus dem Einsatzgebiet für Maschinenrundtische ableiten. Es wurde gezeigt, dass die gewählte PI-Kaskadenstruktur und damit ein linearer Regelungsansatz in Kombination mit einer Kompensation der Nichtlinearität auf industriellen Standardkomponenten umsetzbar ist. Durch die angewendete Einstellvorschrift kann die Dynamik der Anlage durch Veränderung eines Parameters pro Achse eingestellt und angepasst werden, was die Voraussetzung für eine Adaption darstellt.

Eine weitere Verbesserung der Anlage kann durch eine aktive Schwingungsdämpfung erreicht werden, die Gegenstand nachfolgender bzw. aktueller Untersuchungen ist.

Literatur

[1] T. Schallschmidt, D. Draganov, F. Palis, Design and experimental investigation of a magnetically suspended rotary table, 12 th European Conference on Power Electronics and applications, 12. – 15. Sept. 2007, Aalborg (Denmark)

[2] S. Palis, M. Stamann, T. Schallschmidt: Nonlinear adaptive control of magnetic bearing, 12 th European Conference on Power Electronics and applications, 12. – 15. Sept. 2007, Aalborg (Denmark)

[3] Schallschmidt, T.: Modellbasierte Regelung magnetisch gelagerter Rundtische. Dr.- Ing. Dissertation, Universität Magdeburg, 2012

[4] Schweitzer, G.; Traxler, A.; Bleuler, H.: Magnetlager. Springer Verlag, Berlin 1993, ISBN-13: 978-3540558682

[5] S. Palis, M. Stamann and T. Schallschmidt, Rechnergestützter Reglerentwurf für ein Magnetlager mit Scilab/Scicos-RTAI, EKA Mageburg, 2008.

[6] M. Stamann, T. Schallschmidt and F. Palis, Aktive Schwingungsdämpfung unter Berücksichtigung der Nichtlinearitäten am Beispiel magnetisch gelagerter Maschinenrundtische, 10. Magdeburger Maschinenbau Fachtagung, 2011.

[7] C.-R. Sabirin and A. Binder, Rotor levitation by active magnetic bearing using digital state controller, in EPE-PEMC, 2008, pp. 1625-1632.

[8] M. Subkhan and M. Komori, New Concept for Flywheel Energy Storage System Using SMBand PMB, IEEE Transactions on Applied Superconductivity, vol. 21, 2011, pp. 1485-1488.

[9] M.Stamann, T. Schallschmidt, R. Leidhold, Control of Magnetic Bearings as Rotary Tables for Mill and Drill Machining of Heavy Workpieces, ACMOS, Romania, 2012, pp. 313-321

Dynamik und Überlastfähigkeit von sensorlosen Antrieben mit PM-Synchronmaschinen einschließlich Stillstand und tiefen Drehzahlen

Dynamic and Overload Capability of sensorless PM Synchronous Drives including standstill and low speed range

Univ.-Prof. Dr. Manfred Schrödl, Technische Universität Wien / Institut für Energiesysteme und Elektrische Antriebe, Wien, Österreich, manfred.schroedl@tuwien.ac.at

Kurzfassung

Der Beitrag präsentiert die Eigenschaften sensorloser Antriebe mit Permanentmagnet-Synchronmaschinen im Hinblick auf Dynamik und Überlastfähigkeit, wobei besonders der Tiefdrehzahlbereich einschließlich des Stillstandes betrachtet wird. Dabei werden mehrere Antriebe unterschiedlicher Größe und Konstruktion präsentiert, die teilweise bereits einige Jahre im Serieneinsatz sind oder in einer Serienentwicklung stehen. Als Beispiele werden Antriebe aus verschiedenen Branchen (Medizintechnik – Antriebsdaten 20 mNm / 40.000 U/min, Traktion 3.000 Nm / 1000 U/min, Produktionstechnik 2 Nm / 4000 U/min) präsentiert, die ab Stillstand mit vollem Drehmoment bzw. Überlast betrieben werden können. Auf diese Weise ist es möglich, sehr robuste und kostengünstige Systeme zu realisieren, die sich in der Praxis bereits in hohen Stückzahlen und seit mehreren Jahren bewährt haben.

Messungen und statistische Auswertungen der sensorlos ermittelten Positionen und Drehzahlen im Vergleich mit Referenzgebern werden dargestellt, ebenso wie hochdynamische Startvorgänge und Überlastbetrieb z.B. mit 3-fachem Nennstrom.

Abstract

The paper presents the properties of sensorless drives with permanent magnet synchronous machines with respect to dynamics and overload capability. A main aspect is the low speed range including standstill. Several drives are presented, which have already been in series applications or are going to be used in series. As examples, a medical application (20 mNm / 40.000 rpm drive), a traction application (3.000 Nm / 1.000 rpm drive) and a drive of production industry (2 Nm / 4.000 rpm drive) are presented. All of them are able to provide full starting torque or even overload. Hence, very robust and economical systems can be realized, which have already been used in practice.

Measurements and statistical evaluations of sensorless-obtained position and speed information are presented. A comparison with reference sensors is performed. Furthermore, highly dynamic starting behaviour and overload properties (e.g. with 3 times rated current) are discussed.

1 Einleitung

Der Einsatz von permanentmagneterregten Synchronmaschinen (PSMs) hat in den letzten Jahren einen großen Zuwachs erfahren. Hauptgründe sind ein kompakter Aufbau und ein ausgezeichneter Wirkungsgrad. Der starke Preisanstieg von Seltenen Erden in den letzten Jahren hat zu einer vorübergehenden Verunsicherung der Motorenbauer geführt, jedoch scheint diese durch Aktivierung von neuen Lagerstätten überwunden zu sein. Seit vielen Jahren wird die sogenannte „Sensorlose Regelung" zur Einsparung von Positionssensoren propagiert [1-5], um die Robustheit des Antriebs hoch und die Kosten niedrig zu halten. An der Technischen Universität Wien wurden bzw. werden gemeinsam mit Industriepartnern eine Reihe von Projekten zur Implementierung von sensorlosen Verfahren durchgeführt, wobei einige davon bereits mehrere Jahre, teilweise in hohen Stückzahlen, im Markt sind. Dabei sind die Betriebsbereiche und Größen der Antriebe in einem weiten Bereich gestreut. Die Projekte reichen von kleinen Motoren mit Nenndrehmoment von 0,02 Nm und Drehzahlen von 40.000 U/min für Dental-Anwendungen bis hin zu großen Antrieben mit Nennmomenten von 3.000 Nm und Drehzahlen von 1.000 U/min für Bahneinsatz. Dazwischen ist eine große Bandbreite von sensorlosen Antrieben für verschiedenste Anwendungen realisiert worden. In folgenden Beispielen wird gezeigt, dass unabhängig von der Motorengröße ein sicherer sensorloser Betrieb mit hoher Dynamik und Überlastfähigkeit ab Stillstand möglich ist.

2 Prinzip der sensorlosen Regelung

Grundidee der sensorlosen Regelung ist, relativ leicht messbare positionsabhängige physikalische Effekte auszunutzen, um auf die Rotorposition indirekt zu schließen. Für Drehzahlbereiche über ca. 10-20% der Nenndrehzahl kann dabei vorteilhaft die induzierte Spannung ausgewertet werden. Im Bereich kleiner Drehzahlen einschließlich Stillstand werden Injektionsverfahren eingesetzt, die rotorpositionsabhängige Induktivitätsschwankungen auswerten. In den gezeigten Beispielen wird dabei das INFORM®-Verfahren („**In**direkte **F**lussermittlung durch **O**n-line **R**eaktanz-**M**essung") [1] eingesetzt.

2.1 Das EMK-Verfahren

Im Drehzahlbereich über ca. 10-20% der Nenndrehzahl kann Positionsinformation aus der induzierten Spannung rein passiv gewonnen werden. Dabei wird im Prinzip die Statorflussverkettung durch Integration der Statorspannung unter Berücksichtigung des Ohm´schen Widerstandes bestimmt. Unter Berücksichtigung der Wirkung des Statorstroms auf die Flussverteilung kann daraus die Rotorposition bestimmt werden. Dieses Verfahren ist bereits seit vielen Jahren Stand der Technik und ist z.B. in [1] erläutert.

2.2 Das INFORM-Verfahren

Grundidee ist, durch Anlegen eines (Test-) Spannungsraumzeigers die Stromanstiegsreaktion zu erfassen. Soferne die PSM einen messbaren Unterschied zwischen d- und q-Induktivität aufweist, erfolgt der Stromanstieg in Abhängigkeit von der Rotorposition (Bild 1).

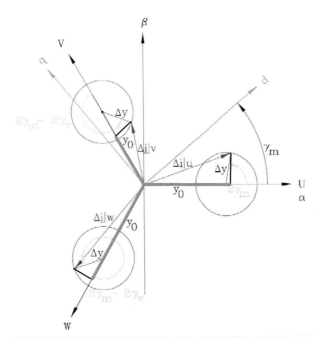

Bild 1 Ortskurven des Stromanstiegs für 3 Testspannungsraumzeiger, abhängig von der Rotorposition γ_m.

2.3 Umrichter für Low-cost Regelkonzept

Ein vorteilhaftes Konzept für einen Umrichter mit guten Sensorlos-Eigenschaften kombiniert mit einem preiswerten Aufbau ist in folgendem Bild 2 dargestellt. Die gesamte analoge Messung erfolgt potenzialbehaftet, wobei die Analogmasse des Prozessors auf Zwischenkreis-Minus-Potenzial gelegt wird. Damit kann die Strommessung über einen Ohm´schen Shunt erfolgen. Alternativ kann auch eine Drei-Shunt-Messung zwischen den unteren Schalttransistoren und dem Zwischenkreis-Minuspotenzial erfolgen (Bild 4). Misst man den Strom nur mit einem Summen-Shunt, kann die Stromanstiegsmessung für die INFORM-Auswertung nur in der Testspannungszeiger-Richtung durchgeführt werden. Dies entspricht den fett ausgezogenen Linien in Bild 1. Dabei wirkt der Strommessshunt wie ein intelligenter Messstellen-Umschalter.

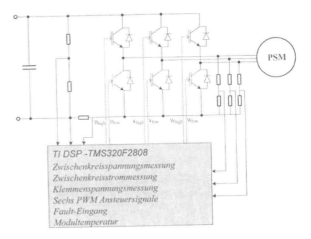

Bild 2 Low-Cost Hardwarekonzept mit potenzialbehafteter Strom- und Spannungsmessung

Wird beispielsweise der Mess-Spannungsraumzeiger u „1/0/0" an die PSM gelegt, so erfolgt im Shunt die Messung des Stromes i_u, da der gesamte Zwischenkreisstrom über den oberen Schalter der Brücke u in die PSM gelangt. In der komplexen Raumzeigerebene entspricht der Strangstrom i_u, der gerade über den Messshunt fließt, der fett eingetragenen waagrechten Linie. Analog erfolgt bei einem Mess-Spannungsraumzeiger v „0/1/0" über dem Shunt die Erfassung des Stromes i_v, in der Raumzeigerebene als fett eingetragene Gerade nach links oben erkennbar. Der große Vorteil dieser Erfassung ist, dass ein immer vorhandener Messfehler im Shunt bei allen Teilmessungen in gleicher Art auftritt und bei der INFORM-Auswertung mathematisch eliminiert wird. Wie in Bild 3 dargestellt, werden die Teilmessungen über eine komplexe Transformation in eine offsetfreie „INFORM-Ortskurve" übergeführt. Ein Verstärkungsfehler im Shunt verändert den Radius der INFORM-Ortskurve, ein Offset in der Strommessung ergibt ein so genanntes Nullsystem, welches bei der komplexen Transformation eliminiert wird. Ähnlich wie bei einem Verstärkungsfehler bewirkt eine veränderte Zwischenkreisspannung bei sonst gleichem INFORM-Mess-Timing eine vergrößerte INFORM-Ortskurve. Üblicherweise ändert sich die Zwischenkreisspannung aufgrund des Zwischenkreiskondensators relativ langsam, sodass für die INFORM-Auswertung von einer quasistationären Zwischenkreisspannung ausgegangen werden kann. Nachdem die Winkelinformation unabhängig vom Ortskurven-Radius über eine Arcustangens-Operation gewonnen wird, geht ein geänderter Radius nicht in die Genauigkeit der Winkelerfassung ein. Damit wird die INFORM-Auswertung sehr robust gegenüber Parameterschwankungen.

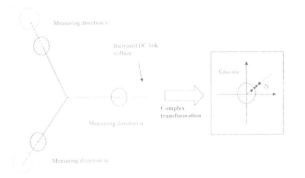

Bild 3 Komplexe INFORM-Ortskurve, gewonnen aus Teilmessungen [6]

2.4 Messungen des dynamischen Verhaltens eines sensorlosen Antriebssystems

Als Beispiel für die zu erwartenden dynamischen und stationären Eigenschaften eines sensorlosen INFORM-Antriebssystems werden nachfolgend Ergebnisse an einem 20 mNm-Innenläufer (Nenndrehzahl 40.000 U/min) mit Luftspaltwicklung präsentiert. Als Variante wird die INFORM-Auswertung auf Basis einer potenzialbehafteten 3-Shunt Messung durchgeführt (Bild 4).

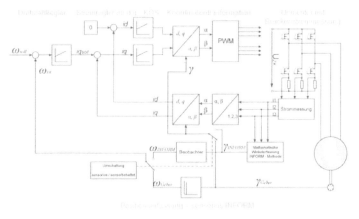

Bild 4 Sensorloses Regelkonzept, Variante 3-Shunt-Strommessung gegen Zwischenkreis-Minuspotenzial, drehzahlabhängige Umschaltung zwischen INFORM und EMK-Modell. Geber nur zur Verifikation.

Anzumerken ist, dass die INFORM-Auswertung sorgfältig vorgenommen werden muss, da aufgrund der Luftspaltwicklung ein großer Spalt mit einer relativen Permeabilität von $\mu_R=1$ überwunden werden muss. Damit sind die Induktivitätsverhältnisse entlang des Umfanges nur sehr schwach positionsabhängig. Mit dem Konzept einer potenzialgebundenen Shuntmessung kann aber eine ausreichend gute Messqualität und damit eine gute INFORM-Auswertung sichergestellt werden. Als Beispiel ist in Bild 5 die charakteristische INFORM-Ortskurve angegeben (Vgl. Bild 3, rechts).

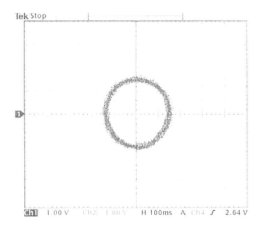

Bild 5 Gemessene INFORM-Ortskurve $\underline{C}_{INFORM}$ des Motors mit Luftspaltwicklung

Die statistischen Eigenschaften des INFORM-Winkels können anhand von einer Fehlerverteilung im Vergleich mit einem Drehgeberwinkel beurteilt werden. Die näherungsweise Gauss´sche Normalverteilung gemäß Bild 6 weist eine Standardabweichung von ca. 6° (elektrisch) auf. Dies ist für eine Serienfähigkeit ausreichend [7].

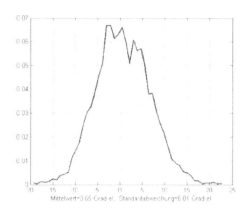

Bild 6 Statistische Verteilung des Winkelfehlers im Vergleich mit einem Drehwinkelgeber

Das dynamische Verhalten des sensorlosen Antriebs im INFORM-Bereich ist in Bild 7 dargestellt. Dabei wird ein Reversiervorgang von 6.000 U/min (+15% der Nenndrehzahl) auf -6.000 U/min (-15%) durchgeführt.

Der maximal auftretende Strom ist ca. doppelter Nennstrom Das Oszillogramm zeigt den sensorlos ermittelten Winkel, einen Referenzwinkel (nur zur Verifikation) sowie den Drehzahlsollwertsprung und den (geschätzten) Drehzahlverlauf. Der geschätzte und der tatsächliche Winkel weisen nur geringe Differenzen auf. Die Drehzahländerung um insgesamt 12.000 U/min ist in ca. 50 Millisekunden durchgeführt.

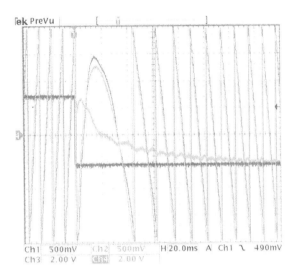

Bild 7 Drehzahlsprungantwort des sensorlosen Antriebs von 6.000 U/min auf -6.000 U/min.

3 Anwendungsbeispiel: 40.000 U/min Dentalantrieb

Auf Basis der oben vorgestellten sensorlosen Regelung wird ein Anwendungsbeispiel aus der Dentaltechnik präsentiert (Bild 8). Dieser Antrieb ist bereits seit einigen Jahren in Serie.

Bild 8 Sensorloser PSM-Antrieb für Dentalanwendungen [8]

Durch den Einsatz des sensorlosen INFORM®-Verfahrens kann der Arbeitsbereich des Dentalantriebs deutich vergrößert werden (Bild 9), da die untere Einsatzgrenze des Antriebs von 2.000 U/min auf 100 U/min bei gleicher Obergrenze (40.000 U/min) abgesenkt werden konnte und damit ein hoher Kundennutzen entsteht (Einsparung von Gerätewechseln für verschiedene Arbeitsgänge).

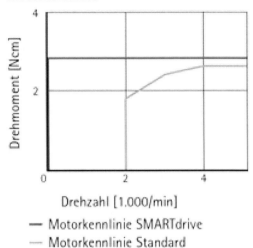

Bild 9 Erweiterter Einsatzbereich des Dentalantriebs „SMARTdrive®" durch INFORM®-Verfahren [9]

Ein besonderer Vorteil des sensorlosen PSM-Antriebs ist die Unempfindlichkeit gegen die häufigen Sterilisierungsvorgänge in der Medizintechnik, die bei ca. 140°C durchgeführt werden und die die Lebensdauer der Sensorik stark belasten.

4 Anwendungsbeispiel: Typischer Industrieantrieb 2Nm, 4.000 U/min

Seit mehreren Jahren wird das INFORM-Verfahren in typischen Industrieantrieben eingesetzt. Als Beispiel zeigt Bild 10 einen Hilfsantrieb in Druckmaschinen, wo der sensorlose PSM-Antrieb in sehr rauer Umgebung eingesetzt ist. Der Vorteil der PSM in dieser Anwendung ist der deutlich geringere Verlusteintrag in die schlecht gekühlte Umgebung und damit eine einfachere Kühlung im Vergleich zu Asynchonmaschinen, die zuvor verwendet wurden.

Bild 10 Sensorloser PSM-Antrieb (schwarzer Motor) in einer typischen Industrieanwendung [10]

Die PSM ist mit einem Getriebe ausgestattet, sodass der Antrieb bei einem Durchmesser von 60 mm ein Abtriebsdrehmoment von über 20 Nm leistet. Aufgrund der Anforderung liegt bereits im Stillstand ein hohes Drehmoment an, sodass eine Überlastfähigkeit von ca. 2-fachem Nennmoment nötig und realisiert ist.

5 Anwendungsbeispiel: Direktantrieb für Nahverkehrszüge, 3.000 Nm, 1.000 U/min

Für Nahverkehrszüge wurde an der TU Wien im Auftrag eines Industriepartners ein getriebeloser PSM-Außenläuferantrieb gemäß Schema Bild 11 entworfen und in mehreren Varianten aufgebaut (Bild 12, [11]).

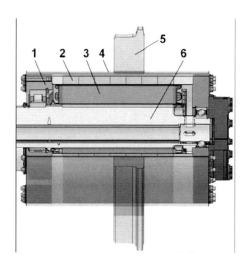

Bild 11 Querschnitt des 3.000 Nm-Außenläufer-Direktantriebs (1..Lager, 2..PM-Rotor, 3..Stator, 4.. Gehäuse, 5..Rad, 6..Achse) [11]

Bild 12 3.000 Nm-Außenläufer-Direktantrieb am Prüfstand der TU Wien [11]

Die INFORM-Teilmessungen sowie die INFORM-Ortskurve sind in Bild 13 angegeben. Sie zeigen eine deutliche Abweichung von der theoretischen Kreisform aufgrund der Magnetkreisanordnung. Mit steigendem Laststrom wird die Verzerrung der Ortskurven aufgrund von lokalen Sättigungseffekten größer, wobei die Drehmomententwicklung im sensorlosen Betrieb durch diese Oberwelleneffekte nur unwesentlich beeinflusst wird.

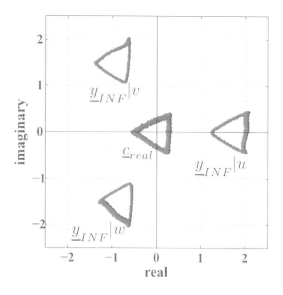

Bild 13 INFORM-Teilmessungen (analog Bild 1) und charakteristische INFORM-Ortskurve am 3.000 Nm-Außenläufer [12]

Die Belastung wurde bis zum 3-fachen Nennstrom durchgeführt, die Drehmomententwicklung im sensorbehafteten und im sensorlosen Betrieb mit INFORM zeigen eine gute Übereinstimmung (Bild 14).

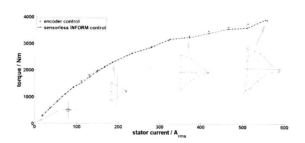

Bild 14 Vergleich von sensorloser INFORM-Regelung mit sensorbehafteter Regelung am Außenläufer im Überlastbereich mit 3-fachem Nennstrom einschließlich einiger INFORM-Ortskurven bei verschiedenen Lastpunkten [12].

Direktantriebe mit Asynchronmotoren (ASM) sind seit längerer Zeit in Betrieb [13], z.B. in der Straßenbahn in Graz. Da in einem typischen Fahrzyklus der Antrieb über relativ lange Zeit bei geringen Drehzahlen betrieben wird, ist im Falle der Asynchronmaschine mit hohen Verlusten zu rechnen. Vergleicht man die Verluste während eines Fahrzyklus eines PSM- und eines ASM-Direktantriebs (Bilder 15,16), so betragen sie bei der PSM nur ca. 50% im Vergleich mit der ASM-Variante [14].

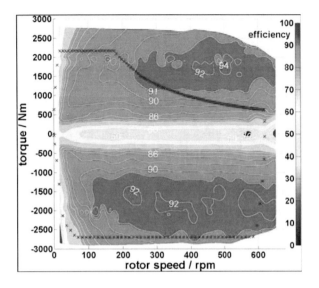

Bild 15 Wirkungsgradfeld und Fahrzyklus (blaue Kreuze) des PSM-Direktantriebs oben: Treiben, unten: Bremsen [11]

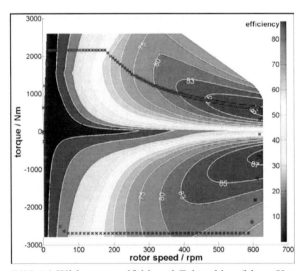

Bild 16 Wirkungsgradfeld und Fahrzyklus (blaue Kreuze) des ASM-Direktantriebs oben: Treiben, unten: Bremsen [11]

Durch diese enorme Verlustreduktion kann ein wesentlich einfacheres Kühlkonzept realisiert werden.

6 Zusammenfassung

Im vorgestellten Bericht konnte gezeigt werden, dass sensorlose PM-Synchronantriebe für eine breite Zahl von Anwendungsfällen die technisch und wirtschaftlich beste Lösung des Antriebsproblems darstellen. Über einen weiten Leistungs- und Drehzahlbereich konnten hochdynamische und überlastfähige Antriebe, teilweise seit längerer Zeit in Serienanwendung, realisiert werden. Das INFORM-Verfahren wird dabei für den Tiefdrehzahlbereich und ein EMK-Verfahren für den Hochdrehzahlbereich eingesetzt. Die Antriebe weisen beste Eigenschaften im Hinblick auf Kompaktheit und Wirkungsgrad auf.

7 Literatur

[1] Schrödl, M.: Sensorless Control of A.C. Machines. Habilitationsschrift, VDI Verlag, Reihe 21: Elektrotechnik, Nr. 117, 1992.

[2] Corley, M.; Lorenz, R.: A Rotor Position and Velocity Estimation for Permanent Magnet Synchronous Machines at Standstill and High Speed. IEEE IAS Conference, San Diego (USA), S. 36-41, 1996.

[3] Schrödl, M.: Sensorless Control of AC Machines at low Speed and Standstill based on the "IN-FORM" method. IEEE IAS Conference, San Diego (USA), S. 270-277, 1996.

[4] Gao, Q.; Asher, G.; Sumner, M.; Makys, P.: Position Estimation of AC Machines over a wide Frequency Range based on Space Vector PWM Excitation. IEEE Trans. Ind. Appl., Nr. 43 (2007), S. 1001-1011.

[5] Linke, M.; Kennel, R.; Holtz, J.: Sensorless Position Control of Permanent Magnet Synchronous Machines without Limitation at Zero Speed. IECON 2002, Sevilla (Spanien), S. 674-679, 2002.

[6] Schrödl, M.: Sensorless Control of PM Synchronous Machines by Evaluation of dI/dt-Measurements. ECPE Workshop "eDrives", Hamburg, May 2011"

[7] Schrödl, M.: Statistic Properties of the INFORM Method in Highly Dynamic Sensorless PM Motor Control Applications Down to Standstill. EPE Journal, Vol. 13, Nr. 3 (2003), S. 22-29.

[8] KaVo Dental Gmbh, D-88396 Biberach: Firmenbroschüre zu COMFORTdrive® (www.kavo.de)

[9] KaVo Dental Gmbh, D-88396 Biberach: SMARTdrive INFORM Technology®, (www.kavo.de)

[10] Preusser, T.: Sensorless IN-FORM-Control of Permanent Magnet Synchronous Machines. EPE Journal Vol. 13, Nr. 3, 2003, S. 19-21.

[11] Schrödl, M.: Permanent Magnet Synchronous Motors in Inner- and Outer Rotor Configurations for Traction Applications. Proceedings A3PS-Conference "Eco-Mobility", Austria Center Vienna, 15. Nov. 2011.

[12] Demmelmayr, F.: Development and Sensorless Control of PM Outer Rotor Traction Machines. Dissertation, TU Wien 2013.

[13] Neudorfer, H.: Radnabenmotoren in Asynchron-Außenläufertechnik für den Antrieb von Niederflur-Straßenbahnfahrzeugen. ZEV + DET Glas. Ann. 125 6/7 2001.

[14] Demmelmayr, F.; Troyer, M.; Schrödl, M.: Advantages of PM Machines Compared to Induction Machines in Terms of Efficiency and Sensorless Control in Traction Applications. IEEE IECON, Melbourne (Australien), S. 2762-2768, 2011.

Regelung eines doppeltgespeisten Asynchrongenerators im synchronen Betrieb
Control of Doubly-Fed Induction Generator at Synchronism

MPhil. Nguyen Van Binh, Van_Binh.Nguyen@mailbox.tu-dresden.de
Prof. Dr.-Ing. Wilfried Hofmann, Wilfried.Hofmann@tu-dresden.de
Lehrstuhl Elektrische Maschinen und Antriebe, TU Dresden

Kurzfassung

Durch die direkte Kopplung mit einem hydro-dynamisch gesteuerten Getriebe können Windgeneratoren mit fester Drehzahl betrieben werden, die unabhängig von der Windrotordrehzahl ist. Alternativ zu niedrigpoligen Synchrongeneratoren können doppeltgespeiste Asynchrongeneratoren zum Einsatz kommen, die zudem die direkte Beeinflussung des Luftspaltmoments möglich macht. Im Synchronismus ist der rotorseitige Strombedarf soweit reduziert, dass eine unsymmetrische Belastung der Maschinenwicklungen und der Stromrichtermodule kaum ins Gewicht fällt. Diese Arbeit stellt Methoden vor, um die dynamische Stabilität des Generators am Arbeitspunkt ohne Modifikation der Maschinenstruktur zu erhöhen. Weiterhin bietet die Maschine die Möglichkeit an, bei temporärer Unterspannung mit einer neuartigen Gegensystemstrennung zu fahren. Die Verfahren werden anhand von Simulationen und experimentellen Ergebnissen vorgestellt.

Abstract

With the direct coupling to a hydro-dynamically controlled gearbox wind turbines can operate at a predetermined speed, e. g. synchronous speed, which is independent on the rotor speed. As an alternative to low pole synchronous generators doubly-fed induction generator is used in order to control directly the air gap torque. Furthermore at this operating mode there is no significant real power flows in the rotor side and the converter rating is considerably reduced. This work presents methods in order to increase the dynamic stability of the generator at the operating point without any modification of the machine structure. In addition, the machine offers the capacity of low voltage ride through during temporary sag on the grid with a novel separation method of positive and negative sequences. The control methods are confirmed with selected simulation and experimental results.

1   Einführung

Windenergie spielt eine immer größere Rolle in der weltweiten Stromerzeugung. In Deutschland soll durch deren Ausbau 25 Prozent des gesamten Stromverbrauchs bis zum Jahr 2020 gedeckt werden [1]. Diese Energie wird als umweltfreundliche Alternative zu den begrenzten fossilen Quellen gesehen. Die am weitesten verbreitete Maschine von Windkraftanlagen im MW-Bereich ist der doppeltgespeiste Asynchrongenerator (DASG). Einer der Vorteile des DASG ist, dass die Umrichterleistung relativ gering mit rund 25 % - 30 % der Turbinenleistung bemessen wird. Dies kann die Gesamtverluste und Kosten der Maschine im Vergleich zu anderen Stromrichtersystemen verringern.

Mit der Entwicklung des Aggregats WinDrive von Voith Turbo werden variable Eingangsdrehzahlen in konstante Ausgangsdrehzahlen für den Synchrongenerator umgewandelt. Das Prinzip des WinDrive basiert auf einem Drehmomentwandler in Kopplung mit einem als Überlagerungsgetriebe ausgelegten Planetengetriebe. Je nach Windgeschwindigkeit wird die Turbine in der jeweils optimalen Drehzahl betrieben. Unabhängig davon erfolgt der Abtrieb zur Maschine mit konstanter Drehzahl (Bild

1). Solche Anlagen weisen einige Vorteile für die Windenergieanlage auf, wie gute Netzeinspeisequalität durch kraftwerkserprobte Synchrongeneratoren, reduzierte Drehmomentschwankungen durch Kurzzeitenergiespeicherung im Antriebsstrang und Dämpfung von Schwingungen [2].

Der Einsatz eines DASGs mit einer weichen Drehmoment-Drehzahl-Charakteristik bietet die Möglichkeit wie eine herkömmliche Synchronmaschine im Synchronpunkt zu arbeiten. Außer der Fähigkeit der Erzeugung bzw. des

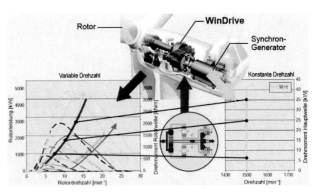

Bild 1 WinDrive Antriebscharakteristik(Voith)

Verbrauchs von Blindleistung lässt sich das Drehmoment im Gegensatz zur starr ans Netz gekoppelten Synchronmaschine vollständig kontrollieren. Weiterhin findet kein nennenswerter Wirkleistungsfluss über den Stromrichter statt, so dass dessen Bemessung drastisch reduziert werden kann. Weiterhin kann die DASG flexibel von der Rotorseite gesteuert werden und dies eröffnet neuartige Möglichkeiten zur Steuerung für die Maschine.

Der synchrone Betrieb des DFIG ist in verschiedenen Aspekten untersucht worden. Untersuchungen zum thermischen Verhalten des Wechselrichter auf Basis von Halbleiterverlusten wurden in [3] vorgestellt. In diesem Beitrag zur Minimierung der ungleichen thermischen Belastung und Leistungsverluste in der Halbbrücke ist die Maschine mit einem kleinen Schlupf gesteuert worden. In [4] wurden die Rotortemperaturprofile untersucht, die durch die ungleichmäßige Verlustverteilung zustande kommen. Die Ergebnisse zeigen an den Wicklungsköpfen einen Übertemperaturanstieg, der den maximalen Rotorstrom im Synchronpunkt begrenzt. Vor kurzem wurde eine Steuerung gebaut, die auf dem Verhältnis von Polradwinkel und Feldstrom basiert. Die Drehmomentsteuerung bestimmt den Lastwinkel und mittels Statorspannungsorientierung werden die Rotorkomponenten kontrolliert, um die Wirk- und die Blindleistung zu steuern [5].

In dieser Arbeit wird eine Schwingungsdämpfungsmethode zur Verringerung der Oszillation des Lastwinkels eines DASGs am synchronen Betriebspunkt vorgestellt. Dabei werden die Dynamik des Generators und die Beziehungen zwischen Variablen wie Drehmoment, Wirkleistung und Lastwinkel analysiert (Abschnitt 2). Basierend auf diesen Beziehungen werden zwei Regelungsansätze vorgeschlagen, um die Schwingung von Betriebsgrößen während der Veränderung des Betriebszustands zu dämpfen (Abschnitt 3).

Da der Anteil von Windenergieanlagen im Stromnetz zunimmt, müssen die Anlagen bei einem bestimmten Spannungsprofil am Netz bleiben, um weiter Energie in das Versorgungsnetz einspeisen zu können [6]. Im synchronen Modus für die symmetrische Komponentenregelung bei Netzspannungsfehler ist die auf Filter- und Zeitverzugselementen basierende Trennungsmethode von Mit- und Gegensystem nicht geeignet [7]. Diese Arbeit zeigt auch einen neuen Ansatz, welcher Phasenregelkreise und symmetrische Komponentengleichungen verwendet, um die symmetrischen Komponenten im Stator bzw. Rotor zu trennen (Abschnitt 4). Durch eine Regelungsstruktur mit optimalen Vorgaben für die Gegensystemregler werden negative Auswirkungen bzgl. Ständer- und Rotorstrom sowie Drehmoment gleichzeitig verringert.

2   Schwingungsanalyse

Den Untersuchungen zugrunde liegt, dass der Rotor mit Synchrondrehzahl dreht und die Statorwicklungen mit Netzspannung versorgt werden. Die Dynamik der Maschine kann aus der Beziehung zwischen Polradwinkel und Drehmoment gebildet werden.

Im Linearitätsbereich der Sinusfunktion wirkt eine kleine Verschiebung der Antriebscharakteristik auf die Generatordrehzahl entsprechend der Übertragungsfunktion [8]

$$G(s) = \frac{\Delta\theta}{\Delta m_T} = \frac{1}{m_k} \frac{1}{\dfrac{J}{m_k}s^2 + \dfrac{k_D}{m_k}s + 1} \tag{1}$$

wobei das Kippmoment und der Dämpfungsfaktor definiert sind als

$$m_k = 3\frac{U_s U_P}{\omega_s^2 L_s} \tag{2}$$

$$k_D = 2m_k T_m D. \tag{3}$$

Der Index S bezeichnet die Variablen in Stator und U_P ist die interne induzierte Spannung (Polradspannung). m_T und m_e sind das Turbinendrehmoment und das elektrische Moment. D und ω_N definieren die Dämpfung und die Netzkreisfrequenz.

Aus dem Nenner der Übertragungsfunktion in Gleichung (1) wird die Resonanzfrequenz der mechanischen Schwingung ausgedrückt

$$f_{res} = \frac{1}{T_m} = \frac{1}{2\pi}\sqrt{\frac{m_k}{J}} \tag{4}$$

wobei J das Trägheitsmoment ist.

Bei Änderungen in den Betriebsparametern oder Netzstörungen, variiert der Polradwinkel in einem Bereich $\Delta\theta$ um den Arbeitspunkt. Daher kann das Drehmoment wie folgt dargestellt werden

$$m = m_k \sin(\theta_0 + \Delta\theta) \cong m_k \sin\theta_0 + (m_k \cos\theta_0)\Delta\theta \tag{5a}$$

mit $\theta = \theta_0 + \Delta\theta$. (5b)

Weiterhin gibt es ein Dämpfungsmoment, das proportional zu der Änderungsrate $\Delta\theta$ ist und ein Beschleunigungsdrehmoment, das von der zweiten Ableitung von $\Delta\theta$ abhängt. Das Drehmoment wird in zwei Teile geteilt

$$m = m_0 + \Delta m = m_0 + k_{syn}\Delta\theta + k_D\frac{d\Delta\theta}{dt} + k_a\frac{d^2\Delta\theta}{dt^2} \tag{6}$$

wobei Δm der Schwingungsanteil des Drehmoments ist. k_{syn}, k_D und k_a sind Koeffizienten von Synchron-, Dämpfungs- und Beschleunigungsmoment. Um die Vibrationen $\Delta\theta$ zu erhalten, muss die folgende Differentialgleichung gelöst werden

$$k_a\frac{d^2\Delta\theta}{dt^2} + k_D\frac{d\Delta\theta}{dt} + k_{syn}\Delta\theta = 0. \tag{7}$$

Die Vibrationsform $\Delta\theta$ wird ausgedrückt

$$\Delta\theta = Ce^{-t/\tau_\theta}\sin\omega_\theta t \tag{8}$$

wobei τ_θ die Schwingungszeit und ω_θ die Schwingungsfrequenz ist.

3   Schwingungsdämpfungsregelung

Die Regelungstruktur des doppeltgespeisten Asynchrongenerators im Synchronpunkt basiert auf der herkömmlichen kaskadierten Topologie mit inneren Stromregelkreisen [5]. Die Wirk- und Blindleistungen sind definiert als

$$P = -3U_{\mathrm{S}}I_{\mathrm{F}}\sin\theta \qquad (9)$$

$$Q = 3U_{\mathrm{S}}I_{\mathrm{F}}\cos\theta - 3U_{\mathrm{S}}I_{\mu} \qquad (10)$$

wobei I_{F} und I_{μ} der Feld- und Magnetisierungsstrom sind. Das Drehmoment und die Blindleistung werden durch Rotorstromkomponenten gesteuert. Das Beziehung der Variablen wird bestimmt durch

$$M_{\mathrm{e}} = -3\frac{pU_{\mathrm{S}}}{\omega_{\mathrm{S}}}I_{\mathrm{F}}\sin\theta = -3\frac{pU_{\mathrm{S}}}{\omega_{\mathrm{S}}}I_{\mathrm{Rd}} \qquad (11)$$

$$Q_{\mathrm{S}} = 3U_{\mathrm{S}}I_{\mathrm{F}}\cos\theta = 3U_{\mathrm{S}}I_{\mathrm{Rq}}. \qquad (12)$$

wobei p die Polpaarzahl ist.

3.1 Vorgegebene Drehmomentdämpfung

Das Dämpfungsmoment wirkt wie eine Federkraft im Linearitätsbereich, wenn die Rotordrehzahl nicht synchron mit dem rotierenden Feld aufgrund der Schwingung ist. Bei diesem vorgeschlagenen Schema (CR) wird das Dämpfungsmoment gesteuert, um den aperiodischen Grenzfallzustand des gesamten Systems zu halten. Damit wird ein zusätzliches Dämpfungsdrehmoment m_{kri} auf den Referenzwert der Drehmomentregler addiert, so dass der Dämpfungsgrad ξ_{kri} des Systems gleich Eins bleibt

$$m_{\mathrm{kri}} = k_{\mathrm{kri}}\frac{\mathrm{d}\,\Delta\theta}{\mathrm{d}\,t} \Rightarrow m_{\mathrm{kri}} = \left(2\sqrt{k_{\mathrm{syn}}\,k_{\mathrm{a}}} - k_{\mathrm{D}}\right)p\,\Delta\omega \qquad (13)$$

und

$$\xi_{\mathrm{kri}} = \frac{k_{\mathrm{D}} + k_{\mathrm{kri}}}{2\sqrt{k_{\mathrm{syn}}\,k_{\mathrm{a}}}} = 1. \qquad (14)$$

Das Differential $\Delta\theta$ wird aus der Schwingung $\Delta\omega$ bestimmt, die von der mechanischen Winkelgeschwindigkeit und der synchronen Drehzahl berechnet wird

$$\Delta\omega = \omega_{\mathrm{m}} - \omega_0. \qquad (15)$$

Das zusätzliche Drehmoment wird dann auf den Referenzwert der Drehmomentregler hinzugefügt (Bild 2). Die gesamte Differentialgleichung des Lastwinkels wird beschrieben durch

$$k_{\mathrm{a}}\frac{d^2\Delta\theta}{dt^2} + (k_{\mathrm{D}} + k_{\mathrm{kri}})\frac{d\Delta\theta}{dt} + k_{\mathrm{syn}}\Delta\theta = 0. \qquad (16)$$

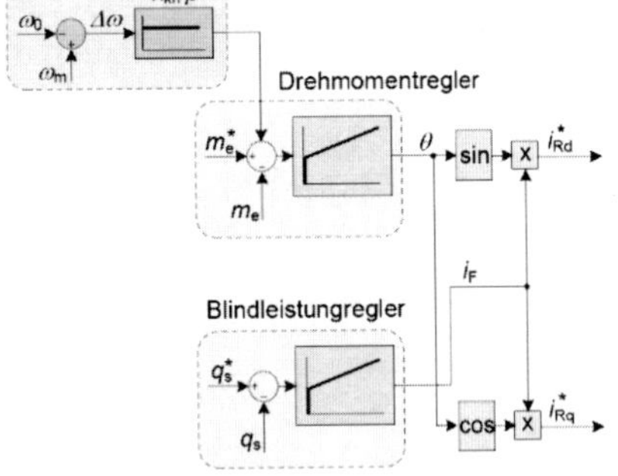

Bild 2 CR Dämpfungsschema

3.2 Koppeldämpfung (CO)

Die Methode basiert auf der Analyse der Schwingungsanteile der Variablen wie Drehmoment, Blindleistung und Lastwinkel. Die Blindleistung wird in zwei Anteile ge-

teilt, Q_0 und die zugehörige Schwingung, die von M_0 und $\Delta\theta$ abhängig ist.

$$Q = P_{\mathrm{k}}\cos\left(\theta_0 + \Delta\theta\right) - 3\frac{U_{\mathrm{S}}^2}{X_{\mathrm{S}}} = Q_0 + \Delta\theta\omega_{\mathrm{S}}M_0 \qquad (17)$$

wobei der Index 0 Sollwerte von Drehmoment und Blindleistung bezeichnet.

Für das Drehmoment wird der Vibrationsanteil aus der Blindleistung bestimmt

$$M = M_0 + \Delta\theta\,M_{\mathrm{k}}\cos\theta_0 = M_0 + \Delta\theta\,\frac{Q_0 + Q_{\mathrm{R}}}{\omega_{\mathrm{S}}} \qquad (18)$$

wobei $Q_{\mathrm{R}} = 3U_{\mathrm{S}}I_{\mu}$ ist.

Die Rotorstromkomponenten I_{Rd} und I_{Rq} werden über dem Feldstrom und dem Polradwinkel ausgedrückt. Daraus kann der Polradwinkel wie folgt berechnet werden

$$I_{\mathrm{Rd}} = I_{\mathrm{F}}\sin\theta \qquad (19)$$

$$I_{\mathrm{Rq}} = I_{\mathrm{F}}\cos\theta \qquad (20)$$

$$\tan\theta = \frac{I_{\mathrm{Rd}}}{I_{\mathrm{Rq}}}. \qquad (21)$$

θ_0 wird mit M_0 und Q_0 berechnet. Dann wird $\Delta\theta$ mit θ und θ_0 unter Verwendung von Gleichung (5b) bestimmt:

$$\tan\theta_0 = -\frac{\omega_{\mathrm{S}}X_{\mathrm{S}}M_0}{Q_0 X_{\mathrm{S}} + 3U_{\mathrm{S}}^2}. \qquad (22)$$

Die Koppeldämpfungsstruktur ist in Bild 3 gezeigt. Damit werden die Oszillationsanteile gleichzeitig auf deren Sollwerte gegeben und die Vibration wird durch die Steuerung eliminiert.

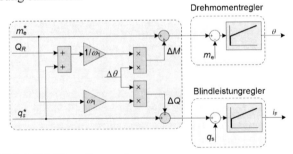

Bild 3 CO Dämpfungsschema

3.3 Experimentelle Ergebnisse

Die vorgeschlagene Regelungstruktur wurde mit einem 4-kW Prüfstand getestet. Die detaillierten Parameter sind in [8] dargestellt. Der Windkraftanlagenemulator besteht aus einem Asynchronmotor, einer doppeltgespeisten Asynchronmaschine und zwei Konvertern. Die Regelalgorithmen für beide Wandler sind auf einer dSPACE DS1103 Regelungsplatine implementiert. Die Schaltfrequenzen für den Umrichter sind 4 kHz und die Abtastzeit für die diskretisierten Regler sind auf 250 μs gesetzt. Die Wandler werden durch eine Kondensator mit 4 mF verbunden und die Zwischenkreisspannung wird auf 300 V gehalten.

Bild 4 zeigt das experimentelle Verhalten von Drehmoment, Polradwinkel und Blindleistung. Der Drehmomentsollwert wird entsprechend dem Polradwinkel von 0,47 rad auf 4 Nm gesetzt. Die Verhalten der CR- und

CO-Ansätze werden verglichen. Es ist offensichtlich, dass die Drehmomentschwingung mit der Frequenz ca. 5,7 Hz erheblich reduziert wurde. Die Amplitude der Drehmomentsschwingung wurde um mehr als die Hälfte für die CR-Regelung verringert und für CO-Ansatz wurde die Vibration erheblich gedämpft. Die Schwingung des Lastwinkels und der Blindleistung wurden erheblich vermindert. Die Ergebnisse bestätigen die Fähigkeit der Steuerung, die Vibration beim Synchronbetrieb ohne zusätzliche Wicklung zu dämpfen.

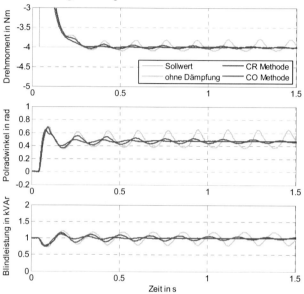

Bild 4 Experimentelle Ergebnisse zu diversen Regelungsansätzen

4 Symmetrische Komponentenregelung

4.1 Mit- und Gegensystemstrennung

Die meisten Trennungsmethoden verwenden Filter oder Verzögerungen, um das Mit- und Gegensystem der asymmetrischen dreiphasigen Variablen aufzuteilen [7], [9]. Dadurch ist die Phasenverschiebung länger und die Qualität des Reglerverhalten ist geringer. Für den Fall, dass die Maschine im Synchronpunkt arbeitet, ist dieses Verfahren nicht geeignet. Bei sehr niedriger Frequenz des Rotorstroms wird die Verzögerungszeit von T/4, z.B. in der DSC-Methode (Delayed Signal Cancellation), zu lang und ist nicht anwendbar.

In dieser Studie wurde eine Trennungsmethode mit einer Kombination aus einem Dreiphasen-PLL (Phase Locked Loop) und einer einphasigen PLL dargestellt. Diese Methode kann gut im synchronen und asynchronen Betrieb funktionieren. Die dreiphasigen Variablen, wie Strom, Spannung oder Flussverkettung, werden als α-Achsen-Komponenten der drei drehbaren Zeigern $\underline{Z}_a$, $\underline{Z}_b$, $\underline{Z}_c$ berücksichtigt (Bild 5). Bei Netzspannungfehler sind die dreiphasigen Variablen asymmetrisch und die Amplitude und die Phasenverschiebung zwischen $\underline{Z}_a$, $\underline{Z}_b$, $\underline{Z}_c$ nicht gleich. Der dreiphasger PLL bestimmt den Winkel des gesamten Zeigers. Dieser Winkel ist der gleiche wie der von $\underline{Z}_a$. Der gesamte Zeiger liegt auf der d-Achse und seine q-Komponente wird auf 0 gehalten (Bild 6). Die Reglerparameter werden in [10] gezeigt. Mit dem Winkel von der 3-Phasen-PLL bestimmt die 1-Phasen-PLL die β-Achsen-Komponente der $\underline{Z}_a$. Die beiden Filter 1.Ordnung bestimmen nach der Park-Transformation die Dynamik des PLLs. Durch Verwendung der zwei PLLs, die jeweils von Vektoren $\underline{Z}_a$, $\underline{Z}_b$ oder $\underline{Z}_c$ bestimmt werden, werden das Mit- und Gegensystem durch die herkömmliche Transformationen in symmetrische Komponenten berechnet. Die dq-Komponenten der Mit- und Gegensequenz werden durch Park-Transformation erhalten. Das Verhalten der vorgeschlagenen Methode wurde in [8] diskutiert.

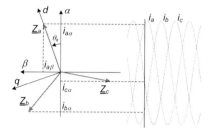

Bild 5 Darstellung der dreiphasigen Größen mit Zeigern

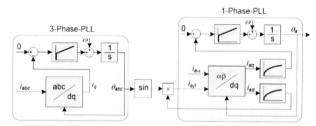

Bild 6 Bestimmung von $\underline{Z}_a$ mit 3-Phasen- und 1-Phase PLL

4.2 Mit- und Gegensystemregelung

Wenn ein asymmetrischer Spannungseinbruch auftritt, werden die Variablen in der Maschine wie Statorstrom, Rotorstrom und Drehmoment beeinflusst. In diesem Fall sind sowohl Mitsystem als auch Gegensystem in der Maschine gleichzeitig existierend und ihre Drehrichtungen entgegengesetzt. Um die Wirkung der Gegensequenz zu minimieren, werden zwei Regler korrelativ mit diesen Sequenzen ausgeführt. Das Mitsystem kontrolliert die Wirk- und Blindleistung während der Gegensystemregler (NSC) den Maschinenzustand auf Basis verschiedener Ziele betreibt (Bild 7).

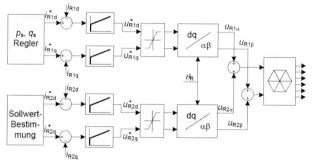

Bild 7 Struktur des Mit- und Gegensystemreglers

Die Sollwerte des Gegensystemregler verursachen jeweils ein unterschiedliches Maschinenverhalten. Während des asymmetrischen Spannungseinbruchs hält der Mitsystemregler die gleiche Leistung auf jeder Phase. Damit ist der Statorstrom asymmetrisch und führt zu einer unsymmetrischen thermischen Belastung in der Statorwicklung. Durch die Verwendung des NSCs wird die Symmetrie des Statorstroms mit eingestelltem Gegensystem nach Ziel I verbessert [11]. Da sich der Regler an der Statorspannung orientiert, wird der elektrische Winkel aus dem Mitsystem der Statorspannung ermittelt und somit können die Flussverkettungskomponenten übernommen werden

$$\psi_{S1d} = 0 \qquad (23)$$

$$\psi_{S1q} = -U_{S1d}/\omega_S \qquad (24)$$

$$\psi_{S2d} = -U_{S2q}/\omega_S \qquad (25)$$

$$\psi_{S2q} = U_{S2d}/\omega_S \qquad (26)$$

wobei der Index 1, 2 das Mit- und Gegensystem bezeichnet. Das Gegensystem vom Drehmoment kann über Gleichung (34) in [12] berechnet werden. Um die Drehmomentschwingung zu reduzieren, wird ihr Gegensystem auf 0 gesteuert (Ziel II) (Tabelle 1).

Ziel	i^*_{R2d}	i^*_{R2q}
I	ψ_{S2d}/L_m	ψ_{S2q}/L_m
II	F_{dq}	F_{dd}
III	0	0
IV	$2\psi_{S2d}/L_m - F_{dq}$	$2\psi_{S2q}/L_m - F_{dd}$
V	F_{dq}	F_{dd}

$$F_{dq} = \left(\psi_{S2d} i_{R1q} - \psi_{S2q} i_{R1d}\right)/\psi_{S1q}$$

$$F_{dd} = \left(\psi_{S2d} i_{R1d} + \psi_{S2q} i_{R1q}\right)/\psi_{S1q}$$

Tabelle 1 Sollwerte des Gegensystemreglers

Der Regler wurde mit Hilfe von Matlab/Simulink mit anteiligem Statorspannungseinbruch von 40 % bzw. 70 % im 1-Phasen- und 2-Phasen getestet. Der Einbruch dauerte 150 ms. Bei einpoligem Spannungsfehler ist die Asymmetrie im Statorstrom um 80 % hinsichtlich IUF (Current Unbalance Factor) reduziert. Im zweipoligen Fall ist die Verbesserung etwa 63 % [8].
Im Synchronpunkt dreht das Gegensystem mit einer Frequenz von 100 Hz. Deshalb existiert diese Frequenz im Rotorstrom und im Drehmoment. Mit dem NSC wurde die Drehmomentschwingung bis zu 85% verbessert [8]. Die Rotorstromschwingungen können eliminiert werden, wenn das Gegensystem auf Null eingestellt wird (Ziel III). Damit werden die Schwingungen der *dq*-Komponenten schnell während des Fehlers und nach der Netzspannungswiedererholung gedämpft. Das Verhalten der Wirkleistung nach Ziel IV wird in Bild 8 gezeigt, bei dem die Leistung konstant gehalten wird und deren Schwingung wird mehr als 85% gedämpft.

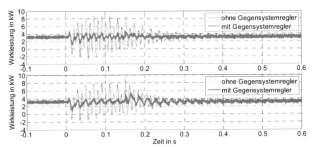

Bild 8 Wirkleistungsverhalten bei einpoligem (oben) und zweipoligem (unten) Spannungsfehler von 40 %

Gemäß dem Netzspannung-Profil in Deutschland liefert der Generator nur Blindleistung, wenn der Spannungspegel unter 50 % sinkt [6]. In diesem Fall wird den anteilige Spannungseinbruch von 70% bei vollem Nennwert der Blindleistung betrachtet. Bild 9 zeigt eine drastische Verbesserung des Blindleistungsverhaltens (mehr als 85 % auf seine Schwingungsamplitude) (Ziel V).

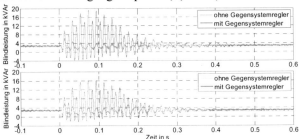

Bild 9 Blindleistungsverhalten bei einpoligem (oben) und zweipoligem (unten) Spannungsfehler von 70 %

4.3 Optimale symmetrische Komponenten-regelung

Das elektromagnetische Drehmoment sowie die Wirk- und Blindleistung beinhalten Sinus-und Cosinus-Komponenten, welche Funktionen von $2\omega_S$ sind [12]. Diese Schwingungen sind abhängig vom Rotorstrom und der Flussverkettung. Bild 10 und 11 zeigen die Kurven die Rotorstromsollwerte mit unterschiedlichem anteiligem Spannungsfehler von einer und zwei Phasen. Jedes der oben genannten Ziele kann die entsprechende Vibration dämpfen. Für andere Größen könnten die Vibration etwas verbessert werden. Daher wird eine gewichtete Arithmetik für diese Referenzwerte verwendet. Je höher das Gewicht ist, desto größer ist die Verbesserung der Vibrationen. Damit können die Vibrationen der Größen gleichzeitig reduziert werden. In den Bildern 10 und 11 zeigen die Striche die optimale Kurve des Rotorstromsollwerte für den NSC mit dem gleichen Gewicht. Die optimale Kurve wird mit folgenden Gleichungen bestimmt

$$i^*_{R2d} = \frac{\psi_{S2d}}{4}\left(\frac{3}{L_m} + \frac{i_{R1q}}{\psi_{S1q}}\right) + \frac{\psi_{S2q}}{4}\frac{i_{R1d}}{\psi_{S1q}} \qquad (27)$$

$$i^*_{R2q} = \frac{\psi_{S2q}}{4}\left(\frac{3}{L_m} + \frac{i_{R1d}}{\psi_{S1q}}\right) + \frac{\psi_{S2d}}{4}\frac{i_{R1q}}{\psi_{S1q}} \qquad (28)$$

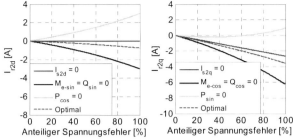

Bild 10 Rotorstromsollwerte mit unterschiedlichen anteiligem einpoligem Spannungsfehler

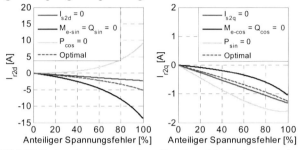

Bild 11 Rotorstromsollwerte mit unterschiedlichen anteiligem zweipoligem Spannungsfehler

Mittels Simulation wurde das Verhalten für ein einzelnes Ziel und des optimalen Ansatzes analysiert. Tabelle 2 zeigt die Verbesserung von Schwingungen unter 40% Spannungsabfall auf einer und auf zwei Phasen. Der optimale Ansatz (Opt) bestätigt die deutliche gleichzeitige Verbesserung der Vibration.

Ziel	Eine Phase					Zwei Phasen				
	I_S	M_e	I_R	P_S	Q_S	I_S	M_e	I_R	P_S	Q_S
I	80					63				
II		80					80			
III			70					70		
IV				85					85	
V					75					75
Opt	76.3	73.4		73.3	71.6	61.8	73.7		74.2	63.4

Tabelle 2 Verbesserung der Größen für verschiedene Reglerziele (%)

5 Zusammenfassung

Schwingungsdämpfung ist für den Synchronbetrieb von doppeltgespeisten Asynchrongenerator notwendig. In dieser Arbeit wurden zwei Ansätze zur Reduzierung der Schwingungen der Polradwinkel im DASG dargestellt. Die Verfahren basieren auf der Differentialgleichung des Drehmoments und der Kopplung von Schwingungsanteilen der Variablen, d.h. von Drehmoment, Blindleistung und Polradwinkel. Zusätzliche Reglerstrukturen wurden auf der Rotorstromregelung aufgesetzt, und die experimentellen Ergebnisse bestätigen die vorgeschlagenen Ansätze.

Weiterhin wurde ein Verfahren vorgestellt, das nicht von der Frequenz der 3-Phasen-Variablen abhängig ist, um das Mit- und Gegensystem zu bestimmen. Mit dieser Methode wurde eine Steuerung mit optimalen Vorgaben aufgebaut. Dadurch wurden die Schwingungen der Größen um mehr als 70% gedämpft. Dies gewährleistet die Sicherheit und Stabilität nicht nur für den Generator, sondern auch für die Last und verlängert die Lebensdauer des Antriebsstranges, insbesondere von Maschine und Stromrichter.

6 Literatur

[1] J. Schmidt and J. Mühlenhoff, Erneuerbaren Energien 2020 - Potenzialatlas Deutschland, Agentur für Erneuerbare Energien, 2010.

[2] A. Basteck: WinDrive – Variable Speed Wind Turbines without Frequency Converter with Synchronous Generator, Voith Turbo Wind GmbH, 2009.

[3] M. Bruns, B. Rabelo, and W. Hofmann, "Investigation of doubly-fed induction generator drives behavior at synchronous operating point in wind turbines," Power Electronics and Applications, EPE. 13th European Conference on, 2009, pp. 1-10.

[4] J. Jung and W. Hofmann, "Investigation of Thermal Stress in the Rotor of Doubly-Fed Induction Generators at Synchronous Operating Point," IEEE International Electric Machines and Drives Conference - IEMDC, pp. 906-911, Niagara Falls, 2011.

[5] B. Rabelo; W. Hofmann: Untersuchung des synchronen Betriebs doppeltgespeister Drehstromasynchrongeneratoren, ETG-Kongress, ETG-Fachbericht 119, S. 135- 141, 2009.

[6] Grid Code-High and extra high voltage, E.ON Netz, 2006.

[7] G. Saccomando and J. Svensson, "Transient Operation of Grid-Connected Voltage Source Converter under Unbalanced Voltage Conditions," Industry Applications Conference, vol.4, pp. 2419-2424, Oct 2001.

[8] N.V. Binh, W. Hofmann: Control of Doubly-Fed Induction Generator Based Wind Turbine at Synchronous Operating Point, IEEE International Conference on Industrial Technology - ICIT, Cape Town, South Africa, 2013.

[9] S. Alepuz, S. Busquets, J. Bordonau, J. Pontt, C. Silva, and J. Rodriguez, "Fast On-line Symmetrical Components Separation Method for Synchronization and Control Purposes in Three Phase Distributed Power Generation Systems," European Conference on Power Electronics and Applications, pp.1-10, Sept. 2007.

[10] V. Kaura and V. Blasko, "Operation of a Phase Locked Loop System under Distorted Utility Conditions," IEEE Trans. on Industry Applications, vol. 33, no. 1, 1997.

[11] L. Xu and Y. Wang, "Dynamic Modelling and Control of DFIG-Based Wind Turbines under Unbalanced Network Conditions," IEEE Trans. on Power System, vol. 22, no. 1, 2007.

[12] O. G.-Bellmunt, A. J.-Ferre, A. Sumper, and J. B.-Jane, "Ride-Through Control of a Doubly Fed Induction Generator under Unbalanced Voltage Sags," Energy Conversion, IEEE Trans. on, vol. 23, no. 4, 2008.

Anwendungspotentiale von Modularen Multilevelumrichtern in innovativen Antriebssystemen
Prospective Applications of Modular Multilevel Converters in Innovative Drive Systems

Dipl.-Ing. Johannes Kolb, Dipl.-Ing. Felix Kammerer, Dipl.-Ing. Mario Gommeringer, Prof. Dr.-Ing. Michael Braun
Elektrotechnisches Institut (ETI) – Elektrische Antriebe und Leistungselektronik
Karlsruher Institut für Technologie (KIT), Kaiserstr. 12, 76131 Karlsruhe, 0721 608 46251, johannes.kolb@kit.edu

Kurzfassung

Das Prinzip der Modularen Multilevelumrichter (MMC, M2C) ist ein innovativer Ansatz aus der Gleichstrom-Energieübertragung im Hochspannungsbereich, welcher vorteilhaft für Antriebsumrichter eingesetzt werden kann. Der Beitrag stellt die MMC-Topologien mit ihren Anwendungspotentialen sowie deren Vorteile für die Speisung von elektrischen Drehstrommaschinen dar. Hierbei werden die grundlegenden funktionalen Zusammenhänge hinsichtlich der Regelung und Dimensionierung vorgestellt und die Auswirkungen auf die Maschinen diskutiert. Zusätzlich lässt sich die Integration von Batteriespeichern mit Hilfe von hocheffizienten DC-DC-Wandlern auf Zellebene aufwandsarm realisieren.

Abstract

The principle of the Modular Multilevel Converter (MMC) is an innovative approach from the High-Voltage DC-Transmission (HVDC), which offers many advantages in frequency converters for drive systems. This contribution illustrates the different MMC-topologies for several prospective applications as well as their benefits by supplying three-phase machines. Here, the fundamental and functional relations of the control and dimensioning are presented and the effects on the electrical machine are discussed. Additionally, the integration of batteries by high-efficiency DC/DC converters on the level of the cells could be realized easily.

1 Funktion und Vorteile von Modularen Multilevelumrichtern

Der modulare Aufbau von MMCs, siehe **Bild 1**, bietet zahlreiche Vorteile für die Speisung von elektrischen Antrieben, insbesondere bei Systemen mit Mittelspannungsmotoren bis in den Bereich höchster Leistungen. Durch die Serienschaltung von N identischen Zellen zu Zweigen lassen sich Umrichtersysteme für hohe Spannungen aus Niederspannungsbauteilen aufbauen.

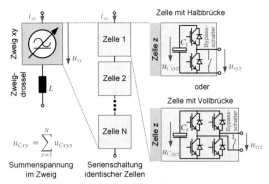

Bild 1 Grundprinzip des MMCs: Serienschaltung von identischen Zellen zu Zweigen, Zelle mit Halb- oder Vollbrücke

Eine Zelle des MMCs besteht aus einem Kondensator C_z als Energiespeicher mit angeschlossener Halb- oder Voll-

brücke, je nachdem ob ein Zweig eine uni- oder bipolare Spannung erzeugen muss.

Die Modularität von MMCs erlaubt eine flexible Skalierbarkeit in der Spannung bzw. Leistung sowie die Realisierung einer gewünschten Redundanz, wenn Bypassschalter zum Kurzschließen von defekten Zellen integriert werden. Die von MMCs erzeugten Spannungen weisen eine hohe Qualität mit sehr niedrigem Oberschwingungsgehalt und geringen hochfrequenten Gleichtaktanteilen auf. Dies führt zur effizienten Versorgung von elektrischer Maschinen bei gleichzeitig geringen Ableit- und Lagerströmen.

Die Verschaltung dieser identischen Zweige erlaubt verschiedene Konfigurationen zum Energieaustausch zwischen einer Quelle und einer Drehstrommaschine, z. B. DC-3AC oder 3AC-3AC. Die Anbindung von Batterien als Energiespeicher kann entweder anstatt oder zusätzlich zu einer Quelle auf Ebene der Zellen erfolgen. Die verschiedenen Anwendungsmöglichkeiten in Antriebs- und Generatorsystemen werden in den folgenden Abschnitten vorgestellt und diskutiert.

1.1 Dimensionierung der Zellkapazität anhand des Energiehubs in den Zweigen

Da die Zellen bzw. die Zweige von MMCs Zweipole ohne weitere Energieeinspeisung darstellen, müssen sie die mit der Leistungswandlung verbundene Energiepulsation ausgleichen. Diese pulsierende Leistung muss in den Zellkondensatoren gepuffert werden. Die zugehörige Kapazität C_z stellt eine maßgebliche Größe bei der Dimensionierung von MMCs dar und berechnet sich folgendermaßen:

$$C_z = \frac{N \cdot \Delta w}{\left(u_{C,min} + \frac{1}{2}\Delta u_C\right) \cdot \Delta u_C} \qquad (1)$$

Sie wird durch den maximal auftretenden Energiehub Δw, welcher sich aus der am Zweig xy auftretenden Zweigspannung u_{xy} und dem durch den Zweig fließenden Zweigstrom i_{xy} ergibt, bestimmt. Darüber hinaus ist die Kapazität C_z abhängig von der minimalen Summenspannung im Zweig $u_{C,min}$, die durch die äußeren Spannungen am MMC festgelegt ist.

Der zulässige Spannungshub Δu_C in den Kondensatoren bzw. Zweigen, in dessen Bereich sich die Summenspannung u_{Cxy} (siehe Bild 1) oberhalb von $u_{C,min}$ bewegen darf, sollte etwa im Bereich von $0{,}25..0{,}6 \cdot u_{C,min}$ liegen. Dies stellt einen guten Kompromiss zwischen dem Kondensatoraufwand und der notwendigen Sperrspannung bzw. Schaltleistung der Leistungshalbleiter dar.

2 Der DC-3AC-MMC als Antriebsumrichter

Die DC-3AC-Konfiguration des MMCs zur Speisung von Drehstrommaschinen, siehe **Bild 2**, ist von der Schaltungsstruktur vergleichbar mit der Anwendung in der Hochspannungs-Gleichstrom-Übertragung (HGÜ) [1].

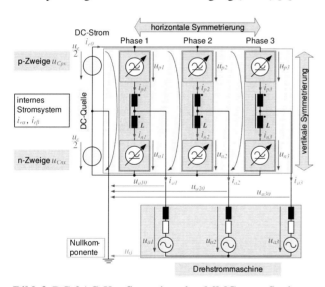

Bild 2 DC-3AC-Konfiguration des MMCs zur Speisung von Drehstrommaschinen

Im Gegensatz zur HGÜ muss der MMC die Drehstrommaschine allerdings frequenz- und spannungsvariabel versorgen. Der Energiehub Δw ist dabei grundsätzlich umgekehrt proportional zur Frequenz ω_a auf der Drehstromseite, was bei niedrigen Drehzahlen bzw. beim Stillstand eine Kompensation der niederfrequenten Leistungsanteile in den Zweigen bzw. deren Summenspannungen u_{Cxy} erforderlich macht.

2.1 Regelung des MMCs und Symmetrierung der Zweigenergien

Die Basis der Regelung des MMCs bildet eine entkoppelte Regelung des DC-Stroms i_{e0}, der 3AC-Ströme i_{ay} (Phase y=1..3) sowie des internen Drehstromsystems, ausgedrückt durch die kartesischen Komponenten $i_{e\alpha}$ und $i_{e\beta}$, siehe Bild 2 [2, 3]. Diese internen Ströme werden zur gezielten Symmetrierung der Summenspannungen u_{Cxy} bzw. zur Reduktion des Energiehubs Δw insbesondere bei niedrigen Frequenzen eingesetzt (lf-Modus) [2].

Im Betrieb bei ausreichend hoher Frequenz (hf-Modus) werden die internen Ströme nur zum Ausgleich von Unsymmetrien, z. B. nach dynamischen Vorgängen, kurzzeitig verwendet.

Zur Reduktion des Energiehubs kann die mit der doppelten Ausgangsfrequenz $2\omega_a$ stationär auftretende Pulsation durch entsprechende interne Ströme teilweise oder vollständig kompensiert werden (hf2-Modus) [4].

Bei niedriger Frequenz (lf-Modus) muss der Energiehub mit Hilfe der Nullkomponente u_0 in den Phasenspannungen u_{ay0} zusammen mit dem internen Stromsystem auf ein angemessenes Maß gesenkt werden [2 - 4]. Dazu wird ein Wechselanteil in u_0, welcher aufgrund der niedrigen Strangspannung der Maschine bei niedriger Frequenz vergleichsweise groß gewählt werden kann, mit einer frei wählbaren Frequenz ω_0 eingeprägt. Gleichphasig dazu werden Wechselanteile in den internen Strömen $i_{e\alpha}$ und $i_{e\beta}$ derart eingeregelt, dass die niederfrequenten Leistungskomponenten in den Zweigen kompensiert werden.

Die Symmetrierung im lf-Modus ermöglicht den Betrieb des DC-3AC-MMCs bis hinunter zur Speisefrequenz ω_a=0. Dabei kann im Rahmen der Strombelastung bezüglich des Nennpunkts mit Synchronmaschinen bei optimaler Spannungsausnutzung durch die Nullkomponente u_0 ein maximales Drehmoment von ca. 50-70% erreicht werden, vgl. [4, 5].

Ohne eine Überdimensionierung des MMCs für die höhere Strombelastung im lf-Modus ist damit der Betrieb von Drehstrommaschinen an Lasten mit quadratischer Drehmoment-Drehzahl-Charakteristik problemlos möglich.

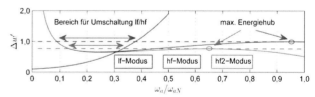

Bild 3 Normierter Energiehub in Abhängigkeit von der Speisefrequenz ω_a bei einer quadratischen Drehmoment-Drehzahl-Lastcharakteristik

Der daraus resultierende Energiehub ist in **Bild 3** abhängig von der Speisefrequenz ω_a dargestellt. Der Energiehub Δw wird im lf-Modus auf das notwendige Maß reduziert, indem die Frequenz ω_0 des Wechselanteils in u_0 mindestens so groß wie die Nennfrequenz ω_{aN} der Maschine gewählt wird. Dies macht keine höhere Kapazität C_z gemäß Gleichung (1) erforderlich.

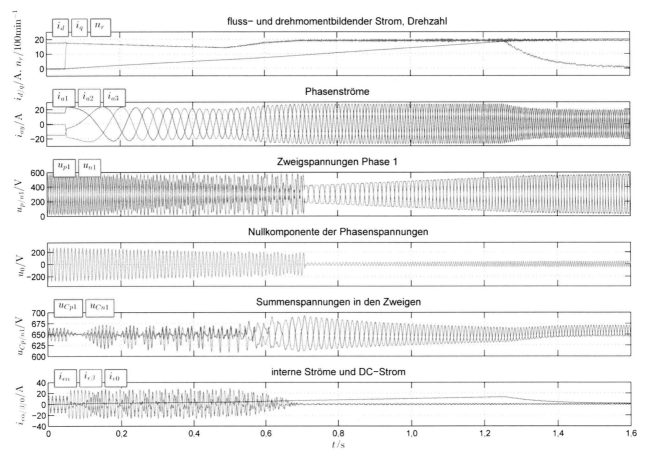

Bild 4 Messung des Hochlaufs einer Asynchronmaschine am MMC-Prototyp (abgetastete Mittelwerte)

2.2 Messergebnisse am Niederspannungs-Prototyp

Zur Validierung des Regelkonzepts wurde ein Niederspannungs-Prototyp des DC-3AC-MMCs entwickelt [6, 7]. Dieser beinhaltet $N=5$ Zellen pro Zweig und ist mit Halbbrücken aus MOSFETs (U_{DSS}=200V, $R_{DS,on}$=9,9mΩ) ausgestattet.

In **Bild 4** ist das Messergebnis des Hochlaufs einer feldorientiert geregelten Asynchronmaschine am MMC dargestellt. Ausgehend vom Stillstand, wo die Maschine mit dem feldbildenden Strom i_d magnetisiert wird, beschleunigt die Maschine auf n_r=2000min^{-1}. Bis zum Zeitpunkt t=0,7s wird der MMC durch den lf-Modus symmetriert, was anhand der internen Ströme $i_{e\alpha}$ und $i_{e\beta}$ und der Nullkomponente u_0 verdeutlicht wird. Sie reduzieren die Summenspannungen in den Zweigen, was exemplarisch an der ersten Phase durch u_{Cp1} und u_{Cn1} gezeigt ist.

Die vom MMC erzeugten Spannungen sowie der Zweigstrom i_{p1} sind in **Bild 5** als Messung illustriert. Die Zweigspannung u_{p1} weist aufgrund der fünf Zellen pro Zweig sechs Stufen auf. Die Spannung wird durch den Modulator gebildet, in dem die zur Spannungsbildung notwendige Anzahl von Zellen zugeschaltet und eine Zelle durch eine Pulsbreitenmodulation (PWM) angesteuert wird [2, 4, 5].

Aus den sechs Zweigspannungen u_{xy} des MMCs werden die Spannungen auf der 3AC-Seite durch die induktive Kopplung der Zweige mit den Zweigdrosseln gebildet. Die Verläufe der Phasenspannung u_{a10} und der Leiterspannung u_{a23} weisen keine festen Stufenhöhen auf, da diese von den Momentanwerten der Summenspannungen u_{Cxy} abhängen.

Der Zweigstrom i_{p1} enthält nur einen geringen überlagerten Rippelanteil. Dieser wird maßgeblich durch die Zweiginduktivität L, durch die Zellspannung u_{Cxyz} sowie die Taktfrequenz der PWM bestimmt.

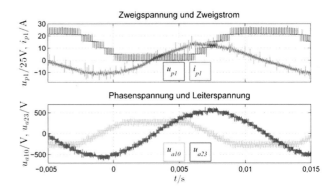

Bild 5 Messung der Spannungen und Ströme am MMC

3 Der Modulare Multilevel Matrix Umrichter (3AC-3AC)

Der Modulare Multilevel Matrix Umrichter (M3C) dient zur direkten Speisung von Drehstrommaschinen aus dem Drehstromnetz, siehe **Bild 6** [8]. Er besteht aus drei Teilumrichtern, welche über Netzdrosseln L_e oder über einen Standardtransformator an das Drehspannungsnetz angeschlossen sind. Jeder Teilumrichter besteht aus drei Zweigen sowie einer gekoppelten z-Wicklungsdrossel L [8, 9] und speist je eine Phase der angeschlossenen Maschine. Die z-Wicklungsdrossel ist magnetisch nur für die Eingangs- und die inneren Ströme wirksam und kann daher aufwandsärmer als drei getrennte Zweigdrosseln nach Bild 1 gebaut werden. Die Zellen des M3C sind aufgrund der notwendigen bipolaren Zweigspannungen als Vollbrückenschaltung ausgeführt, siehe Bild 1.

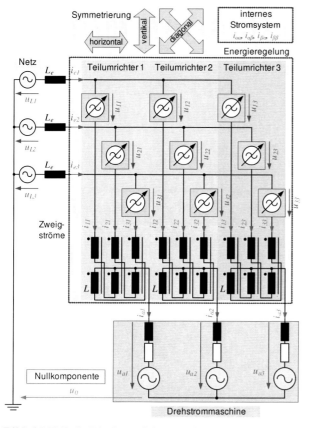

Bild 6 M3C als Direktumrichter zwischen Drehstromnetz und Drehstrommaschine

3.1 Regelung und Energiehub des M3C

Die Regelung des M3C ist als Kaskadenregelung ausgeführt, siehe [8, 10]. Sie besteht aus einer unterlagerten Stromregelung, mit welcher die Eingangsströme i_{ex} (x=1..3) und die Ausgangsströme i_{ax} unabhängig voneinander z. B. in rotierenden Koordinaten geregelt werden können. Zusätzlich werden die davon unabhängigen inneren Ströme $i_{\alpha\alpha}$, $i_{\alpha\beta}$, $i_{\beta\alpha}$, $i_{\beta\beta}$, welche durch eine geeignete Transformation aus den Zweigströmen i_{xy} berechnet werden, zur Symmetrierung der Zweigenergien bzw. Sum-

menspannungen u_{Cxy} (x, y=1..3) und zur Reduktion des Energiehubs Δw geregelt.

Die neun Summenspannungen u_{Cxy} werden im Mittel durch die überlagerte Energie- und Symmetrieregelung auf ihren Sollwert geregelt. Die Energieregelung steuert dabei die Gesamtmenge der in den neun Umrichterzweigen gespeicherten Energie durch die Vorgabe eines geeigneten Wirkstroms am Eingang. Die Symmetrierung besteht aus horizontalen, vertikalen und zwei diagonalen Paaren von Symmetriereglern. Sie sorgt für eine Gleichverteilung der Energie in den Zweigen des M3Cs durch die Vorgabe geeigneter Sollwerte der inneren Ströme und der Nullkomponente u_0. Mit Ausnahme von gleichen Frequenzen ($\omega_e=\omega_a$) an beiden Umrichterseiten ist im stationären Betrieb keine Symmetrierung mit internen Strömen notwendig. Deshalb eignet sich der M3C im Gegensatz zum MMC besonders für Anwendungen mit niedrigen nominalen Ausgangsfrequenzen, ohne dass eine zusätzliche Strombelastung in der Dimensionierung berücksichtigt werden muss.

Der Energiehub, den die Zweige des M3Cs puffern müssen, kann durch die Integration der einzelnen pulsierenden Leistungsterme über eine Halbperiode nach oben hin abgeschätzt werden [9] und führt zu folgendem Ergebnis:

$$\Delta w_{max} = \frac{P_a}{9\cdot\omega_e}\left(\frac{1}{cos(\varphi_e)} + \frac{1}{|v\cdot cos(\varphi_a)|}\right.$$
$$\left. + \left(\left|\frac{1}{k\cdot cos(\varphi_a)}\right| + \left|\frac{k}{cos(\varphi_e)}\right|\right)\cdot\left(\frac{2}{|1-v|} + \frac{2}{|1+v|}\right)\right) \quad (2)$$

Dabei ist P_a die Wirkleistung am Ausgang, ω_e die Eingangskreisfrequenz, $v=\omega_a/\omega_e$ das Frequenzübersetzungsverhältnis und $k=\hat{u}_a/\hat{u}_L$ das Spannungsübersetzungsverhältnis. Dadurch wird deutlich, dass eine wirtschaftliche Dimensionierung beim M3C insbesondere bei unterschiedlichen Frequenzen auf den beiden Umrichterseiten Sinn macht.

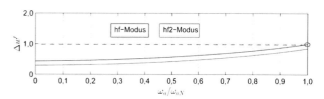

Bild 7 Normierter Energiehub des M3C in Abhängigkeit von der Speisefrequenz ω_a bei einer konstanten Drehmoment-Drehzahl-Charakteristik ($\omega_e=2\omega_{aN}$)

Bild 7 zeigt als Ergebnis den auf die Eckfrequenz ω_{aN} normierten Energiehub des M3C bei einer Last mit konstantem Drehmoment, wobei die Eckfrequenz für eine typische Anwendung hier auf die Hälfte der Netzfrequenz ($\omega_{aN}=\omega_e/2$) und die Spannungsübersetzung im Eckpunkt k=1 gewählt wurde. Man erkennt, dass der maximale Energiehub bei der Eckfrequenz auftritt und somit die Dimensionierung bestimmt. Eine Umschaltung des Betriebsmodus ist hier im Gegensatz zum MMC nicht nötig. Die schwingende Leistung mit der Frequenz $2\omega_a$ kann durch interne Ströme reduziert werden (hf2-Modus), was für den Grenzfall einer vollständigen Kompensation eingezeichnet wurde. Diese kann allerdings aufgrund der nur pulsierenden Energienachfuhr zum Zweig aus dem speisenden Netz nicht vollständig erreicht werden kann.

3.2 Anwendungsgebiete des M3Cs

Der M3C bildet aufgrund seiner Eigenschaften eine ideale Ergänzung zum DC-3AC-MMC. Er eignet sich besonders für Anwendungsgebiete, die heute mit netzgeführten Direktumrichtern und Spannungszwischenkreisumrichtern auf Mittelspannungsniveau ausgeführt sind. Sie sind heute in vielen Anwendungen mit niedrigen nominalen Ausgangsfrequenzen zu finden und benötigen je nach Anforderungen oftmals aufwändige Filteranlagen sowie eine Überdimensionierung zum Erreichen der geforderten Redundanz. Mögliche Anwendungsgebiete sind z.B. Windkraftanlagen, Zement- und Erzmühlen, Walzwerkshauptantriebe sowie Schiffsantriebe. Ein weiteres Einsatzgebiet ist die Rotorkreisspeisung von doppeltgespeisten Asynchrongeneratoren, welche für flexible und hocheffiziente, drehzahlvariable Kraftwerke in Frage kommen. Aufgrund dieser Anforderung an die zukünftige Energieversorgung wird die Bedeutung der vorteilhaften Kombination im nachfolgenden Abschnitt detailliert vorgestellt.

Auch für hohe nominale Ausgangsfrequenzen ist der M3C bestens geeignet. Hier könnte er die heute eingesetzten rotierenden Umformer für die Bodenstromversorgung von Flugzeugen (400-800Hz Bordnetz) ersetzen sowie schnelldrehende Maschinen (z. B. Verdichter) speisen.

3.3 Der M3C zur Speisung des Rotorkreises bei doppeltgespeisten Asynchrongenerator

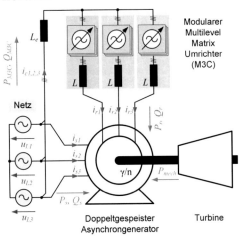

Bild 8 M3C zur Speisung des Rotorkreises eines doppeltgespeisten Asynchrongenerators

Bild 8 zeigt den M3C zur Speisung des Rotorkreises eines doppeltgespeisten Asynchrongenerators [11]. Der Stator ist direkt ans Netz angeschlossen und der Rotorkreis wird vom M3C gespeist. Durch die Regelung der Rotorströme i_{rx} mithilfe einer feldorientierten Regelung [12] kann dann

die Drehzahl oder Wirkleistung und davon unabhängig die Blindleistung der Maschine geregelt werden.

Der M3C muss dabei lediglich auf die Rotorleistung P_r ausgelegt werden, welche nur vom verwendeten Drehzahl- bzw. Schlupfbereich und der Statorleistung P_s des Generators abhängt:

$$P_r \approx -s \cdot P_s = -\frac{\omega_r}{\omega_s} \cdot P_s \qquad (3)$$

Die mechanische Leistung setzt sich dabei unter Vernachlässigung der Verluste aus der Rotor- und Statorleistung zusammen:

$$P_{mech} \approx -(P_r + P_s) = -(1 - s) \cdot M \cdot \Omega_{syn} \qquad (4)$$

Die Rotorspannung U_{rx} ist proportional zum Schlupf s (**Bild 9**). Im Gegensatz dazu ist der Rotorstrom im gesamten Drehzahlbereich i_{rx} proportional zum Statorstrom i_{sx}.

Doppelgespeiste Asynchrongeneratoren werden heute insbesondere in Windkraftanlagen und drehzahlvariablen Pumpspeicherkraftwerken [13, 14] eingesetzt. Sie ermöglichen im Vergleich zu einem konventionellen Synchrongenerator eine schnelle Leistungsregelung zur Netzstabilisierung durch die Nutzung des Trägheitsmoments der Welle und einen höheren Turbinenwirkungsgrad im Teillastbetrieb durch die Anpassung der Turbinendrehzahl. Als Umrichter kommen Direktumrichter bzw. Dreipunkt-Spannungszwischenkreisumrichter zum Einsatz. Diese stoßen aber aufgrund der fehlenden Skalierbarkeit an ihre Leistungsgrenzen und können aufwendige Filteranlagen zum Erreichen der Netzanschlussbedingungen benötigen.

Im Gegensatz dazu bietet die Verwendung des M3C viele Vorteile [11], um das Potential des doppeltgespeisten Asynchrongenerators im Hochleistungsbereich vollständig nutzen zu können.

Durch die Skalierbarkeit des M3C können höhere nominale Rotorspannungen verwendet werden. Dies führt durch Anpassung des Wicklungszahlenverhältnisses des Generators zu kleineren Rotorströmen, die über Schleifringe übertragen werden müssen. Dadurch können auch größere Bauleistungen erreicht werden, da die Halbleitersperrspannungen nicht mehr die Bauleistung begrenzen.

Ein weiterer wichtiger Vorteil ist die Redundanz des M3C (Bild 9). Defekte Zellen können über Bypass-Schalter überbrückt werden (Bild 1) und ermöglichen den Weiterbetrieb des Umrichters mit reduzierter Rotorspannung, was zu einem reduzierten Drehzahl- bzw. Schlupfbereich führt:

$$|s_{max,N-F}| = \frac{N-2F}{N} \cdot |s_{max}| \qquad (5)$$

Bild 9 zeigt den Zusammenhang für einem M3C mit $N=10$ Zellen pro Zweig. Bei einer defekten Zelle pro Zweig $F=1$ reduziert sich die erreichbare Rotorspannung um 20%, was die erreichbare Minimal- und Maximaldrehzahl entsprechend um 20% reduziert. Daraus folgt, dass selbst beim Ausfall der Hälfte aller Zellen eines Zweiges noch der Betrieb bei Synchrondrehzahl Ω_{syn} mit vollem Drehmoment möglich ist. Der Vorteil ergibt sich daraus, dass die Stromtragfähigkeit im verbleibenden Drehzahlbereich nicht eingeschränkt ist, wodurch dort weiterhin die volle Leistung des doppeltgespeisten Generators erzeugt werden kann.

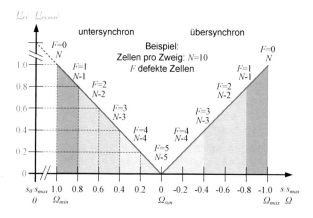

Bild 9 Redundanz des Gesamtsystems bei der Kombination des M3Cs mit dem doppeltgespeisten Asynchrongenerator

Falls die für höhere Zellenzahlen geringfügige Reduktion des Drehzahlbereichs bei Zellfehlern nicht bis zum nächsten geplanten Wartungstermin toleriert werden kann, können selbstverständlich auch zusätzliche Zellen im Zweig installiert werden, um die volle Leistungsfähigkeit über den erforderlichen Drehzahlbereich zu erhalten.

Durch die Multilevelspannungen auf der Ein- und Ausgangseite des M3C (vgl. Bild 5) sind Filter bei höheren Zellenzahlen entbehrlich. Weiter werden auch unerwünschte Subharmonische und nicht filterbare Komponenten im Statorstrom vermieden, welche sich durch Harmonische im Rotorstrom bei doppeltgespeisten Generatoren aufgrund der nicht idealen Speisung ergeben können.

Ein zusätzlicher Vorteil des M3Cs ist die Tatsache, dass er im Falle eines Netzspannungseinbruchs temporär eine höhere Rotorspannung liefern kann, welche maximal den doppelten Nennwert erreichen kann. Dies kann die Fehlerbehandlung erleichtern, da bei Netzspannungseinbrüchen Überspannungen im Rotorkreis auftreten, die bei der Dimensionierung und dem Schutz des Umrichters sowie der Regelung berücksichtigt werden müssen. Eine detaillierte Darstellung der Zusammenhänge ist in [11] zu finden.

4 Integration von Batteriespeichern in MMCs

Multilevelumrichter mit integrierten Batteriespeichern auf Zellebene (siehe **Bild 10**) bieten gegenüber Umrichtern mit einer einzelnen Batterie am DC-Zwischenkreis die Vorteile, dass die an die einzelnen Zellen angeschlosse-

nen Batterien gegeneinander symmetriert werden können, dass die gesamte Umrichteranordnung auch bei Ausfall einer Teilbatterie weiterbetrieben werden kann und dass nach Abschalten des Umrichters nur noch Spannungen in Höhe einer Zellspannung vorhanden sind. Dies erhöht die elektrische Sicherheit z.B. bei Wartungsarbeiten. Neben der in Bild 10 gezeigten Sternschaltung ist auch eine Dreieckschaltung der Umrichterstränge oder eine Matrixkonfiguration nach Bild 6 denkbar.

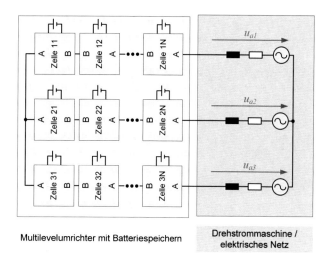

Multilevelumrichter mit Batteriespeichern   Drehstrommaschine / elektrisches Netz

Bild 10 Multilevelumrichter mit Batteriespeichern auf Zellebene

Bei dem in Bild 10 gezeigten Umrichter müssen die einzelnen Zellen auf der AC-Seite eine mit der doppelten Speisefrequenz pulsierende Leistung aufnehmen bzw. abgeben. Die Batterien sollen dabei möglichst nur mit einem Gleichstrom belastet werden. Eine innovative Zellschaltung, die diese Anforderungen erfüllt, wurde in [15] vorgestellt (siehe **Bild 11**).

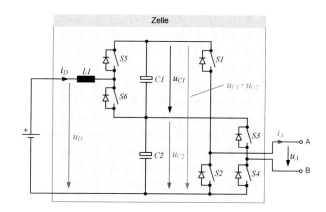

Bild 11 Neuartige Zellschaltung zur hocheffizienten Anbindung von Batterien an MMC-Systeme

Die Zellschaltung besteht aus einem geteiltem Zwischenkreis, einem AC-seitigen Steller ($S1 - S4$) und einem DC-seitigen Steller ($S5 - S6$). An der AC-Seite können vier verschiedene Spannungen gestellt werden ($u_A=0$, $u_A=u_{C1}+u_{C2}$, $u_A=-u_{C2}$, $u_A=u_{C1}$). Die Zellen werden so verschaltet, dass Punkt B der ersten Zelle mit Punkt B der zweiten Zelle, Punkt A der zweiten Zelle mit Punkt A der dritten Zelle usw. verbunden ist. So ergibt sich in Summe ein symmetrischer Aussteuerbereich. Der Batteriestrom i_D kann über den DC-seitigen Steller so geregelt werden, dass die Wechselanteile in i_D und damit die Verluste am Innenwiderstand der Batterie minimiert werden. Da der Mittelwert der Spannung u_{C1} nur ein Bruchteil der Batteriespannung u_D beträgt, bleiben die Verluste in S5 und S6, sowie der Aufwand für die Drossel L1 sehr klein.

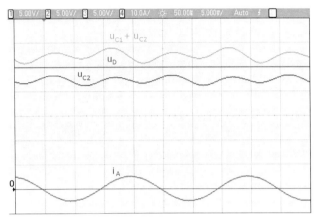

Bild 12 Messergebnisse der Zellschaltung mit Spannungs- und Stromverläufen

In **Bild 12** sind Messergebnisse dargestellt, welche die Spannungs- und Stromverläufe innerhalb der Zellschaltung verdeutlichen. Eine einzelne Zelle speist dabei über einen Transformator einen sinusförmigen Strom mit $cos(\varphi)=1$ in das Wechselstromnetz ein. Die Speisespannung u_D ist konstant, während die Spannungen u_{C1} und u_{C2} aufgrund der einphasigen Leistungsabgabe periodisch schwanken. Solange sich die Spannung u_D zwischen u_{C2} und $u_{C1}+u_{C2}$ befindet, kann der Batteriestrom i_D so geregelt werden, dass Wechselanteile unterdrückt werden.

5 Zusammenfassung und Ausblick

Die Modularen Multilevelumrichter bieten aufgrund ihrer Schaltungsstruktur eine hohe Spannungsqualität, eine einfache Skalierbarkeit sowie eine hohe Redundanz. Je nach Anwendung können die Zweige zu verschiedenen Konfigurationen verschaltet und dimensioniert werden, um die Vorteile für die jeweiligen Anforderungen nutzen zu können. Dieses innovative Konzept bietet darüber hinaus eine Möglichkeit Batteriespeicher effizient zu integrieren.

6 Literatur

[1] R. Marquardt, A. Lesnicar, J. Hildinger: Modulares Stromrichterkonzept für Netzkupplungsanwendungen bei hohen Spannungen; ETG-Fachtagungen, Bad Nauheim (2002)

[2] J. Kolb, F. Kammerer, M. Braun: A novel control scheme for low frequency operation of the Modular Multilevel Converter; PCIM Europe 2011, 17-19 May 2011, Nürnberg

[3] J. Kolb, F. Kammerer, M. Braun: Straight forward vector control of the Modular Multilevel Converter for feeding three-phase machines over their complete frequency range; IECON 2011 - 37th Annual Conference on IEEE Industrial Electronics Society, Melbourne

[4] J. Kolb, F. Kammerer, M. Braun: Dimensioning and Design of a Modular Multilevel Converter for Drive Applications; EPE-PEMC 2012 ECCE Europe, Novi Sad

[5] J. Kolb, F. Kammerer, M. Braun: Modulare Multilevelumrichter für Antriebssysteme – Chancen und Herausforderungen; SPS/IPC/DRIVES 2011, Elektrische Automatisierung - Systeme und Komponenten, Nürnberg

[6] J. Kolb, F. Kammerer, M. Braun: Operating performance of Modular Multilevel Converters in drive applications; PCIM Europe 2012, 8-10 May 2012, Nürnberg

[7] J. Kolb, F. Kammerer, P. Grabherr, M. Gommeringer, M. Braun: Boosting the Efficiency of Low Voltage Modular Multilevel Converters beyond 99%; PCIM Europe 2013, 14-16 May 2013, Nürnberg

[8] F. Kammerer, J. Kolb, M. Braun: A novel cascaded vector control scheme for the Modular Mul-tilevel Matrix Converter; IECON 2011 - 37th Annual Conference on IEEE Industrial Electronics Society, Melbourne

[9] F. Kammerer, J. Kolb, M. Braun: Optimization of the passive components of the Modular Multilevel Matrix Converter for Drive Applications; PCIM Europe 2012, 8-10 May 2012, Nürnberg

[10] F. Kammerer, J. Kolb, M. Braun: Fully decoupled current control and energy balancing of the Modular Multilevel Matrix Converter; EPE-PEMC 2012 ECCE Europe, Novi Sad

[11] F. Kammerer, M. Gommeringer, J. Kolb, M. Braun: Benefits of Operating Doubly Fed Induction Generators by Modular Multilevel Matrix Converters; PCIM Europe 2013, 14-16 May 2013, Nürnberg

[12] B. Hopfensperger, D.J. Atkinson, R.A. Lakin: Stator-flux-oriented control of a doubly fed induction machine with and without position encoder; Electric Power Applications, IEE Proceedings, 147(4):241 – 250, jul 2000

[13] A. Bocquel, J. Janning: Analysis of a 300 MW variable speed drive for pump-storage plant applications; Power Electronics and Applications, European Conference on, pages 10 pp. –P.10, 0-0 2005

[14] PCS 8000 AC Excitation: AC Excitation for hydro pump energy storage plants; ABB, 2010-07-27

[15] M. Gommeringer, F. Kammerer, J. Kolb, M. Braun: Novel DC-AC Converter Topology for Multilevel Battery Energy Storage Systems; PCIM Europe 2013, 14-16 May 2013, Nürnberg

Umrichter für O&G, Chemie und Prozessindustrie Explosionsschutz und funktionale Sicherheit

Florian Hausner, Siemens AG, Ruhstorf a.d. Rott, Deutschland, Florian.Hausner@Siemens.com

Kurzfassung

Der Artikel beschäftigt sich mit dem Thema Explosionsschutz und funktionale Sicherheit aus Sicht des Frequenzumrichters. Um Explosionen zu vermeiden, ist es notwendig, entsprechende Vorkehrungen beim Motor aber auch beim Umrichter zu treffen. Auftretende Gefahren im Ex-Bereich können durch Überhitzung und/oder Funkenschlag des Motors auftreten. Die möglichen Ursachen werden aufgezeigt und welche Maßnahmen zur Vermeidung getroffen werden können. Zusätzlich werden auch Maßnahmen zum Schutz im Fehlerfall erarbeitet. Hierbei wird speziell das Thema PTC-Überwachung zur Abschaltung eines überhitzten Motors hervorgehoben, da dies ein elementarer Bestandteil eines Ex-Antriebssystems ist. Des Weiteren ist es auch wichtig, die Wechselwirkungen der Maßnahmen zur Vermeidung von Explosionen zu betrachten, inklusive Ableitung einer Empfehlung, welche Maßnahmen getroffen werden sollten. Abgerundet wird das Thema durch das Aufzeigen der Verantwortungen, aufgeteilt in Endkunde, EPC/OEM und Produktlieferant.

Abstract

The lecture deals with the explosion protection topic and functional safety from the view of the frequency converter. To avoid explosions, it is necessary, to take corresponding measures at the Motor also at the Drive. Appearing dangers in EX-Areas can appear by overheating and/or spark blow of the Motor. The possible causes will be shown and which measures for the avoidance can be taken. Measures for the protection in addition are also worked out in Motor "fault" case. The topic will highlight PTC-monitoring of overheated Motor, because this is an elementary component of an Explosion protected Drive system. Furthermore it is also important, inclusive of derivation of a recommendation, to look at the interactions of the measures for the avoidance of explosions which measures should be taken. The topic is rounded by showing the responsibilities, partitioned in end consumer, EPC/OEM and product supplier.

1 Explosionsschutz und funktionale Sicherheit

Auflagen in Ex-Umgebungen sind notwendig, um Leben nicht zu gefährden. Die Praxis belegt dies leider immer wieder. Ein deutliches Beispiel ist die Gasexplosion in der Polyethylenanlage der Phillips 66 Company in Pasadena, welche dramatische Auswirkung hatte:

„Im Oktober 1989 kamen bei einer Explosion in der Chemiefabrik der Phillips 66 Company in Pasadena, Texas, 23 Menschen ums Leben und 314 wurden verletzt. Dieser Vorfall zeigt, dass sichere Arbeitssysteme für Instandhaltungsmaßnahmen erforderlich sind und eingehalten werden müssen. Arbeitgeber müssen außerdem sicherstellen, dass das Instandhaltungspersonal über Gefährdungen informiert ist und entsprechende Schulungen zum sicheren Umgang mit gefährlichen Chemikalien erhält." (Quelle: [3])

Im folgenden Artikel wird erörtert, worauf bei Frequenzumrichtern ein besonderes Augenmerk zu legen ist.

1.1 Gefahren im EX-Bereich - Überhitzung

Eine Gefahr im Antriebssystem besteht darin, dass der Motor überhitzt. Mögliche Ursachen hierzu können eine zu hohe Stromaufnahme, schlechte Kühlung, Lagerscha-

den oder Zusatzverluste des Motors sein.

Zu hohe Stromaufnahme kann durch Unterspannung am Umrichterausgang, Spannungsabfall im Motorkabel, Kippen des Motors, zu hohes Gegenmoment oder durch falsche Auslegung entstehen. Durch ein geeignetes PWM-Verfahren („Übermodulation") kann die Ausgangsspannung am Umrichterausgang und somit auch am Motoreingang erhöht werden, was eine Unterspannung und den Spannungsabfall am Kabel kompensieren kann. Reicht dies nicht aus, kann alternativ auch eine Sonderspannung des Motors gewählt werden oder ein Ausgangstransformator um den Spannungsabfall zu kompensieren. In jedem Fall sollte mit der Antriebsauslegung geschultes Fachpersonal betraut werden. So kann ein sicherer Hochlauf und Betrieb des Antriebs gewährt werden.

Als Ursache für eine schlechte (verminderte) Kühlung kommen neben einer falschen Auslegung auch fehlerhafte Luftführung, Schmutz oder ein defekter Fremdbelüftungsmotor in Frage. Speziell bei der Auslegung ist das Zusammenspiel von Hardware und Software/Parametrierung wichtig. So kann z.B. eine U/F Steuerung am Motor eine andere Erwärmung bewirken als eine feldorientierte Regelung. Dies kann zur Folge haben, dass der eingebaute PTC für Alleinschutz nicht mehr an der heißesten Stelle ist und somit keinen ausreichenden Schutz bietet. Auch die Parametrierung des Umrichters kann die Erwärmung beeinflussen. Speziell Parameter wie Hochlaufzeit, max. Motorstrom/Spannung und Überlastfaktor können sich auf die Motortemperatur auswirken.

Ein Lagerschaden, verursacht z.B. durch Lagerströme, kann die Temperatur des Lagers und somit auch des Motors unzulässig erhöhen. Zur Vermeidung werden isolierte Lager verwendet. Der Umrichter kann zudem über optimierte Pulsmuster und ein du/dt Filter zur Vermeidung von Lagerschäden beitragen.

Zusatzverluste können durch Stromoberschwingungen entstehen, welche wiederum von den (physikalisch bedingten) Spannungsoberschwingungen gespeist werden. Hier gilt zunächst: Je höher die Taktfrequenz des Umrichters, desto geringer diese Oberschwingungsströme (induktives Verhalten der Maschine). Allerdings kann die Taktfrequenz nicht beliebig erhöht werden. Die IGBTs des Umrichters würden die steigenden Schaltverluste nicht aushalten. Hier ergibt sich also eine Optimierungsaufgabe, die am besten von Systemlieferanten (Umrichter und Motor aus einer Hand) gelöst werden kann.

Zusätzlich ist es ein Muss, das Pulsmuster dahingehend zu optimieren, dass keine zu hohen Spitzenspannungen am Motor (Wicklung & Klemmenkasten) entstehen.

Z.B. gilt für LHX2-Draht eine max. zulässige Spitzenspannung von 1560 V (IEC 60034-25-A) für die Wicklung, währen die Klemmen meist nur mit 1866 V belastet werden dürfen. Dabei wird häufig übersehen, dass bei der Verwendung einer Sonderwicklung (z.B. 2,25KV-Isolation) die Beschränkung der Klemmenspannung auf 1866V immer noch einzuhalten ist.

Neben der Vermeidung dieser Fehler gibt es auch Maßnahmen zum Schutz im Fehlerfall. Die wohl bekannteste ist eine PTC-Überwachung (**P**ositive **T**emperature **C**oefficient = Kaltleiter). Die PTC′s, als Alleinschutz angebracht am heißesten Punkt des Motors, werden über den Umrichter ausgewertet.

Im Fehlerfall wird sicher abgeschaltet.

Separate Kaltleiter für Vorwarnung senken das Risiko zusätzlich.

Weniger bekannt, aber dennoch sehr wichtig, sind die Funktionen „Strombegrenzung" und „Motor Blockiert" in der Umrichtersoftware, um Überlastungen noch früher zu erkennen und entsprechend zu reagieren.

1.2 Gefahren im EX-Bereich - Funkenbildung

Neben der Erwärmung des Motors ist auch eine Funkenbildung am Motor eine Gefahrenquelle im Ex-Bereich. Funkenbildung kann entstehen durch Spannungsspitzen im Klemmenkasten und Motorwicklung, aber auch durch Überschläge in den Lagern (Lagerströme). Die Spitzenspannung wird maßgeblich von der Steilheit der Spannungsflanken (du/dt) beeinflusst. Moderne Leistungshalbleiter (IGBTs) schalten extrem schnell mit Spannungssteilheiten von mehreren kV/µs.

Zu hohes du/dt bedeutet, dass der Spannungsanstieg bezogen auf die Zeit zu schnell erfolgt (Bild1).

Eine Wicklung kann bei hohem du/dt bereits bei einem kleineren Spitzenwert der Spannung geschädigt werden als bei langsamem Anstieg (vgl. Kurve in IEC 60034-25).

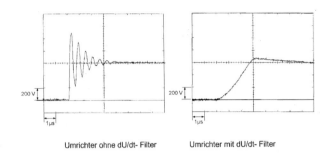

Umrichter ohne dU/dt- Filter   Umrichter mit dU/dt- Filter

Bild 1 Du/dt mit und ohne du/dt Filter

Bei fehlendem oder zu geringem du/dt Filter oder ungünstigen Pulsmustern („Doppelumschaltung") entstehen z. T. sehr steile Flanken. Abhilfe leisten entsprechend ausgelegte du/dt Filter oder Sinus Filter. Alternativ können auch sonderisolierte Motoren verwendet werden, unter Berücksichtigung der erlaubten maximalen Klemmenspannung. Ebenfalls sind optimierte Pulsmuster zu verwenden, welche sogenannte Doppelumschaltungen vermeiden. Damit sind Spannungsüberlagerungen von gleichzeitigen oder kurz aufeinander folgenden Schalthandlungen ausgeschlossen.

Funkenbildungen können auch aufgrund von Lagerspannungen entstehen. Pulsumrichter erzeugen Spannungsimpulse zwischen den Motorklemmen und Erde (Bild 2).

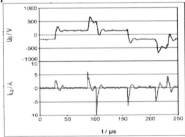

Bild 2 Common Mode Spannung und kapazitiver Lagerstrom (Quelle: TU Chemnitz / IEEE)

Solange der Schmierfilm seine isolierende Eigenschaft behält, fließen relativ kleine, hochfrequente Ströme, die nach heutigem Kenntnisstand ungefährlich sind. Die Höhe und Häufigkeit der Strompulse kann durch Umrichterparameter beeinflusst werden (du/dt - Filter; Taktfrequenz).

Bei ungünstigen Verhältnissen (z.B. schlechter Erdung der Maschine) kann die Lagerspannung jedoch zu hoch werden. Kommt es dann bei beiden Lagern zum Durchschlag mit Gefahr der Funkenbildung, steigt außerdem die Stromstärke stark an. Sie wird getrieben durch eine niederfrequente Wellenspannung, die in gewissem Umfang bei jeder Maschine auftritt! Als Maßnahme zur Vermeidung ist, neben den oben genannten, die Verwendung von einem isolierten Lager (bei größeren Leistungen auch 2).

Zu hohe Spannungsspitzen am Motorklemmenkasten

können durch zu hohes du/dt bei zu langen Motorkabellängen oder ungünstige Pulsmuster entstehen. Ist die elektromagnetische Laufzeit zwischen Umrichter und Motor größer als die Anstiegszeit am Umrichter, so entstehen Spannungsüberhöhungen am Motor durch Reflexionen. Diese können den 2-fachen Wert der Zwischenkreisspannung erreichen und bei ungünstigen Pulsmustern sogar den 4-fachen Wert. Zusätzlich treten erhöhte Lagerströme im Motor auf (Bild 3).

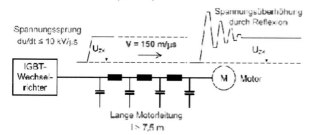

Bild 3 Spannungsüberhöhungen durch Reflexionen

Abhilfen gibt es bei der Verwendung von speziell optimierten, motorfreundlichen Pulsmustern oder der Verwendung von Ausgangsfiltern wie du/dt-Filter oder Sinusfilter. Alternativ gibt es noch spezielle Sonder-Klemmkästen.

Spannungsspitzen am Klemmenkasten sind nämlich problematisch. Dies gilt zwar auch für Spannungsspitzen in der Motorwicklung. Aber man muss beachten, dass unterschiedliche zulässige Maximalwerte gelten können.

Ein druckfester Motor wird i. d. R. als Ex d Motor mit Ex e Anschlusskasten ausgeführt. Das bedeutet, dass für die Wicklung dieselben Grenzwerte gelten wie für jede andere Maschine auch, also nach IEC 60034–25. Wird die Wicklung defekt, entsteht definitionsgemäß noch kein gefährlicher Zustand im Sinne des Ex-Schutzes. Anders verhält es sich beim Anschlusskasten. Um dort dem Schutzgedanken der „Erhöhten Sicherheit" Rechnung zu tragen, müssen die hierfür ausgewiesenen Grenzwerte für Spitzenspannungen strikt eingehalten werden.

1.3 Funktionale Sicherheit

Wie bereits erwähnt, ist die PTC-Überwachung (für Alleinschutz) ein sicheres und gängiges Mittel, einen Ex-Motor zu Überwachen. Die PTC's müssen mittels einer Überwachung sicher ausgewertet werden. Im Fehlerfall muss die Maschine zuverlässig von der Energiequelle getrennt werden. Hierzu gibt es zwei gängige Möglichkeiten:
• Atex - zertifiziertes Überwachungsgerät mit Schütz
• Atex - zertifizierter Umrichter ohne Schütz
Die Variante mit Schütz ist eine sichere Abschaltung durch Schütz in Kombination mit einem Überwachungsgerät und ist möglich für Netzbetrieb und/oder Umrichter betrieb (Bild 4).

Bild 4 Siemens PTC-Überwachungsgerät Calomat

In der funktionalen Sicherheit hat sich der Begriff der „SIL - Stufe" etabliert. (SIL = Safety Integrity Level). Er sagt aus, „wie sicher" eine Überwachungsfunktion ist. Der Anwender kann damit das Sicherheitskonzept für seine Anlage auslegen.

Da die Kombination aus Überwachungsgerät & Abschaltpfad (also Schütz mit Verdrahtung) meist variabel ist, gibt es keine standardmäßige SIL-Einstufung.

Eine kostensparende Alternative ist ein Atex - zertifizierter Umrichter ohne Schütz. Dabei wird die sichere Abschaltung ohne Schütz in Kombination mit Überwachungsgerät als integraler Bestandteil des Umrichters realisiert (Bild 4). Diese Lösung ist möglich für Frequenzumrichter-Betrieb, nicht für Netzbetrieb. Der Vorteil ist, dass die Auswertung und Abschaltung fest verankert ist und somit eine SIL-Einstufung erfolgen kann (z.b. SIL1), was ein hohes Maß an Sicherheit bietet.

Bild 4 Siemens/Loher integrierte PTC-Überwachung bei SINAMICS G180

Überwachungsfunktionen müssen, je nach SIL-Einstufung, zyklisch getestet werden. Häufig ist dies einmal pro Jahr. Bei eigenständigen Auswertegeräten muss dazu in der Regel eine Taste am Gerät gedrückt werden. Der Atex – zertifizierte Umrichter übernimmt diese Aufgabe selbständig und automatisch. Er muss dazu nur einmal im Jahr ausgeschaltet werden.

1.4 Auswirkungen der Maßnahmen

Viele Maßnahmen zur Vermeidung von Explosionen sind möglich, aber nicht immer alle sinnvoll.

Am Umrichterausgang gibt es beispielsweise die Möglichkeiten eines du/dt Filters oder Sinusfilters. Beide bestehen aus Drosseln und bewirken einen Spannungsabfall.

Dieser liegt bei ca. 0,5-2% (du/dt Filter) bzw. ca. 7-15% (Sinusfilter). Durch die Funktion „Übermodulation" kann ca. 3,5% Spannungsabfall kompensiert werden. Dies bedeutet, dass der günstigere du/dt Filter & „Übermodulation" annähernd 100% Ausgangsspannung zur Verfügung stellt und aufgrund seiner Topologie bis ca. 350m Motorkabellängen eingesetzt wird. Bei Sinusfilter ist der Spannungsabfall deutlich höher, weshalb zusätzliche Maßnahmen notwendig sind (z. B. Step-Up Transformator, Sonderwicklung). Sinusfilter werden deshalb bei Motorkabellängen > 350m eingesetzt.

Auch in der Software/Regelung sollte der Umrichter ein Augenmerk auf die Problematik des Ex-Schutzes legen. Softwarefunktionen für Ex-Antriebe sollte der Frequenzumrichter im Standard integriert haben. Spezielle Features wie „Strombegrenzung" und „Motor blockiert" sind bei Ex-Anwendungen notwendig zum Schutz gegen Übertemperatur.

Eine Atex - zertifiziertes PTC-Auswertegerät ist notwendig, um den Ex-Motor „sicher" im Fehlerfall abzuschalten. Das Auswertegerät sollte Bestandteil des Umrichters sein.

Wie bereits erwähnt, werden ab gewissen Baugrößen isolierte Lager eingesetzt. Ein isoliertes Lager ist speziell bei Ex-Motoren im Einsatz (ab BG 225 empfohlen/ ab BG 315 immer).

Auf Maßnahmen wie Sonderklemmenkasten, Sondermotorwicklung, Sondermotorspannung oder verstärkte Wicklungsisolation will der Kunde oftmals verzichten und sie sollten deshalb bei der Auslegung vermieden werden.

Somit ergeben sich folgende optimale Maßnahmen:
Am Frequenzumrichter:
- Du/dt Filter
- „optimierte" Taktfrequenz
- „optimiertes" PWM verfahren
- Übermodulation
- Strombegrenzung
- Funktion „Motor blockiert"
- PTC-Abschaltung
Am Motor (z.b. Non Sparking oder Druckfest):
- PTC für Alleinschutz
- Isolierte Lager

1.5 Explosionsschutz geht alle an

Bei vielen Projekte gibt es nicht nur Produktlieferanten, sondern auch EPC/OEM´s (**E**ngineering, **P**rocurement and **C**onstruction / **O**riginal **E**quipment **M**anufacturer) und natürlich den Endkunden.
Hierbei hat jeder seinen eigenen Fokus.
Der Endkunde hat als Fokus die gesamte Raffinerie. Kontrollen werden durch eine benannte Stelle zum sicherstellen des Ex-Schutz durchgeführt.
Der EPC/OEM fokussiert sich auf seine Applikation/Maschine. Er legt fest, wer der Lieferant von Umrichter- und Motor ist und entscheidet somit auch über die Verantwortung des Systems (Motor & Umrichter).
Der Produktlieferant sieht seine zu liefernden Produkte

(Motor & Umrichter) zertifiziert diese durch eine benannte Stelle (z.b. Dekra, PTB) durch entsprechende Prüfungen und Abnahmen.
Wichtig ist es, zu klären, wer die Systemverantwortung hat. Der EPC / OEM legt fest, wer Produkte liefert und somit die Systemverantwortung hat. Diese kann sowohl bei dem EPC /OEM als auch beim Produktlieferanten sein.

2   Literatur

[1] Sonderdruck aus: Antriebstechnik März&Mai 2013 „Von kurz bis sehr lang"

[2] Explosionsgeschützte Elektromotoren: Erläuterungen zu DIN EN 50014 und 50021, DIN EN 60034, DIN EN 60079, EG-Richtlinien (ATEX) sowie weiteren Normen ... technisch-wirtschaftliche Antriebsoptimierung

[3]
https://osha.europa.eu/de/campaigns/hw2010/maintenance/accidents)

Energieoptimale Fahrzeugsteuerung für einen elektrisch angetriebenen Doppelgelenk-Hybridbus im Linienbetrieb

T. Windisch; Z. Cai, W. Hofmann; Technische Universität Dresden, Lehrstuhl Elektrische Maschinen und Antriebe, Helmholtzstraße 9, 01069 Dresden, Deutschland, E-Mail: Thomas.Windisch1@tu-dresden.de

Kurzfassung

Im Beitrag wird für ein Fahrerassistenzsystem eines Doppelgelenk-Hybridbusses derjenige Geschwindigkeitsverlauf für den jeweils folgenden Streckenabschnitt berechnet, der ein Minimum an elektrischer Energie benötigt. Für den Energieverbrauch werden die Längsdynamik des Busses, die Verluste des elektrischen Antriebs und sämtliche Strecken-Randbedingungen (Steigung, Kurven, Ampeln und Geschwindigkeitsbegrenzungen) berücksichtigt. Die Optimierung wurde für die elektrischen Antriebskomponenten durchgeführt. Sie lässt sich jedoch auf die Bereitstellung der elektrischen Energie durch die Dieselgeneratoren sowie auf das Zusammenspiel von SuperCaps und Lithium-Ionen-Batterie erweitern. Mit dem Ergebnis kann eine Geschwindigkeitsempfehlung an den Fahrer gegeben werden, die ihm ermöglicht den Bus energieoptimal zu bewegen.

Abstract

The article proposes a method to determine the most energy efficient speed and torque references of a hybrid city bus. These references can be used in a driver assistance system to indicate the best way to drive during the following track section. The vehicle longitudinal dynamics, the power losses of the propulsion system and all track information (inclination, curves, traffic lights, speed limits) are used to calculate the total energy consumption. The optimization is carried out for the electric power components of the drive train. It can however be extended to the power distribution by the diesel-generators and the interaction of supercapacitors with the lithium-ion battery. With the result of the calculation a speed recommendation can be given to the driver that allows him to move the bus in an energy efficient way.

1 Einleitung

Mit einer Länge von 30,7 Metern ist die „AutoTram® Extra Grand" des Fraunhofer-IVI in Dresden derzeit der längste Bus der Welt. Ihr Fahrantrieb besteht aus zwei neu entwickelten Permanentmagnet-Synchronmaschinen an der zweiten und fünften Achse sowie deren Wechselrichtern. Die Elektromotoren sind über eine feste Achsübersetzung mit den Rädern verbunden. Das Hochvolt-Gleichspannungs-Bordnetz wird von zwei Diesel-Generator-Einheiten versorgt (serielle Hybridtopologie). Als elektrische Energiespeicher dienen eine Lithium-Ionen-Batterie sowie Doppelschichtkondensatoren (SuperCaps). Das Traktionssystem ist in **Bild 1** schematisch dargestellt. Im Beitrag soll der Frage nachgegangen werden, wie das Fahrzeug gesteuert werden muss, damit der Antrieb für die gewählte Fahrstrecke möglichst wenig elektrische Energie benötigt.

2 Fahrzeug-Längsdynamik

Der Antriebskraft, die die angetriebenen Räder der Achsen zwei und fünf im Fahrbetrieb auf das Fahrzeug ausüben, steht die Summe der Fahrwiderstände entgegen. Diese setzen sich zusammen aus Rollwiderstandskraft jedes Reifens, Luftwiderstandskraft an der Front und Steigungswiderstandskraft am Schwerpunkt des Fahrzeuges [3]. Das Kräftegleichgewicht ist in **Bild 2** dargestellt und lautet:

$$m_{Fzg}\ddot{x} = 2F_{An} - F_R - F_L - m_{Fzg}g \cdot \sin\alpha \quad (1)$$

Die Antriebskraft auf die Räder lässt sich unter Annahme eines idealen Abrollvorganges und eines festen Radhalbmessers r_{Rad} (unter Vernachlässigung des Radschlupfes) und mit Kenntnis der festen Achsübersetzung i aus dem an der Motorwelle aufgebrachten Drehmoment M_e berechnen:

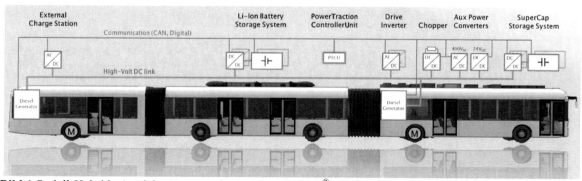

Bild 1 Seriell-Hybride Antriebsstrangtopologie der AutoTram®

$$F_{An} = M_e \frac{i}{r_{Rad}} \qquad (2)$$

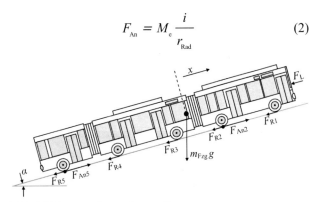

Bild 2 Fahrzeug-Längsdynamik

Die Rollwiderstandskraft der Reifen F_R beinhaltet den Rollwiderstandsbeiwert f_R, der sich abhängig von der Abrollgeschwindigkeit ergibt:

$$F_R = f_R m_{Fzg} g$$
$$f_R = c_0 + c_1 \dot{x} \qquad (3)$$

Die Luftwiderstandskraft hängt ab von der Dichte der Luft ρ_L, vom Luftwiderstandsbeiwert c_W, von der angeströmten Frontfläche A und der Windgeschwindigkeit, die vereinfacht angenommen der Fahrzeuggeschwindigkeit $\dot{x}$ entspricht:

$$F_L = c_W A \cdot \rho_L \frac{\dot{x}^2}{2} \qquad (4)$$

Einige Parameter des Fahrzeugs, die im Modell Verwendung finden, sind in **Tabelle 1** zusammengefasst.

Beschreibung	Symbol	Wert	Einheit
Fahrzeugmasse	m_{Fzg}	30	t
Achsübersetzung	i	7,28	-
Statischer Radhalbmesser	r_{Rad}	0,47	m
Rollwiderstandskoeffizient	c_0	0,012	-
Rollwiderstandskoeffizient	c_1	$7,2 \cdot 10^{-5}$	$m^{-1}s$
Luftwiderstandsbeiwert	c_W	0,9	-
Querschnittsfläche	A	8,0	m^2
Luftdichte	ρ_L	1,29	$kg\, m^{-3}$

Tabelle 1 Parameter des Fahrzeugmodells

Die Summe der Fahrwiderstände ist:

$$\sum F_w(x) = F_R(x) + F_L(x) + m_{Fzg} g \cdot \sin \alpha(x) \qquad (5)$$

3 Verlustleistungsbilanz

Um auf einem Streckenabschnitt energieoptimal fahren zu können, ist es zunächst von Interesse, welche Verlustleistungen auftreten und wovon sie abhängen. Sie können eingeteilt werden in elektrische und mechanische Verlustanteile. Elektrische Verluste entstehen in Maschine und Wechselrichter, mechanische Verluste entstehen durch die Summe der Fahrwiderstände und durch Reibung im Antriebsstrang selbst, die hier vernachlässigt werden soll.

3.1 Maschinenverluste

In den Ständerwicklungen der elektrischen Traktionsmaschine entstehen Stromwärmeverluste durch den ohmschen Widerstand R_S einer Phase, durch den ein sinusförmig angenommener Strom mit der Amplitude $\hat{I}_s$ fließt. Dieser wird durch die feldorientierte Stromregelung der Maschine in seiner Längs- und Querkomponente (I_d und I_q) geregelt.

$$P_{Cu} = \frac{3}{2} R_S \hat{I}_s^2 = \frac{3}{2} R_S \left(I_d^2 + I_q^2 \right) \qquad (6)$$

Die Stromwärmeverluste sind somit drehmomentabhängig, denn es gilt:

$$M_e = \frac{3}{2} p \left(\Psi_d I_q - \Psi_q I_d \right) \qquad (7)$$

Hinzu kommen Ummagnetisierungsverluste in den magnetisch aktiven Teilen der Maschine, die durch einen frequenzabhängigen Widerstand im Ersatzschaltbild modelliert werden können [4]:

$$P_{Fe} = \frac{3}{2} \left(\hat{\Psi}_0 \right)^2 \omega_{el}^2 \left(\frac{1}{R_{C0}} + \frac{\omega_N}{R_{C1} \omega_{el}} \right) \qquad (8)$$

Sie sind quadratisch und linear abhängig von der elektrischen Kreisfrequenz ω_{el} und damit drehzahl- bzw. geschwindigkeitsabhängig. Eisenverluste im Rotor werden vernachlässigt. Somit ist P_{Fe} abhängig von der Höhe der Ständerflussverkettung Ψ_0, die sich aus den Flussverkettungen der Längs und Querrichtung ergibt:

$$\left| \Psi_0 \right| = \sqrt{\Psi_d^2 + \Psi_q^2} \qquad (9)$$

Es werden die Hauptflussverkettungen betrachtet, die einen Beitrag zum Drehmoment liefern. Diese lassen sich im einfachsten Fall aus den Strömen unter Annahme fester Induktivitäten $L_{d,N}$ und $L_{q,N}$ berechnen:

$$\Psi_d = \Psi_{PM} + L_{d,N} I_d$$
$$\Psi_q = L_{q,N} I_q \qquad (10)$$

Da im Maschinenmodell allerdings Sättigungseffekte berücksichtigt sind, ergibt sich eine nichtlineare Abhängigkeit der Induktivitäten von den Strömen. Die Werte entstammen einer FEM-Berechnung des Magnetkreises [1]. Einige Parameter der neu entwickelten Traktionsmaschine als Synchronmotor mit im Rotor vergrabenen Magneten sind in **Tabelle 2** zusammengefasst:

Beschreibung	Symbol	Wert	Einheit
Nennleistung	P_N	160	kW
Nenndrehzahl	n_N	1695	min^{-1}
Ständerwiderstand	R_S	12,1	$m\Omega$
Induktivität in Längsrichtung	$L_{d,N}$	0,83	mH
Induktivität in Querrichtung	$L_{q,N}$	1,04	mH
Polpaarzahl	p	4	-
Permanentmagnet-Flussverkettung	Ψ_{PM}	0,446	Vs
Eisenverlustparameter	R_{c0}	550	Ω
Eisenverlustparameter	R_{c1}	96	Ω
Zwischenkreisspannung	U_{DC}	700	V

Tabelle 2 Parameter des Maschinenmodells

3.2 Wechselrichterverluste

In den beiden Wechselrichtern entstehen Schaltverluste P_{sw} durch den Verlust an Energie beim Ein- und Ausschaltvorgang der leistungselektronischen Bauelemente (IGBTs und Dioden). Weiterhin entstehen Durchlassverluste P_{cond} in diesen Bauelementen durch den differentiellen Bahnwiderstand und die Schleusenspannung. Beide Verlustarten sind abhängig von der Modulationsart [5]. Im Falle einer Raumzeigermodulation lassen sich die Verluste näherungsweise berechnen, wie in [1] beschrieben ist.

Die elektrischen Verluste sind zusammengenommen:

$$P_{V,el} = P_{Cu} + P_{Fe} + P_{sw} + P_{cond} \qquad (11)$$

Durch die vergleichsweise hohen geforderten Drehmomente und geringe Drehzahlen des Motors überwiegen die lastabhängigen Verluste, denn auch die Verluste im Wechselrichter sind in erster Linie abhängig von der Höhe des geführten Stromes.

3.3 Mechanische Verlustleistungen

Die mechanischen Verlustleistungen ergeben sich aufgrund der in Abschnitt 2 berechneten Fahrwiderstände. Die mechanische Energie, die für die Überwindung der Fahrwiderstände verbraucht wird, berechnet sich als Integral über den Weg x. Somit ist die mechanische Verlustleistung:

$$P_{V,mech} = \frac{dW_{mech}}{dt} = \frac{d}{dt}\left(\int \sum F_w(x)dx\right) \qquad (12)$$

Das Verhältnis aus elektrischen und mechanischen Verlusten in Abhängigkeit von Drehmoment M_e und Motordrehzahl n_{mot}, die proportional zur Fahrzeuggeschwindigkeit $\dot{x}$ ist, zeigt **Bild 3**. Dabei ist keine Steigung berücksichtigt. Bei einer hohen Fahrzeuggeschwindigkeit überwiegen die mechanischen Verluste, bei hohem Drehmoment vor allem während Beschleunigungs- und Bremsphasen überwiegen die elektrischen Verluste im Antrieb.

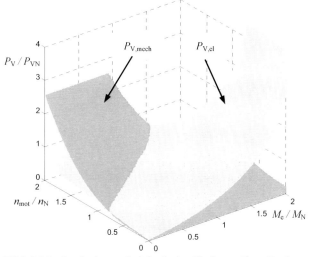

Bild 3 Mechanische und elektrische Verluste über Drehmoment und Drehzahl

4 Optimalsteuerungsproblem

Einen vorgegebenen Streckenabschnitt energieoptimal zu befahren bedeutet aus Sicht des Antriebssystems, die für die Fahrstrecke mit dem zurückzulegenden Weg s_f minimale Energie aus dem Zwischenkreis zu entnehmen und die Zielzeit t_f und alle Streckenrandbedingungen einzuhalten. Die für die zurückzulegende Strecke notwendige

Energie berechnet sich demnach aus der elektrischen Verlustenergie und der zur Antriebsaufgabe nötigen mechanischen Energie, die die mechanischen Verlustanteile bereits enthält:

$$E_{DC} = \int_{t=0}^{t_f} \left(2\pi M_e(t)n_{mot}(t) + P_{V,el}\right)dt \qquad (13)$$

Dabei kann im generatorischen Betrieb diese aus dem Zwischenkreis entnommene Energie negativ werden, falls die von der Maschine entwickelte Bremsleistung höher als die Verlustleistung ist. In diesem Fall wird die Bremsenergie zurück in das Hochvolt-Bordnetz und anschließend in die Batterie oder SuperCaps gespeist.

4.1 Betrachteter Fahrzyklus

Es wird ein gemessener Fahrzyklus der Buslinie 62 in Dresden betrachtet. Er beinhaltet 56 Haltestellen und besitzt ein ausgeprägtes Höhenprofil, da der Bus bis in einen Vorort aus dem Elbtal hinaus fährt. Der Zyklus enthält außerdem Stopps an Ampeln und Geschwindigkeitsreduktionen bei Kurvenfahrten. Die Optimierung soll für jeden Streckenabschnitt zwischen zwei Haltestellen separat durchgeführt werden. Einen exemplarischen Streckenabschnitt nach erfolgter Optimierung zeigt **Bild 6**.

4.2 Problemformulierung

Das Optimalsteuerungsproblem (OSP) inklusive aller Rand- und Nebenbedingungen besteht aus folgenden Gleichungen. Die Zielfunktion ist:

$$\min E_{DC} = \min_{M_e, \dot{x}, t_f} \int_{t=0}^{t_f} \left(2\pi M_e n_{mot} + P_{V,el}\right)dt \qquad (14)$$

Die Systemgleichungen, die sich aus der Fahrzeuglängsdynamik ergeben, werden als Zustandsgleichungen formuliert:

$$\dot{x}(t) = \frac{dx}{dt}$$

$$\ddot{x}(t) = \frac{2M_e i}{r_{Rad} m_{Fzg}} - \left(c_0 + c_1 \dot{x}\right)g - \frac{c_w A \rho_L \dot{x}^2}{2 m_{Fzg}} - g \cdot \sin\alpha \qquad (15)$$

Des Weiteren existieren Randbedingungen:

$$x(0) = 0 \qquad \dot{x}(0) = 0$$
$$x(t_f) = s_f \qquad \dot{x}(t_f) = 0 \qquad (16)$$

Die Zielzeit kann zur Verbesserung der Energieeffizienz flexibilisiert werden, zum Beispiel wenn der Bus fahrplanmäßig pünktlich ist:

$$t_{f,min} \le t_f \le t_{f,max} \qquad (17)$$

Es existiert eine Geschwindigkeitsbeschränkung, die vom zurückgelegten Weg abhängig ist:

$$0 \le \dot{x}(t) \le v_{max}(x(t)) \qquad (18)$$

Weitere Nebenbedingungen für das Problem ergeben sich aus der Antriebsregelung. Es darf weder das maximal verfügbare Motormoment noch die maximal zur Verfügung stehende elektrische Leistung, die sich aus der Strombegrenzung des Wechselrichters und der Spannungsgrenze des Motors ergibt, überschritten werden:

$$-M_{max} \leq M_e(t) \leq M_{max}$$
$$-P_{max} \leq P_{el}(t) \leq P_{max}$$
(19)

Das OSP ist mit den Gleichungen (14)-(19) vollständig beschrieben und kann anschließend mit verschiedenen Verfahren gelöst werden. Im Folgenden soll die direkte Lösungsmethode der Umwandlung in ein nichtlineares Problem (NLP) und anschließende Lösung mit einem geeigneten Lösungsalgorithmus beschrieben werden [6].

4.3 Umwandlung in nichtlineares Optimierungsproblem

Die Zustands- und Steuervektoren des OSP lauten:

$$y(t) = \begin{bmatrix} x(t) \\ \dot{x}(t) \end{bmatrix}, \quad u(t) = M_e(t)$$
(20)

Die Anzahl an Zustands- und Steuervariablen sind

$$n_y = 2, \quad n_u = 1$$
(21)

Um das OSP numerisch lösen zu können, wird der betrachtete Streckenabschnitt mit n_s Stützstellen über der Zeit t diskretisiert. Es entsteht ein nichtlineares Optimierungsproblem (NLP) mit n_z Variablen:

$$n_z = (n_y + n_u) \cdot n_s$$
(22)

Diskretisiert man nur den Steuervektor und bestimmt den Zustandsvektor anschließend per Integration der Zustandsdifferentialgleichung (15) (sequentielle Diskretisierung), so muss sie in jedem Durchlauf für alle Stützstellen gelöst werden. Bei starken Nichtlinearitäten, wie z.B. starkem Anstieg der Fahrstrecke, wäre die Robustheit des Algorithmus nicht gegeben, denn er reagiert sehr sensitiv gegenüber kleinen Veränderungen des Steuervektors.

Aus diesem Grund werden Steuer- und Zustandsverlauf in gleichen oder unterschiedlichen Zeitgittern diskretisiert (simultane Diskretisierung) [6]. **Bild 4** zeigt einen beispielhaften Verlauf. Im linken Teil des Bildes sind die Zeitgitter durch einen starken Gradienten der Zustandsgröße nicht äquidistant.

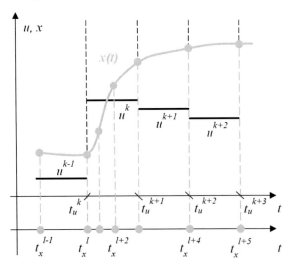

Bild 4 Verläufe von Zustands- und Steuergröße mit unterschiedlichen Zeitgittern

Im Folgenden soll von einem äquidistanten Zeitgitter ausgegangen werden:

$$k = 0, 1, \ldots, n_s$$
(23)

Zur Bestimmung des Zustandsverlaufes $y(t)$ werden Ansatzfunktionen $\hat{y}(t)$ genutzt, die den tatsächlichen Verlauf approximieren. Da sich die Geschwindigkeit des Fahrzeuges aus der Berechnung der Beschleunigung (15) durch Integration ergibt, kann eine Differenzengleichung für den Mittelpunkt eines Zeitgitters angegeben werden:

$$\hat{\dot{y}}^{k/2} = \frac{y^k - y^{k-1}}{t^k - t^{k-1}}$$
(24)

Diese Differenzengleichungen werden als Kollokationsbedingungen bezeichnet [6] und anstelle der Zustandsgleichungen als Nebenbedingung in das zu lösende nichtlineare Optimierungsproblem aufgenommen.

Die Zielfunktion des OSP muss als Kostenfunktional J ebenfalls diskret formuliert werden:

$$J = E_{DC} = \sum_{k=1}^{n_s} \left(M_e^k \, 2\pi n_{mot}^k + P_{V,el}^k \right) \left(t^k - t^{k-1} \right)$$
(25)

Alle weiteren Neben- und Anfangsbedingungen (16)-(19) werden als Beschränkungen der Zustands- und Steuervektoren übernommen. Das entstandene NLP kann nun mittels numerischer Gradientenverfahren auf Basis der Lösungsmethoden der sequentiellen quadratischen Programmierung (SQP) gelöst werden [7]. Dazu kommt der Lösungsalgorithmus „SNOPT" (engl. Sparse Nonlinear OPTimizer) aus [2] zum Einsatz.

4.4 Vergleich mit analytischer Lösung

Um die Konvergenz der numerischen Lösungsmethode zum Optimum unter Beweis zu stellen, soll sie anhand eines einfachen, analytisch zu lösenden Optimalsteuerungsproblems aus [8] getestet werden. Untersucht wird der energieoptimale Stellvorgang eines Servo-Antriebs mit Asynchronmotor und drehzahlabhängigem Lastmoment. Gesucht ist das Drehmoment τ_M, mit dem der Zielwinkel φ_z in der Zeit t_z erreicht wird und der Antrieb möglichst wenig elektrische Energie benötigt. Der Fluss in der Maschine soll hier bei feldorientierter Regelung konstant gehalten werden. Es wird angenommen, dass die Verluste im Antrieb von den Stromwärmeverlusten in den Ständer- und Rotorwicklungen der Maschine dominiert werden. Eisenverluste, Umrichterverluste und Zusatzverluste werden demzufolge vernachlässigt.

Die Zielfunktion des Optimierungsproblems für minimale Verluste ist:

$$E_{verl} = \frac{3}{2} \int_{t=0}^{t_z} \left[R_s \left(i_{sd}^2 + i_{sq}^2 \right) + R_r \left(i_{rd}^2 + i_{rq}^2 \right) \right] dt \rightarrow \min.$$
(26)

R_s und R_r sind die ohmschen Widerstände der Stator- und Rotorwicklung, $i_{sd,q}$ und $i_{rd,q}$ sind die Komponenten des Stator- und Rotorstroms in feldorientierten Koordinaten.

Das Lastmoment τ_L besteht aus einem konstanten und einem drehzahlproportionalen Anteil:

$$\tau_L = C_{L0} + C_{L1}\omega_M$$
(27)

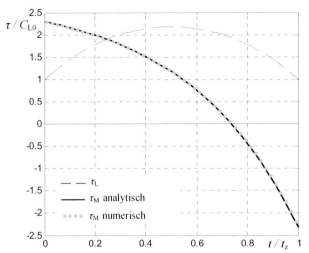

Bild 5 Vergleich von analytischer und numerischer Lösung eines einfachen Optimalsteuerungsproblems aus [8]

Wie in [8] gezeigt, lässt sich die analytische Lösung für das Motormoment τ_M berechnen zu:

$$\tau_M^* = C_{M0} + C_{M1} e^{\frac{C_{L1}}{J_{ges}}t} \qquad (28)$$

C_{M0} und C_{M1} sind dabei zwei Konstanten, die von Zielwinkel und Zielzeit abhängen und J_{ges} ist das Gesamtträgheitsmoment des Antriebs.

Die Lösung des Problems, welches mit SNOPT berechnet wurde, zeigt **Bild 5**. Die numerische Lösung stimmt mit der analytisch berechneten Lösung überein. Der Algorithmus findet genau die gleiche energieoptimale Lösung für den Verlauf des Motormoments, wie die analytische Berechnung. Der maximale relative Fehler zwischen analytischer und numerischer Lösung, der sich aufgrund der Approximation der Zustandsgrößen ergibt, liegt unterhalb von 0,1 %.

5 Lösung für gewählten Fahrzyklus

Mit Hilfe der vorgestellten Methodik und dem NLP-Lösungsalgorithmus SNOPT wurde der gesamte Fahrzyklus der Linie 62 in Dresden für die AutoTram® berechnet. Dabei wird jeweils der Streckenabschnitt zwischen zwei Haltestellen mit seinem Höhenprofil, seinen Geschwindigkeitsbeschränkungen, seinen Geschwindigkeitsreduktionen in Kurven und seinen Randbedingungen optimiert und ein neuer Verlauf der Fahrzeuggeschwindigkeit berechnet. Diese energieoptimale Geschwindigkeit kann dem Fahrer in einem Assistenzsystem in jeder Fahrsituation angezeigt werden.

Der Optimierung liegen einige Annahmen zu Grunde. Es wird angenommen, dass die Ankunftszeit an der jeweils nächsten Haltestelle flexibilisiert werden kann. Falls im Fahrplan Zeitreserven vorgesehen sind, können diese bei pünktlicher Abfahrt aus jeder Haltestelle ausgenutzt werden, um eine Energieersparnis zu erzielen. Aus diesem Grund kann die Ankunftszeit t_f um maximal 10 % schwanken, siehe Gleichung (17). Weiterhin wird angenommen, dass es möglich ist, Kurven um maximal 5 km/h schneller zu durchfahren, als es der Referenzzyklus vor-

gibt. Somit muss der Fahrer weniger stark verzögern und kann Energie sparen. Dieses Szenario wird in der Realität stark vom tatsächlichen Streckenverhältnis abhängen. Es wären weitere Informationen über die Strecke nötig, um den Einfluss der Ampelschaltung abzubilden. Im Folgenden wurde angenommen, dass der Bus an sämtlichen Stellen anhalten muss, an denen er auch im gemessenen Referenzzyklus gehalten hat.

Bild 6 zeigt das Ergebnis der Optimierung für eine Haltestelle. Dargestellt sind der energieoptimale Verlauf des Motormoments M_e, der Referenz-Verlauf v_{ref} sowie der vom Optimierungsalgorithmus ermittelte energieoptimale Verlauf v_{opt} der Fahrzeuggeschwindigkeit $v_{Fzg} = \dot{x}(t)$ und die Verläufe s_{ref} und s_{opt} für den zurückgelegten Weg $s_{Fzg} = x(t)$ in Abhängigkeit der abgelaufenen Zeit. Außerdem ist der Steigungswinkel α, der aus einer Spline-Interpolation des Höhenprofils gewonnen wurde, dargestellt.

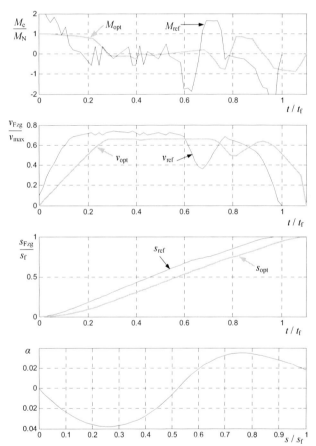

Bild 6 Ergebnis der Optimierung für eine Haltestelle des Fahrzyklus

Es lässt sich gut erkennen, wie vor allem die verlustintensiven Punkte von hoher Beschleunigung und hoher Fahrzeuggeschwindigkeit vermieden werden. Dazu wird die erlaubte Zeitreserve von 10 % ausgenutzt. Die Kurvenfahrt, in der die Geschwindigkeit reduziert wird, wird ebenfalls beachtet, jedoch zeitlich versetzt und abhängig vom zurückgelegten Weg. Der optimierte Geschwindigkeitsverlauf ist insgesamt geglättet, um weniger beschleunigen und abbremsen zu müssen. Es wird wenn möglich nur so stark verzögert, dass die Bremsenergie vollständig von der Traktionsmaschine aufgebracht wird und somit generatorisch wieder in die Batterie oder in die SuperCaps gespeist werden kann.

Berechnet man den Energieverbrauch anhand der Modellparameter für den gesamten Fahrzyklus, so beträgt er mit dem Referenzprofil:

$$E_{DC,ref} = 130,7 \text{ kWh} / 100 \text{ km}$$

Das Ergebnis der Berechnung sind Referenzgeschwindigkeiten, die dem Fahrer angezeigt werden können und ihn unterstützen, energieoptimal zu fahren. Hält er sich perfekt an die Vorgabe, so verbraucht der Antrieb eine Energie von:

$$E_{DC,opt} = 118,0 \text{ kWh} / 100 \text{ km}$$

Dies entspricht einer Energieersparnis gegenüber dem gemessenen Profil von 9,7 %.

6 Zusammenfassung

Die Energieeffizienz eines elektrischen Fahrzeugantriebs in einem Hybridbus kann einerseits durch Optimierung des Maschinendesigns verbessert werden, sowie durch Anpassen der Antriebsregelung auf die Maschine, wie in [1] beschrieben. Im Beitrag wurden Verlustleistungen des elektrischen Traktionsantriebes und Einflussgrößen der Längsdynamik auf die Energiebilanz des Fahrzeuges ermittelt. Einen großen Einfluss auf die verbrauchte elektrische Energie hat andererseits der Fahrer mit seiner Wahl der Beschleunigung und aktuellen Fahrzeuggeschwindigkeit. Es muss vorausgesetzt werden, dass Streckenrandbedingungen wie erlaubte Höchstgeschwindigkeit, Kurvenfahrten und zurückzulegende Strecke zwischen zwei Haltestellen konstant sind und eingehalten werden. Außerdem muss der Fahrplan in der vorgegebenen Zeit abgefahren werden, was die Ausnutzung einer Zeitreserve nur dann möglich macht, wenn Zeit an Haltestellen eingespart werden kann.

Im Beitrag wurde ein Optimalsteuerungsproblem für die Berechnung der energieoptimalen Fahrzeuggeschwindigkeit zwischen zwei Haltestellen unter Beachtung aller Rand- und Nebenbedingungen aufgestellt. Weiterhin wurde ein Verfahren angegeben, mit dem das Optimalsteuerungsproblem in ein nichtlineares Optimierungsproblem mit vielen Variablen umgewandelt wird [2]. Dieses ist mit Lösungsalgorithmen auf Basis der sequentiellen quadratischen Programmierung lösbar [7]. Die Konvergenz des Algorithmus zum Optimum wurde anhand eines analytisch lösbaren Problems [8] verifiziert.

Es wurde ein gemessener Fahrzyklus der Buslinie 62 in Dresden untersucht. Dabei wurde unterstellt, dass keinerlei Störgrößen wie Staus, Überhol- oder plötzliche Bremsmanöver nötig sind. Im Schnitt ergeben sich je nach Annahmen über Pünktlichkeit und Streckenrandbedingungen Einsparpotenziale von bis zu 10 % Energieverbrauch nur für den elektrischen Antrieb des Busses. Dieses theoretische Ergebnis wird aus den genannten Störeinflüssen im praktischen Linienbetrieb jedoch schwer zu erreichen sein.

7 Literatur

[1] Th. Windisch, W. Hofmann: „Loss Minimization of an IPMSM Drive Using Precalculated Optimized Current References", IEEE Industrial Electronics Conference IECON, Melbourne, Australia, 2011.

[2] P. E. Gill, W. Murray, M. A. Saunders: „SNOPT: An SQP Algorithm for Large-Scale Constrained Optimization", Society for Industrial and Applied Mathematics, Vol. 47, No. 1, 2005

[3] H.-H. Braess, U. Seiffert: „Handbuch Kraftfahrzeugtechnik", Vieweg+Teubner Verlag, 6. Auflage, 2011

[4] D. Schröder: „Elektrische Antriebe, Regelung von Antriebssystemen", Springer-Verlag, 3. Auflage, 2008

[5] J. W. Kolar, H. Ertl, F. C. Zach, "Influence of the modulation method on the conduction and switching losses of a PWM converter system", IEEE Transactions on Industry Applications, Vol. 27, No. 6, pp. 1063-1075, December 1991

[6] A. V. Rao: „A Survey of Numerical Methods for Optimal Control", AAS/AIAA Astrodynamics Specialist Conference, AAS Paper 09-334, Pittsburgh, PA, August 10-13, 2009

[7] J. Nocedal, S. J. Wright: „Numerical optimization", Springer-Verlag, 2000

[8] F. Klenke, W. Hofmann: „Energy-efficient control of induction motor servo drives with optimized motion and flux trajectories", Proceedings of the 2011-14th European Conference on Power Electronics and Applications EPE, 2011

Leistungsmessung an einem dieselelektrischen Fahrantrieb in einer selbstfahrenden Erntemaschine
Test of a diesel-electrical traction drive in a self-propelled harvester

Dipl.-Ing. Mirko Lindner, Dipl.-Ing. Steffen Wöbcke, Dipl.-Ing. Benjamin Striller,
Prof. Dr.-Ing. habil. Thomas Herlitzius
Lehrstuhl Agrarsystemtechnik, Institut für Verarbeitungsmaschinen und Mobile Arbeitsmaschinen, 01069 Dresden, Deutschland, E-Mail: lindner@ast.mw.tu-dresden.de, Telefon: +49(0)351/463-39793

Kurzfassung

Am Beispiel eines Rübenvollernters wird ein Systemvergleich zwischen hydrostatischem und dieselelektrischem Fahrantrieb gezeigt. Wie die meisten Erntemaschinen sind Rübenroder mit einem hydrostatischen Fahrantrieb ausgerüstet, um eine stufenlose Geschwindigkeitsanpassung an den Ernteprozess zu gewährleisten. Diese Antriebe entsprechen dem neuesten Stand der Technik, dennoch ist deren Wirkungsgrad mäßig. Für eine Effizienzsteigerung wurde die Antriebsart gewechselt und dazu ein dieselelektrisches Funktionsmuster aufgebaut, das mit der hydrostatischen Serienmaschine verglichen wurde. Im Resultat konnte die Fahrleistung angehoben und der Kraftstoffverbrauch gesenkt werden.

Abstract

Sugar Beet Harvesters belong to self-propelled agricultural machinery for trimming, lifting, cleaning and collecting sugar beets. Like most harvesting machines such vehicles are equipped with hydrostatic traction drives to ensure a continuously variable speed adjustment to the harvesting process. These drives are state of the art but rather moderate in efficiency. For further enhancement of efficiency the hydrostatic system was replaced by a diesel-electric traction drive. The two different systems were tested and compared in simulation and field tests. The result was improved driving performance at reduced fuel consumption.

1 Einleitung

Ein Großteil der selbstfahrenden Erntemaschinen in der Landwirtschaft, die sich durch eine hohe Schlagkraft auszeichnen, ist mit einem hydrostatischen Fahrantrieb ausgestattet. Diese Form des Fahrantriebes ermöglicht die für den Arbeitsprozess notwendige stufenlose Anpassung der Fahrgeschwindigkeit an unterschiedliche Erntebedingungen einschließlich des Stillstandes ohne einen Kupplungsvorgang. Weitere Anforderungen an Fahrantriebe in selbstfahrenden landwirtschaftlichen Erntemaschinen sind der Fahrtrichtungswechsel ohne Schaltvorgang, ein gutes Ansprechverhalten, hohes Drehmomentvermögen bereits bei geringer Drehzahl, Transportgeschwindigkeiten bis v = 20 km/h (optional bis 40 km/h), ein hoher Wirkungsgrad in allen Lastbereichen, sowie eine Schlupf- und Traktionskontrolle auch im Hinblick auf die Bodenschonung. Bislang haben hydrostatische Antriebssysteme unter Berücksichtigung von Gewicht und Kosten diese Anforderungen am besten erfüllt. Ein großer Nachteil der Hydraulik ist jedoch der mäßige Wirkungsgrad [1], insbesondere im Teillastbereich. Die auftretenden Lastzyklen sind durch eine sehr breite Verteilung der Betriebspunkte gekennzeichnet, was die Auslegung auf einen hohen Gesamtwirkungsgrad erschwert. Unter dem Gesichtspunkt von hohen installierten Leistungen und steigenden Dieselkraftstoffkosten ist dies ein bedeutender Aspekt. Elektrische Antriebe zeichnen sich durch einen im Vergleich zur Hydraulik besseren Wirkungsgrad aus, der auch im Teillastbereich nicht signifikant sinkt. Darüber hinaus sind diese hervorragend steuer- und regelbar und verfügen über eine hohe Dynamik. Zugleich ist der Leistungsfluss im Antriebsstrang über eine integrierte Strom- und Spannungsmessung bekannt. Verschiedene Analysen [2] zeigen, dass zukünftig elektromechanische Antriebe in mobilen Landmaschinen und Geräten zum Zweck von Effizienzsteigerungen und Funktionalitätserweiterungen an Bedeutung gewinnen werden. Die Elektrifizierung des Fahrantriebes einer selbstfahrenden Erntemaschine ist dabei ein weiterer Schritt.

2 Ausgangssituation

In Zusammenarbeit mit den Unternehmen Sensor-Technik Wiedemann GmbH, ROPA Fahrzeug- und Maschinenbau GmbH sowie dem Lehrstuhl Agrarsystemtechnik der Technischen Universität Dresden wurde eine selbstfahrende Zuckerrübenvollerntemaschine mit einem dieselelektrischen Fahrantrieb ausgerüstet. Diese Arbeitsmaschine zeichnet sich durch eine hohe Fahrzeugmasse von mehr als 30 t aus, die im Rodebetrieb durch die Zuladung der geernteten Zuckerrüben auf bis zu 60 t ansteigt. Der Erntebetrieb erfolgt vorwiegend von Herbst bis Winter unter zum Teil sehr schwierigen Bodenverhältnissen. Daraus resultiert ein im Vergleich zu anderen selbstfahrenden Erntemaschinen hoher Leistungsbedarf des Fahrantriebs im Bereich von 100 kW – 300 kW mit einer sehr breiten Verteilung der Betriebspunkte. Die jährliche Erntefläche eines Rübenvollernters liegt in Europa zwischen 600 ha und 1200 ha, mit Erntemengen von etwa 75.000 t pro Jahr. Durchschnittlich liegt der Kraftstoffverbrauch bei 40 bis 50 l/ha, wobei die Kraftstoffkosten circa ein Drittel der gesamten Betriebskosten ausmachen.

3 Hydrostatischer Antriebsstrang

Im konventionellen, hydrostatischen Antriebsstrang (Abb. 1) des selbstfahrenden, dreiachsigen Rübenvollernters ROPA euro-Tiger V8-3 ist die Hydraulikfahrpumpe (Abb. 1, Position 9) an ein zentrales Pumpenverteilergetriebe (Abb. 1, Position 8) angeflanscht. Dieses Getriebe befindet sich direkt hinter der Schwungscheibe (Abb. 1, Position 7) des Dieselmotors und treibt weitere zwölf Hydraulikpumpen für die Arbeitsantriebe an.

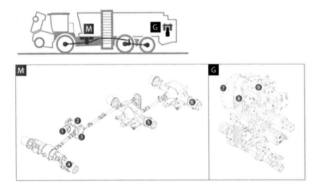

Bild 1: konventioneller Antriebsstrang [3]

Die Hydraulikpumpe für den Fahrantrieb ist eine Verstellpumpe in Schrägscheibenbauart mit einer Nennleistung von P = 343 kW. Die hydraulische Leistung wird von zwei Hydromotoren in Schrägachsenbauweise aufgenommen, wobei jeweils ein Motor als Konstant- (Abb. 1, Position 1) und ein Motor als Verstelleinheit (Abb. 1, Position 2) ausgeführt ist. Der Rübenvollernter verfügt über einen Zentralantrieb mit Allradantrieb, sodass die beiden Motoren direkt an einem Schaltgetriebe (Abb. 1, Position 3) sitzen. Dieses Getriebe verfügt über zwei Schaltstufen.

Im ersten Gang sind Geschwindigkeiten von 0 – 14 km/h, im zweiten Gang von 0 – 20 km/h, optional bis 25 km/h möglich. Von dem Schaltgetriebe führt eine Gelenkwelle zur Vorderachse (Abb. 1, Position 4) und eine Gelenkwelle zu den zwei Hinterachsen. Die Vorderachse ist als Portalachse mit einem zentralen Differentialgetriebe, sowie Planetengetrieben als Endantrieb ausgeführt. Die erste Hinterachse (Abb. 1, Position 5) verfügt ebenfalls über ein Differentialgetriebe, Planetengetriebe als Endantriebe. In die zweite Hinterachse (Abb. 1, Position 6) ist wie in die Vorderachse und die erste Hinterachse ein Differentialgetriebe, ein Planetengetriebe als Endantrieb integriert und diese Achse verfügt über eine Achslastregelung Alle Räder sind achsschenkelgelenkt und zusätzlich ist zwischen Vorder- und erster Hinterachse eine Knicklenkung implementiert [3].

4 Ermittlung von Lastkollektiven

Für die Umrüstung des hydrostatischen Fahrantriebes auf einen dieselelektrischen Fahrantrieb wurde der Ist-Zustand erfasst. Dafür wurden auf zwei Maschinen während der Rübenernte 2010 insgesamt etwa 200 h Ernte- und Straßenbetrieb aufgezeichnet. Dabei waren im Antriebsstrang Druck und Volumenstrom sowie Drehzahlen und Schluckvolumina relevante Parameter, woraus Antriebsleistungen berechnet werden konnten. Die Messdaten wurden ausgewertet und über Klassenhäufigkeits- und Verweildauerverteilungen Lastkollektive entsprechend formuliert. Es zeigte sich, dass die Geschwindigkeit während des Rodens bei 6 bis 8 km/h liegt.

5 Elektrischer Antriebsstrang

Bei dem elektrischen Fahrantrieb wurde das Antriebskonzept des Zentralantriebes beibehalten. Die Hydropumpe wurde durch zwei Generatoren mit einer Nennleistung von jeweils P = 140 kW bei einer Drehzahl von n = 3000 min⁻¹ ersetzt. Um die Eingangsdrehzahl der Generatoren in den benötigten Leistungsbereich und in einen günstigen Wirkungsgradbereich der Generatoren zu legen, wurde ein Anpassungsgetriebe implementiert, welches an das Pumpenverteilergetriebe angeflanscht ist. Die Hydromotoren wurden ebenfalls durch zwei Elektromotoren mit einer Nennleistung von jeweils P = 140 kW bei einer Drehzahl von n = 3000 min⁻¹ ersetzt [4]. Auch hier befindet sich ein Anpassungsgetriebe zwischen den Motoren und dem Schaltgetriebe, um die Elektromotoren in einem günstigen Drehzahlbereich betreiben zu können. Bei allen elektrischen Maschinen handelt es sich um permanenterregte Synchronmaschinen mit einer Trafoöl-Flüssigkeitskühlung. Die Überlastfähigkeit des elektrischen Antriebes beträgt 30 %. Im Gleichspannungszwischenkreis zwischen den Generatoren und den Elektromotoren befindet sich zudem ein Bremschopper, der die maximale Zwischenkreisspannung limitiert. Ein zusätzlicher Energiespeicher in Form einer Batterie oder Supercaps existiert nicht. Derzeit beträgt das Massenverhältnis von elektrischem zu hydrostatischem Antrieb inklusive der beiden Anpassungsgetriebe 3,3:1 ohne Berücksichtigung der Kühlung.

6 Simulation und Feldversuche

Mit Hilfe der gebildeten Lastkollektive erfolgte parallel zum Aufbau des elektrischen Antriebssystems die Simulation des konventionellen hydraulischen und des alternativen elektrischen Fahrantriebes. In den Modellen ist der komplette Antriebsstrang vom Dieselmotor, über die Generatoren und die Elektromotoren (elektrischer Antriebsstrang) bzw. über die Pumpe und Hydromotoren (hydraulischer Antriebsstrang), den mechanischen Zentralantrieb bis hin zum Rad-Boden-Kontakt abgebildet. Die Simulation kann vergleichende Aussagen über die Leistungsfähigkeit, den Wirkungsgrad und den Kraftstoffverbrauch zwischen hydraulischem und elektrischem Fahrantrieb liefern. Die Wirkungsgradsteigerung des Fahrantriebes liegt entsprechend der Simulationsergebnisse im Bereich von 20 – 30 %.

Eine erste Inbetriebnahme der elektrifizierten Maschine mit anschließenden Funktionstests wurde in der Rübenernte 2011 durchgeführt. Dabei wurden alle Fahrfunktionen für den Straßen- und Feldbetrieb überprüft. In den darauffolgenden Zugkraftversuchen im April 2012 wurden elektrisches und hydraulisches Fahrzeug in Zugkraftversuchen miteinander verglichen (Abb. 2). Dazu wurde für die Erfassung der Volllastkurve im Fahrdiagramm die im jeweiligen Gang maximale Fahrgeschwindigkeit angefahren. Das Bremsfahrzeug erhöhte kontinuierlich die Last, bis die Fahrgeschwindigkeit entsprechend der Zugleistungshyperbel bis zum Stillstand fiel. Zur Ermittlung von Betriebspunkten innerhalb des Kennfeldes wur-

Bild 2: Test- und Bremsfahrzeug im Zugkraftversuch

den im Zugkraftdiagramm gestufte Fahrgeschwindigkeiten eingestellt, was in Bild 3 hell dargestellt ist. Während die Last durch das Bremsfahrzeug kontinuierlich anstieg, fiel die Fahrgeschwindigkeit bei Erreichen der Volllastkennlinie. Dabei wurden bei beiden Maschinen die Parameter Zugkraft, absolute Fahrgeschwindigkeit, Kraftstoffverbrauch und Leistungskennwerte im Fahrantrieb aufgezeichnet, d.h. Drücke, Volumenströme und Temperaturen sowie Ströme und Spannungen. Aus diesen Parametern wurden An- und Abtriebsleistungen berechnet wodurch ein Wirkungsgradkennfeld erstellt werden konnte.

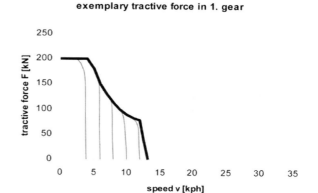

Bild 3: theoretisches Fahrdiagramm

Aus dem Vergleich der beiden Zugkraftdiagramme (Abb. 4 und Abb. 5) geht hervor, dass die Maschine mit elektrischem Fahrantrieb im ersten Gang bei niedrigen Geschwindigkeiten geringfügig höhere Maximalzugkräfte aufbringen kann und im oberen Geschwindigkeitsbereich des ersten Ganges höhere Fahrgeschwindigkeiten erreicht als die Maschine mit hydrostatischem Fahrantrieb. Hieraus kann geschlussfolgert werden, dass der elektrische Fahrantrieb die gleiche Leistungsfähigkeit besitzt wie der hydraulische Fahrantrieb, d.h. die Leistungsgrenzen der Maschine mit hydraulischem Fahrantrieb können von der

Maschine mit elektrischem Fahrantrieb abgebildet und sogar übertroffen werden.

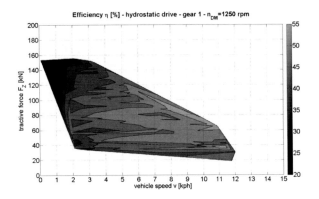

Bild 4: Zugkraft, Wirkungsgrad des hydraul. Antriebsstranges

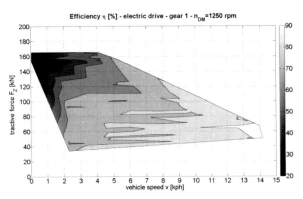

Bild 5: Zugkraft, Wirkungsgrad des elektr. Antriebsstranges

Wird der Wirkungsgrad als Verhältnis von Zugleistung zu an den Fahrantrieb abgegebener Dieselmotorleistung bei einer für den Rodevorgang repräsentativen Fahrgeschwindigkeit von v = 6 km/h über einen Ladezyklus betrachtet, so ergeben sich Wirkungsgrade von η = 70,5 % für die Maschine mit elektrischem und η = 46,4 % für die Maschine mit hydrostatischem Fahrantrieb, d.h. mit der Umrüstung auf einen dieselelektrischen Fahrantrieb wird der Wirkungsgrad im Hauptarbeitsbereich um etwa 20 % gesteigert. Aufgrund des hohen Zeitanteils dieses Arbeitsbereiches kann eine Kraftstofferspanis im Bereich von 10 bis 20 % erzielt werden.

7   Zusammenfassung und Ausblick

Auf Basis des Rübenvollernters ROPA euro-Tiger V8-3 wurde eine Maschine mit dieselelektrischem Fahrantrieb ausgerüstet. Mit den ermittelten Lastkollektiven für Feld- und Straßenbetrieb werden beide Maschinen einerseits simulativ als auch im Feldtest miteinander verglichen. Als Grundlage dienen in Matlab/Simulink implementierte Simulationsmodelle. Aufgrund des höheren Wirkungsgrades des elektrischen Systems zeigt sich eine Überlegenheit im Bereich des Kraftstoffverbrauches der Maschinen. Zusätzlich wird ein ökologischer Vorteil durch CO_2-Einsparung generiert, dessen Stellenwert an Bedeutung gewinnen wird. Die im Betrieb auftretenden Lastspitzen und deren Häufigkeit konnten mit den Messungen von Lastkollektiven gut detektiert werden. Wird die maximal benötigte Leistung als auch deren Zeitanteil bestimmt, könnte das momentan serielle System mithilfe eines Energiespeichers zu einem Hybridsystem erweitert werden. Deckt der Speicher den Energieinhalt der Lastspitzen ab, muss vom Dieselmotor nur noch eine Grundversorgung gewährleistet werden (Phlegmatisierung), wodurch die Last für den Dieselmotor geglättet wird [5]. Wird die Größe des Dieselmotors so gewählt, dass die Grundversorgung unter Volllast bereitgestellt wird, kann dieser kleiner dimensioniert werden (Rightsizing).

8   Literatur

[1] Aumer, W.: Entwicklung alternativer Antriebe für mobile Landmaschinen. ATZ offhighway, Springer Automotive Media, Wiesbaden 10/2009

[2] Herlitzius, Th.: Potenzial and Challenges evolving from Hybridization of mobile Machines shown on Examples of agricultural Machines and Implements. Vortrag, Seminar MobilTron 2010, Mannheim 13./14. Oktober 2010

[3] Ropa Fahrzeug- und Maschinenbau GmbH: Betriebsanleitung euro-Tiger V8-3 ab 2006 Ausgabe 3, Ropa, Firmenunterlagen, 2006

[4] Sensor-Technik Wiedemann GmbH: powerMELA-C PSM-E-Maschine. STW, Datenblatt, 10/2011

[5] Geimer, M.: Hybrid Drives in Mobile Working Machines – What is the benefit and how are they comparable. Vortrag, Seminar MobilTron 2011, Mannheim 28./29. September 2011

JD 6210RE –
Tractor / Implement Electrification and Automation
JD 6210RE –
Traktor / Anbaugeräte-Elektrifizierung und -Automatisierung

Roger Keil, John Deere GmbH & Co KG - Werke Mannheim, Mannheim, Germany / Deutschland,
keilroger@johndeere.com
Bin Shi, John Deere GmbH & Co KG - Werke Mannheim, Mannheim, Germany / Deutschland, shibin@johndeere.com
Dr. Joachim Sobotzik, John Deere GmbH & Co KG - European Technology and Innovation Center, Kaiserslautern,
Germany / Deutschland, sobotzikjoachim@johndeere.com

Abstract

As a complement to the common mechanical and hydraulical power links, tractor and implement manufacturers are in the process of establishing a new electrical power link with higher voltages (HV). This interface provides the customer several advantages, e.g. reduced risk of hydraulic-oil leaks in the field, easy connecting ("plug-and-play") and a more accurate process control.

Kurzfassung

Als Ergänzung der bekannten / üblichen mechanischen und hydraulischen Leistungsschnittstelle sind Traktor- und Anbaugerätehersteller im Begriff eine neue elektrische Leistungsschnittstelle höherer Spannung zu etablieren. Diese Schnittstelle wird dem Kunden / Anwender einige Vorteile bieten, z.B. Vermeidung von Hydrauliköl-Leckagen im Akker / Feld, einfacher Anschluß ("Plug-and-Play") und eine verbesserte Prozeß-Regelung / Steuerung.

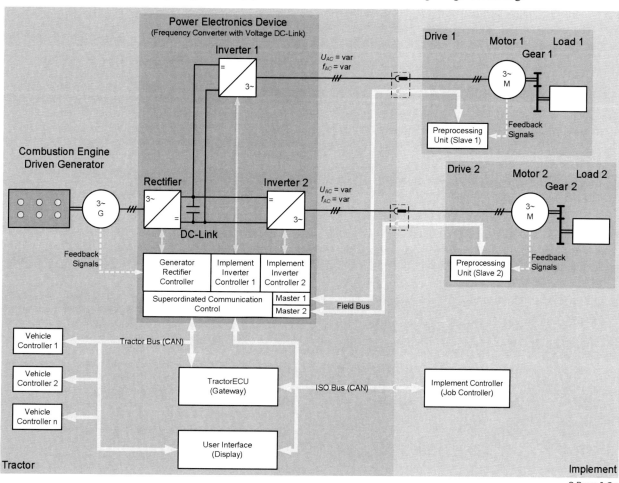

© Deere & Co
R. Keil, 01/07/2013

Schematic 1: System topology

1 System Topology and Features

The system is distributed between the tractor, which is acting as a variable power source, and the implement, where the application process is taking place (see Picture 1). Between tractor and implement several interfaces are necessary to provide power and communication links. One benefit of this topology is that one converter on the tractor is able to power drives at various implements. Therefore no additional inverter at the implement is needed.

A close collaboration of tractor and implement manufacturers is necessary for enabling a cooperation of tractor and implement.

1.1 Tractor Topology

The general HV system topology is based on John Deere's 7430 / 7530 EPremium tractor, which was the first series tractor having higher voltages onboard [1]. Therein a diesel engine driven generator feeds a converter which supplies both interfaces.

1.1.1 Generator

The crankshaft induction generator, mounted at the flywheel housing of the diesel engine, is carried over from 7430 / 7530 EPremium. It provides rated power of 20kW from 1800rpm at $480V_{AC}$. The nominal engine and generator speed range is between 850rpm and 2250rpm.

1.1.2 Power Electronics Device

The power electronics housing of 6210RE is similar to the 7430 / 7530 EPremium part. The electronics itself were redesigned. A FPGA is used for the electric machine controls.

Each implement inverter is capable to provide DC or AC power up to of 20kVA and a current up to 26.5A continuously. The rated DC-link voltage is $700V_{DC}$.

1.1.3 Cooling

Compared with the non-electrified 6R tractors the 6210RE also consist of an additional low temperature cooling system. A separate radiator is used for cooling of power electronics and generator. The coolant flow is controlled by an electric pump.

1.2 Interfaces

The new HV interface complements the common mechanical and hydraulical power interfaces as well the electrical ISOBUS interface. Both electrical interfaces will be explained as follows.

1.2.1 ISOBUS

For automation purposes the ISOBUS interface according to ISO11783 is currently used in automated agricultural application. The standard defines currently three classes of automation processes for mechanical or hydraulical

implements. It controls the common mechanical or hydraulical power interfaces (such as hydraulic valves). And it serves as a communication interface between the implement job controller (providing the process control) and the tractor display (providing the user interface).

Therefor the ISOBUS is connected at the tractor with the so called tractor ECU (TECU, a gateway), at the implement with the so called job controller. Additionally the ISOBUS is connected with the 6210RE converter.

The upcoming electrical loads will need high speed sensor feedback for control's purposes. This will not be provided by the ISOBUS transmission rate. But ISOBUS is used for other purposes at electrified implements (as mentioned in 1.6). Hence further development of the ISOBUS standard is necessary (see 1.2.3).

1.2.2 Tractor / Implement Connector

According to the TIE (Tractor / Implement Electrification) approach each implement drive needs a separate interface for communication and HV power – the so called implement connector – in addition to the above described ISOBUS interface. The implement connector serves three power pins (in a three phase AC system one per each phase), a shielded field bus system (based on Ethernet / EtherCAT), equipotential bonding conductor (grounding) and common 12V supply for auxiliaries (including 2 spare pins). The connector is primarily designed for supplying AC power, but also in principle for DC power provision. The HV interface is able to serve voltages up to $750V_{DC}$ / $480V_{AC}$ and currents up to 200A.

Picture 1: Implement connector socket

This connector type is used commonly by other tractor and implement manufacturers for electrification projects within the AEF (Agricultural Industry Electronics Foundation) - as mentioned within this article - as well as for testing purposes in other than agricultural applications.

1.2.3 Standardization

Several groups within AEF project group 7 "High Voltage" are currently working on the standardization topics of the tractor / implement HV interface: general system requirements and geometries of the implement connector including position to rear side of the tractor (see Picture 2). Communication topics and additional enhancements on ISOBUS may be also handled in the future within AEF standards organization.

Picture 2: Tractor rear side with power interfaces

1.3 Protection Features

The whole system is established as an IT-system. The system and its components are protected against direct and indirect contact. The protection class of the tractor / implement connector in unmated condition is IP XXB, in mated condition in minimum IP 67

The connecting sequence of the tractor / implement connector and the existing SW will ensure that the communication takes place first (as an interlock), then enabling the power and vice versa. Even when the field bus (Ethernet / EtherCAT) will be disconnected for some reason the depending power outlet will be disabled as quickly as possible. An identification of the attached load is necessary for enabling the output additionally.

As well the implement connector offers the so called "break-away" capability. This ensures - in case that the user forgot to unplug the implement connector after mechanical disconnection – that the electrical connector will be opened by intend while go away with the tractor; this avoids repairing the connector.

Common measures like over-current and over-voltage (DC-link) protection are in place too. Inherently the DC-link is only powered when the diesel engine is in operation and the induction generator is magnetized actively by the command of the job controller (see 1.6.1).

1.4 Wiring Harness

In general all HV harnesses are EMI shielded and they are having two layers of insulations. The tractor internal HV harnesses are only providing the power conductors. Whether the implement harnesses comprising additionally to the power conductors also field-bus and 12V auxiliary supply.

1.5 Implement Topology

At the implement the job controller for process control via ISOBUS (see 1.6) and the so called implement motor module (IMM) are located.

1.5.1 Implement Motor Module

The IMM consists of the electric machine and the sensor data pre-processing device. The pre-processing device read-out the analogue data of the electric machine sensors and sends them via field-bus to the inverter as feedback. This device is added at the left hand upper side of electric machine's terminal box (as shown in Picture 3) in opposition to electric machine's connector.

Picture 3: IMM side-view

In the existing applications only one family of integrated permanent magnet synchronous machines (PMSM) is utilized. Accordingly it is equipped with a position sensor (sin / cos sensor bearing) and a thermal sensor (PT1000).

This family of electric machines is designed for the usage at agricultural conditions. Especially requirements regarding chemical (caused e.g. by fertilizer, salt or oil impact), mechanical (e.g. oscillations, shock) and thermal (e.g. humidity, poor cooling / ventilation by pollution) conditions are more severe as in common industrial application.

They are available in a rated power range (S1) between 7kW and 21kW. The power levels are realized by different machine lengths (total length from 330mm up to 430mm). Their rated speed is 4950rpm; the maximum speed is 6500rpm.

Furthermore machines are available with two different types of shafts (plane and spline shaft). Depending on the application (see section 2) gears with different ratios are attached between machine and end-drive.

They are cooled by self-circulated air using a fan. The housing's fins are improving the cooling.

The electric machine connector combines - like the implement connector – power, field-bus and auxiliary power (see Picture 4).

Picture 4: Non-drive end of the IMM

1.6 Controls

Generally the implement job controller takes the process control for the whole implement (this includes also the control of supplementary mechanical or hydraulical drives). According to the ISOBUS approach it sends command values to and receives feedback values from the tractor via ISOBUS. The electric machine controls are based on the industrial standard IEC61800-7-201 (CiA402).

Via ISOBUS the needed control mode and its parameterization (control gains, model setup etc.) is realized ("plug-and-play"). Default control parameter values (gain, reset time etc.) are calculated depending on electric machine and inverter parameters; these default values will be overwritten if dedicated values are sent by the job controller via ISOBUS.

The job controller is also responsible for the protection of the IMM (e.g. thermal protection) and to set limits such as for speed, acceleration, torque slope or current of the electric machine.

1.6.1 DC-Link / Generator Control

The DC-link / generator control is based on settings of a state machine. The activation of the DC-link / generator control follows the need of the implement controls; so the start-up routine for magnetization of the used induction generator is only commanded by the demand of the implement job controller.

The closed loop DC-link control with sub-ordinated field-oriented current control (vector control) provides the energy to the attached implements. The closed loop current control powers the generator by a vector modulated voltage. Two of three currents are monitored as control feedback by compensated transducers; they are transferred via Δ/Σ converters into digital signals for the use in the FPGA. A magnetic pick-up sensor provides the needed speed feedback directly to an analogue input of the converter.

1.6.2 Implement Control

The implement control includes currently two operational modes: closed loop torque and speed control. Also these modes are supervised by a state machine. This state machine receives commands (e.g. for activation) from the job controller.

1.6.2.1 Torque Control Mode

The torque control mode is realized by a field-oriented current control (vector control). Current sensors are monitoring two of the three phases per drive for the closed loop control; the analogue signals of the compensated transducers are transferred by Δ/Σ converters into digital signals. Only PMSM are supported; the needed position signal is transmitted from the IMM to the inverter via field bus.

1.6.2.2 Speed Control Mode

This mode is controlling the implement rotational speed and has a sub-ordinated current control (as mentioned in 1.6.2.1) in place. The needed speed feedback is calculated from the position feedback signal on the field bus.

2 Applications

The following section will point out production intended HV applications of some implement manufacturers. These applications are traditionally driven mechanically via PTO (Power Take Off shaft) or hydraulically – but electrification will improve behavior and functionality of them (see also [2]).

2.1 Fliegl Trailer

Fliegl developed a trailer with a traction drive (see Picture 5). They are using for the upcoming vehicles a 21kW IMM. The drive improves traction behavior while starting to drive.

Picture 5: 6210RE tractor with trailer

Picture 7: Rake / swather with electrified drive

A clutch is applied between PMSM and gear to avoid over-speed (see Picture 6) which may damage the power electronics by an over-voltage. The drive is engaged while the clutch is activated by the job controller when vehicle speed is below ~5km/h, belonging to rated speed of the PMSM. The maximum allowed speed of such a trailer is up to 50km/h.

And on the other hand there is a need of controllability to ensure the coordination of the - outer electrically driven - and inner – PTO / mechanically driven - rotors.

The provided torque feedback via ISOBUS may enable additional features. This will ensure a more accurate raking performance.

2.3 Rauch Fertilizer Spreader

Rauch's spreader application (see Picture 8) is focused on very accurate independent control and behavior of both disc drives – which allows the costumer to save fertilizer at the end. The main goal is to control the spreading width and the mass flow as accurate as possible. The spreading width is adjusted by the rotating disc speed. The mass flow is controlled by a second actuator, a 12V stepper motor for opening the dosing unit.

Picture 6: Trailer axle drive

2.2 Pöttinger Rake / Swather

Pöttinger started with electrifying a four rotor rake partly. The objective of this application is on the one hand to avoid oil leakage – especially when driving on the field - of the formerly hydraulically driven outer rake rotors (these need a separate hydraulically circuit with pump, reservoir and amount of oil on common rakes to power the hydraulic motors). In the future hydraulic drives (linear drives, in particular cylinders) are only used in this application to move / fold the rake arms in parking / operating position by using directly tractor's hydraulically interfaces.

Picture 8: Tractor with attached fertilizer spreader

The mass flow control loop needs a feedback value. This feedback could be delivered by the electric machine's torque calculation within the current control.

Picture 9: Spreader in Field

3 Perspectives

Several other implement applications are discussed and presented in the past. Some of them will need other power levels, higher number of independent drives, other / modified control modes or other types of electric machines such as induction machines.

An example is Grimme's prototype of a potatoe planter which was shown at Agritechnica fair in 2011: The power electronics are supplying a secondary DC-link on a voltage level below $60V_{DC}$ via an isolating step-down converter. The higher number of end-drives needs more power than a common 12V supply is able to deliver. In total the advantage of this kind of electrified application is a more accurate planting control.

Another example: Other types of rakes with one or two rotors as well completely electrified four-rotor-rakes are conceivable.

Or an open loop control by voltage / frequency characteristic is another option for applications with less dynamic or accuracy requirements. This mode together with a sine-wave filter will also easily provide a utility outlet with $1\sim 230V$ / $3\sim 400V$ at 50Hz as in 7430 / 7530 EPremium or a modification of it which is used as an emergency power supply. Or this mode could be used for necessary diagnostic purposes too.

4 References

[1] R. Keil: E-Premium - Höhere Spannung in landwirtschaftlichen Nutzfahrzeugen, VDE/VDI-Tagung – Elektrisch-mechanische Antriebssysteme, Böblingen, 23.-24. Sept. 2008.

[2] A. Böhrnsen: Elektrisch angetriebene Landmaschinen: Hochspannung für Streuer und Achse, profi 6/2013, S. 82-84.

Magnetoresistive Sensoren für Winkel- und Längenmessaufgaben in elektro-mechanischen Antrieben

Dr. Rolf Slatter, Dipl.-Ing. (FH) Rene Buß, Sensitec GmbH, Lahnau, Deutschland, rolf.slatter@sensitec.com

Kurzfassung

Längen- und Winkelmesssysteme auf magnetischer Basis erleben in den letzten Jahren ein rasantes Wachstum. Allen voran finden Sensoren auf Basis des magnetoresistiven (MR) Effekts zunehmend Anwendung in der Antriebstechnik, sowohl im industriellen als auch im automotiven Bereich. MR-Sensoren werden nicht nur bei der Regelung von mechatronischen, sondern auch bei pneumatischen und hydraulischen Antrieben eingesetzt. Es können inkrementelle als auch absolute Messungen in einer Vielzahl von unterschiedlichen Konfigurationen durchgeführt werden. Dabei können MR-Sensoren zur Winkel- und Wegmessung sowohl bei aktiven Maßverkörperungen, wie z. B. magnetische Polräder oder Maßstäbe, als auch bei passiven Maßverkörperungen, wie z. B. Zahnräder oder Zahnstangen, eingesetzt werden. Beide Möglichkeiten werden anhand von praktischen Anwendungsbeispielen von führenden Herstellern von Mini- und Mikroantrieben bzw. Drehgebern aufgezeigt.

Abstract

Length and angle measurement systems based on magnetic sensors have undergone a dramatic growth in recent years. Magnetoresistive (MR) sensors, in particular, are being used increasingly in power transmission applications, both in industrial and automotive fields. MR-sensors are not only used to help control electro-mechanical actuators, but are also applied extensively in pneumatic and hydraulic actuators. Both incremental as well as absolute measurements are possible in a wide variety of different measuring configurations. MR-sensors can also be used with either active measurement scales, that is magnetic pole rings or linear scales, or also with passive targets, such as gear wheels, gear racks or other ferro-magnetic toothed structures. Both possibilities are demonstrated by practical application examples from leading manufacturers of mini- and micro-actuators, as well as rotary encoders.

1 Einleitung

Der Bedarf an mechatronischen Antrieben steigt in mehreren Industriebereichen. Nicht nur bei der Industrieautomatisierung, sondern auch in der Fahrzeugtechnik und der Luftfahrt nimmt die Anzahl der eingesetzten Antriebe stetig zu. „Dezentralisierte Antriebstechnik", „steer-by-wire" oder „more electric aircraft" sind nur einige der Begriffe, die diesen Trend in den verschiedenen technologischen Bereichen beschreiben.

Diese Entwicklung stellt neue Anforderungen an die eingesetzte Sensortechnologie für die Messung von linearen und rotatorischen Bewegungen. Bild 1 zeigt eine Schematik eines elektrischen Antriebes, typischerweise bestehend aus einem Servoregler, Servomotor, Drehzahl- und Positionssensoren (Encoder) sowie mechanische Maschinenelemente. Aktuell entstehen neue Bedürfnisse, die die technischen und wirtschaftlichen Anforderungen, die sowohl an Antriebe als auch an Sensoren gestellt werden, neu definieren. Die ausgezeichnete Leistung und Flexibilität von magnetoresistiven Sensoren spielt eine zunehmend wichtige Rolle bei der Unterstützung von Maschinen- und Antriebsentwickler, um diesen neuen Bedürfnissen gerecht zu werden. Diese kompakten, präzisen und robusten Sensoren bieten Eigenschaften, die von optischen, kapazitiven oder induktiven Sensoren nicht geboten werden.

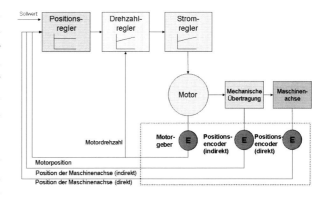

Bild 1 Schematik eines elektrischen Antriebs

2 Grundlagen magnetoresistiver Sensortechnologie

Der magnetoresistive (MR-) Effekt ist seit über 150 Jahren bekannt. In 1857 entdeckte der britische Physiker William Thomson, später Lord Kelvin, dass sich der elektrische Widerstand eines stromdurchflossenen Leiters unter dem Einfluss eines Magnetfeldes verändert. Die sensorische Nutzung dieses Effekts konnte jedoch erst vor ca. 30 Jahren mit der Weiterentwicklung der Dünnschichttechnik industriell umgesetzt werden. Durch eine geschickte Anordnung der Strukturen innerhalb des Sensors können die unterschiedlichsten Sensoren konstruiert werden, um Magnetfeldwinkel, -stärke oder -gradienten zu erfassen. Der von Thomson entdeckte Effekt wurde als „anisotroper magnetoresistiver Effekt" (AMR) benannt und wies eine Widerstandsänderung von nur wenigen Prozent auf. Trotzdem konnte dieser Effekt erfolgreich in Schreib-Leseköpfen für Festplatten millionenfach umgesetzt werden. Ende der 80er Jahre wurde der Giant magnetoresistive Effekt (GMR) von Prof. Grünberg am Forschungszentrum Jülich und Prof. Fert an der Universität Paris entdeckt. Hier werden Widerstandsänderungen von über 50 % gemessen, welche noch weitere Anwendungsbereiche für MR-Sensoren eröffnete. Diese Entdeckung wurde in 2007 mit dem Nobelpreis für Physik ausgezeichnet. Sowohl AMR- als auch GMR-Sensoren werden bei Sensitec entwickelt und in Serie gefertigt.

Die verschiedenen MR-Effekte verfügen gemeinsam über eine Reihe von Vorteilen, die alle dazu beigetragen haben, dass sich MR-Sensorik als richtige Wahl in den anschließend beschriebenen Anwendungen erwiesen hat:

- Hohe Auflösung und hohe Genauigkeit
- Hohe Dynamik mit einer Bandbreite bis über 10 MHz
- Sehr robust mit hoher Unempfindlichkeit gegenüber Öl, Schmutz und sehr hohe oder sehr niedrige Umgebungstemperaturen
- Hohe Zuverlässigkeit
- Kleine Abmessungen
- Niedrige Leistungsaufnahme
- Lange Lebensdauer durch verschleißfreien Betrieb

MR-Sensoren erobern in den letzten Jahren ständig neue Applikationsfelder in der Magnetfeldmessung, sei es als elektronischer Kompass, als Weg- und Winkelmesssystem oder als kleine, potenzialfreie Stromsensoren.

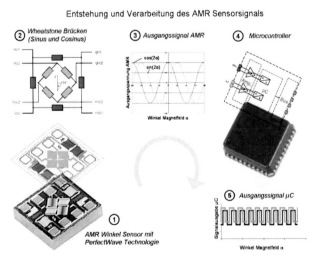

Bild 2 Entstehung und Verarbeitung des Sensorsignals

Bild 2 zeigt das Funktionsprinzip eines AMR-Sensors [2]. In einem häufigen Einsatzfall wird ein diametral magneti-

sierter Magnet auf einem drehenden Wellenende angebracht. Der Winkelsensor wird auf der Rotationsachse in einem Abstand von einigen Millimetern vom Magnet befestigt. Im Winkelsensor erzeugen zwei um 45° zueinander gedrehte Wheatstone'sche Brücken jeweils ein Sinus- und ein Kosinussignal. Jede besteht aus meanderförmigen Widerstandsstreifen, die auf das äußere Magnetfeld mit einer resistiven Änderung reagieren. Das rotierende Magnetfeld erzeugt in der gleichen Ebene wie die Wheatstone-Brücke zwei Ausgangssignale, die die doppelte Frequenz des Winkels α zwischen Sensor und Magnetfeldrichtung aufweisen. Ein Ausgangssignal repräsentiert die $\sin(2\alpha)$ Funktion, während das andere Signal die $\cos(2\alpha)$ Funktion darstellt. Diese Signalform erlaubt die Absolutmessung der Winkel bis 180° und ermöglicht zudem eine Selbstdiagnose in sicherheitskritischen Anwendungen mittels der Gleichung $\sqrt{(\sin^2 \alpha + \cos^2 \alpha)} = 1$.

Eine Verstärkerschaltung wird häufig zur Verstärkung der rohen Sensorsignale eingesetzt. Diese wird entweder als komplette integrierte Schaltung oder über eine Kombination aus einzelnen Komponenten und integrierten Schaltkreisen, wie z. B. Operationsverstärker, implementiert. Diese Signale können dann mittels Interpolations ASIC, anwendungsspezifische Signalprozessoren oder Mikrocontroller digitalisiert werden, um das digitale Ausgangssignal bereitzustellen. In Bild 3 sind verschiedene Messanordnungen aufgezeigt, die sich verwirklichen lassen. Dabei erkennt man, dass es sich nicht nur um die Erfassung von rotatorischen Bewegungen, sondern auch um lineare Bewegungen handeln kann. Des Weiteren sind sowohl inkrementelle als auch absolute Winkel- und Längenmessaufgaben lösbar.

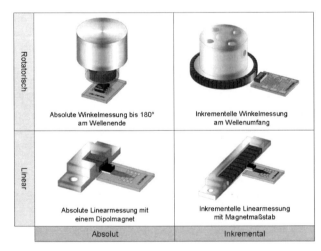

Bild 3 Messanordnungen

3 Aktuelle Trends in der Antriebstechnik

Der Markt für Antriebstechnik wird durch mehrere aktuelle Trends bestimmt, die neue Anforderungen an sowohl Antriebe als auch Sensoren stellen:

a) Höhere Genauigkeit

Die zunehmende Bedeutung von Mikrosystemtechnik sowie Nanotechnologie stellen neue Ziele für die Genauigkeit von Robotern, Werkzeugmaschinen und anderen Formen der Industrieautomatisierung. Es steigen nicht nur die Anforderungen hinsichtlich Positioniergenauigkeit, sondern auch die Anforderungen an eine höhere Auflösung zwecks höherer Bahngenauigkeit. Dazu kommt, dass die gewünschte Genauigkeit über die Lebensdauer der Maschine unter unterschiedlichen Betriebsbedingungen konstant bleiben soll. Dies führt wiederum zum verstärkten Einsatz von Direktmesssystemen.

b) Höhere Leistungsdichte

Maschinen erhalten zunehmend kompaktere Bauformen, um den verfügbaren Bauraum optimal zu nutzen und auch um die Energieeffizienz zu steigern. Dadurch steigt die Leistungsdichte von Antrieben stetig an, was sich in höheren Abtriebsdrehmomenten sowie höheren Geschwindigkeiten ohne einen proportionalen Anstieg der physikalischen Größe niederschlägt.

c) Dezentralisierte Antriebstechnik

Die verbesserte Rechenkapazität von Mikro-Controllern führt zu einer Verlagerung von Mess- und Regelungsaufgaben bis auf die Ebene des einzelnen Antriebs herunter. Dezentralisierte Antriebe, bestehend aus Servomotoren mit integrierter Elektronik, bedürfen weniger Verkabelung, geringerem Montageaufwand und entlasten höher geordnete Steuerungen. Damit lassen sich die Kosten von Maschinen, die über viele Antriebe verfügen, drastisch senken.

d) Zunehmender Einsatz von geschlossenen Regelkreisen

Elektro-mechanische Antriebe werden zunehmend in Anwendungen eingesetzt, die früher ausschließlich durch hydraulische oder pneumatische Antriebe besetzt waren. Um diesem Trend entgegenzuwirken, setzen die Hersteller der letztgenannten immer häufiger geschlossene Regelkreise ein, um die Genauigkeit und Dynamik ihrer Antriebe zu steigern.

e) Immer anspruchsvollere Umgebungsbedingungen

Immer mehr Anwendungen finden unter sehr niedrigen oder sehr hohen Umgebungstemperaturen statt. Es gibt bekannte Beispiele in der Luft- und Raumfahrt, aber auch im industriellen Bereich steigt die Zahl der Anwendungen, die unter extremen Temperatur- und Umgebungsbedingungen funktionieren müssen.

f) Schnelleres „Time-to-market"

Die Lebenszyklen von nahezu allen Maschinentypen werden verkürzt. Das bedeutet, dass auch die Entwicklungszeiten kürzer werden, um eine schnelle Amortisation des Entwicklungsaufwandes zu gewährleisten. Dies hat zur Folge, dass Maschinen- und Antriebskonstrukteure nach besonders verlässlichen Sensorlösungen mit einem hohen Integrationsgrad suchen.

Diese Trends haben eine unmittelbare Auswirkung auf die Sensoren, die für Längen- und Winkelmessaufgaben eingesetzt werden.

4 Neue Anforderungen an Sensoren für Winkel- und Längenmessaufgaben

Der Konstrukteur muss ein Messsystem auswählen, welches folgende Eigenschaften vereint:
- Hohe Auflösung für hohe Regelgüte
- Hohe Genauigkeit für präzise Positionierung
- Hohe Bandbreite um den Einsatz auch bei sehr hohen Geschwindigkeiten und Drehzahlen zu ermöglichen
- Einfache, günstige Montage und Einrichtung
- Einsetzbar unter schwierigen Umgebungsbedingungen (hohe oder niedrige Temperaturen, Verschmutzung, hohe mechanische Belastung usw.)
- Unempfindlichkeit gegen Schock und Vibration
- Geringes Bauvolumen
- Hohe Energieeffizienz
- Hohe Zuverlässigkeit

Diese komplexe Anforderungsliste kann durch Messsysteme, die auf magnetoresistiven Sensoren basieren, vollständig erfüllt werden. Lineare und rotatorische Geber auf MR-Basis bieten mehrere Vorteile gegenüber anderen Messprinzipien. Optische Geber verfügen über eine hohe Genauigkeit, bieten aber auf Grund begrenzter Linearität eine niedrigere Auflösung. Die höchste zulässige Einsatztemperatur für optische Geber liegt oft nur bei 85 °C und nur selten bei 100 °C. MR-Sensoren können bei deutlich höheren Temperaturen eingesetzt werden und sind bis 150 °C qualifiziert, sowohl für Industrie- als auch Automobilanwendungen. Optische Geber bieten zudem ein begrenztes Miniaturisierungspotenzial auf Grund des komplexen Aufbaus. Ein entscheidender Vorteil von magnetischen Gebern ist die deutlich höhere Robustheit und Widerstandsfähigkeit gegenüber Verschmutzung. Diese Vorteile bieten die Grundlage für den stetig steigenden Marktanteil magnetischer Messsysteme.

Neben den allgemeinen Vorteilen des magnetoresistiven Prinzips verfügen die MR-Sensoren von Sensitec über eine Vielzahl patentierter Konstruktionsmerkmale.

Die MR-Streifen von Sensoren mit dem FixPitch® Design sind geometrisch auf eine bestimmte Pollänge des magnetischen Maßstabs abgestimmt. Die Sinus- und Kosinus-Signale werden durch die Verteilung der Wheatstone-Brückenwiderstände entlang des einzelnen Poles erzeugt. Diese geometrische Anordnung trägt dazu bei, dass Oberwellen unterdrückt und die Empfindlichkeit auf Störfelder reduziert werden.

Das PurePitch® Design ist eine Erweiterung des FixPitch® Konzepts, in dem die MR-Widerstände über mehrere Pole verteilt sind. Damit erfolgt eine Mittelung, die dazu beiträgt, die Auswirkungen von Maßstabsfehlern ohne zusätzliche Signallaufzeiten zu minimieren. Da über Nord- und Süd-Pole gemittelt wird, werden auch homogene Störfelder (wie z. B. von Motormagneten) noch stärker unterdrückt. Diese Optimierungen machen sich bemerkbar in einer höheren Regelgüte.

Um höchste Anforderungen an Signalqualität zu erfüllen, werden die MR-Streifen im PerfectWave® Design ausgeführt. Die Streifen haben eine gekrümmte Form, die zur Oberwellenfilterung bei der Abbildung der Magnetfeldrichtung in ein elektrisches Signal genutzt wird. Diese Filterung wird durch die spezielle Geometrie und Anordnung der MR-Streifen realisiert und verursacht keine zusätzlichen Signallaufzeiten. PerfectWave® wirkt sich besonders bei kleineren Magnetfeldern in verbesserter Linearität, höheren Genauigkeiten und dadurch bessere Regelgüte aus.

Durch das FreePitch® Design (Bild 4) werden die Sensoren so optimiert, das sie unabhängig von der Pollänge des Maßstabs sind. Dadurch sind die Sensoren besonders kompakt und kommen einem idealen Punktsensor sehr nahe. FreePitch® Sensoren sind eine besonders kostengünstige Lösung. Um die Abmessungen so gering wie möglich zu halten, sind die Widerstände der Wheatstone-Brücken ineinander verschachtelt. Um die Sinus-/Kosinus-Signale zu erzeugen, sind die beiden Brücken im Winkel von 45° zueinander angeordnet. Sie können mit Polringen oder Linearmaßstäben mit fast jeder Pollänge sowie mit 2-poligen Magneten benutzt werden.

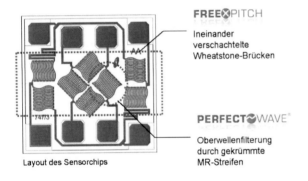

Bild 4 FreePitch® und PerfectWave® Technologien

5 MR-Sensoren für aktive Maßverkörperungen

In vielen Bereichen der Automatisierung ist der Trend zur dezentralen Antriebstechnik nicht zu übersehen. In Holzbearbeitungs-, Verpackungs- oder Druckmaschinen, um nur einige wenige Beispiele zu nennen, wird eine Vielzahl von Antrieben eingesetzt, die weder ein aufwändiges Steuerungsnetzwerk benötigen, noch übergeordnete Steuerungen mit rechenintensiven Aufgaben belasten. Diese dezentralen Antriebe bestehen aus Servoantrieben mit modular aufgebauter Elektronik „on-board". Diese Antriebe machen dem Benutzer das Leben in vielerlei Hinsicht leichter: weniger Verdrahtungsaufwand, weniger Montagear-

beiten, weniger Rechen- und Speicherbedarf in der SPS und vereinfachtes Programmieren sind nur einige Stichworte (Bild 5).

Es fiel nicht leicht, eine Lösung zu finden, welche der komplexen Kombination an Anforderungen gerecht wurde. Optische Lösungen sind entweder an der kompakten Bauform, den schwierigen Umgebungsbedingungen, hohen Betriebstemperaturen oder Einbautoleranzen gescheitert. Magnetische Lösungen auf Basis von Hall-Sensoren sind ebenso an der geforderten Auflösung und Genauigkeit sowie Temperaturstabilität an ihre Grenzen gestoßen. Die Anforderungen konnten nur durch eine Lösung basierend auf magnetoresistiven (MR) Sensoren der Firma Sensitec erfüllt werden.

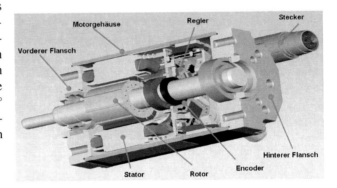

Bild 5 Bürstenloser DC-Servomotor mit integrierter Leistungs- und Logikelektronik (Quelle: Dunkermotoren)

Bild 5 zeigt den Einsatzort des Encoder-Bausatzes, welcher aus zwei Bauteilen besteht: Erstens ein Polrad aus polymergebundenem Magnetwerkstoff mit 32 Polen. Dieses Polrad wird direkt auf der Motorwelle montiert und verfügt weiterhin über 2 Code-Spuren für ein inkrementelles Winkelsignal und für ein Referenzsignal. Zweitens eine Elektronikplatine mit einer Fläche von knapp 1 cm², welche direkt an der integrierten Leistungselektronik im Motorgehäuse montiert wird.

Auf dieser Platine sind zwei MR-Sensorchips und ein Interpolations-ASIC für die weitere Signalverarbeitung bestückt. Für die Erzeugung der inkrementellen Winkelinformation wird ein anisotroper MR-Sensor (AMR) eingesetzt und für das Referenzsignal wird ein MR-Sensor auf Basis des Riesenmagnetowiderstandseffekt (GMR) benutzt. Beide Sensoren reagieren auf Änderungen in der Magnetfeldrichtung, wenn das Polrad auf der Motorwelle rotiert. Bild 6 zeigt den Bausatz, welcher folgende wesentliche Eckdaten aufweist:

Auflösung: 4096 Flanken/Umdr.
Winkelauflösung: 0,088 Grad
Absolute Winkelgenauigkeit: +/- 0,3 Grad (auch bei den ungünstigsten Einbau- und Umweltbedingungen)
Maximal zulässige Drehzahl: 8500 1/min
Ausgangssignale: A, B, Z Signale (TTL)
Versorgungsspannung: 5V

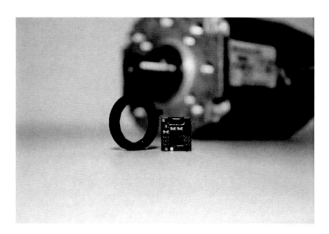

Bild 6 EWS Encodermodul

6 MR-Sensoren für passive Maßverkörperungen

Seit mehr als fünf Jahren beschäftigt sich Sensitec GmbH damit, die GMR-Technologie auch für Anwendungen der industriellen und medizinischen Messtechnik, also für analoge Sensoren, anzupassen und weiterzuentwickeln. Als besonders interessant und erfolgreich hat sich dabei ein Anwendungsgebiet erwiesen, bei dem die periodische Modulierung eines starken Magnetfeldes durch ferromagnetische Funktionsbauteile (Zahnräder oder Zylinderstangen) zur berührungslosen und dynamischen Erfassung von Bewegungen genutzt wird. Bild 7 zeigt die Simulation des Feldverlaufes einer durch einen Stützmagnet aufmagnetisierten weichmagnetischen Zahnstruktur. Eine Modulation der Feldstärke ist klar ersichtlich.

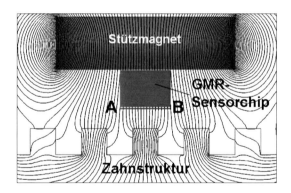

Bild 7 Funktionsprinzip des Zahnsensors

In einem optimal aufeinander abgestimmten Gehäuse werden sowohl der GMR-Zahnsensorchip als auch der Stützmagnet untergebracht und gegen Fremdeinflüsse geschützt. Der starke Magnet erzeugt eine sehr hohe Feldstärke, was die Störempfindlichkeit dieses Moduls deutlich reduziert und ein sehr gutes Signal / Rauschverhalten gewährleistet [3]. Die GLM Zahnsensormodule (Bild 8) sind in verschiedenen Ausführungen erhältlich, um die einfache Nutzung mit unterschiedlichen Zahnteilungen (1, 2 und 3 mm) oder Zahnmodulen (0,3 und 0,5) zu ermöglichen. Die Module können bei Umgebungstemperaturen

zwischen -40 und +125 °C eingesetzt werden und liefern ein klirrarmes Sinus/Kosinus Signal mit hohem Signal-Rausch-Verhältnis. Die hohe Signalgüte macht eine sehr präzise 100 fache Interpolation möglich, welche lineare Geschwindigkeiten von mehr als 50 m/s bei einer Auflösung von 10 µm oder die Erfassung von Drehzahlen von mehr als 50.000 1/min bei Auflösungen im Winkelminutenbereich zulässt.

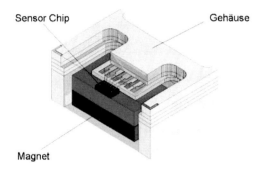

Bild 8 GLM Zahnsensormodul

Die GLM Zahnsensormodule ermöglichen dadurch eine präzise und hochdynamische Erfassung von linearen und rotatorischen Bewegungen und werden in Gebersystemen für geregelte hydraulische, pneumatische und elektrische Antriebe im Maschinen- und Anlagenbau eingesetzt (Bilder 9 und 10).

Der Einsatz von geregelten Antrieben wird als wichtiger Beitrag zur Energieeinsparung seit Jahren zunehmend gefordert. Das kostengünstige Sensorkonzept bietet die Chance neue Anwendungspotenziale zu erschließen, wobei durch den verschleißfreien Betrieb Wartungsintervalle reduziert bzw. ganz eliminiert werden können. Die einfache Montage und Robustheit des Aufbaus erhöhen die Akzeptanz beim Anwender und steigern gleichzeitig die Verfügbarkeit der Maschinen. Durch die Realisierung eines „ready-to-measure" Produktes muss der Anwender keinerlei Wissen zur Aufbautechnik oder Magnetkreisauslegung einbringen und kann so seine Entwicklungszeiten reduzieren.

Bild 9 GLM Zahnsensormodul an einem Zahnrad

Bild 10 Linearantrieb mit GLM Zahnsensormodul als direktes Längenmesssystem

7 Ausblick

Die oben beschriebenen Anwendungsbeispiele zeigen deutlich, wie magnetoresistive Sensorlösungen neue Möglichkeiten für Antriebs- und Maschinenkonstrukteure eröffnen. Anspruchsvolle Messaufgaben sind jetzt auch unter sehr schwierigen Einsatzbedingungen möglich. Es gibt jedoch weitere Anforderungen, die als Auslöser dienen für weitere Entwicklungen.

Es gibt neue Anwendungen, z. B. in Auswuchtmaschinen, wo extrem hohe Geschwindigkeiten auftreten. Beim Auswuchten von beispielsweise Zahnarztbohrern oder Turboladerkomponenten sind Geschwindigkeiten von bis über 400.000 1/min üblich. Auch hier gibt es neue MR-basierte Lösungen, bei denen rotierende Bauteile mit einer sehr hohen Winkelgenauigkeit abgetastet werden können [4].

Es gibt auch Anwendungen, wo die Umgebungsbedinungen besonders schwierig sind, wie z. B. auf der -130°C kalten Oberfläche von Mars. Der Rover "Curiosity" landete am 6. August 2012 mit der Aufgabe „Suche Spuren von Leben". Damit soll der Rover bewerten, ob Mars jemals eine Umgebung für kleine Lebewesen geboten hat, d. h. ob Mikroben hätten überleben können. Um dies herauszufinden trägt der Rover die komplexeste Sammlung wissenschaftlicher Instrumente an Bord. Es handelt sich praktisch um ein „fahrendes Labor". Roboterarm, Kameramast, Antenne und Instrumente werden mittels elektromechanischen Antrieben angetrieben.

Um die Bewegungen der Motoren zu regeln, wurde der so genannte „Cold Encoder" [5] (Bild 11) entwickelt. Es werden zwei AMR-Sensoren pro Motor eingesetzt für die inkrementelle Winkelmessung, die Aufbau- und Verbindungstechnik wurde jedoch stark modifiziert, um den schwierigeren Umgebungsbedingungen zu widerstehen. Um die neue Konstruktion zu prüfen, wurden während der Qualifikation 2000 Testzyklen über eine Temperaturbandbreite von 190 °C erfolgreich absolviert. Insgesamt kommen 40 MR-Sensoren zum Einsatz, wie aus Bild 12 zu entnehmen ist.

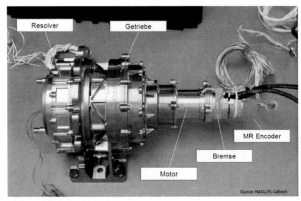

Bild 11 „Curiosity"- Antrieb mit MR Encoder (Quelle: NASA/JPL-Caltech)

Neue Erkenntnisse konnten während dieser Entwicklung gewonnen werden, die als Grundlage dienten für MR-Sensoren mit noch weiter verbesserten Leistungseigenschaften. Durch solche weitere Entwicklungen wird sich das Einsatzgebiet für MR-Sensoren noch weiter vielfältig ausbauen [6].

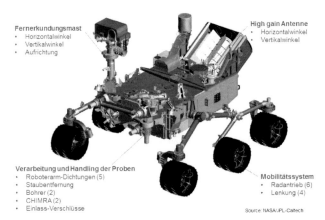

Bild 12 Anwendungen für MR-Sensoren auf „Curiosity" (Quelle: NASA/JPL-Caltech)

8 Literatur

[1] Slatter, R.; Buss, R.: Innovative MR-Solutions for Encoder and Motor Feedback Systems, 10th Symposium Magnetoresistive Sensors and Magnetic Microsystems, Wetzlar, 2009

[2] Wegelin, F.: Eine neue Generation magnetoresistiver Sensoren für das Automobil, 15. ITG/GMA Fachtagung Sensoren und Messsysteme, Nürnberg, 2010

[3] Slatter, R.; Buss, R.: Neuartige Zahnsensoren auf GMR-Basis für anspruchsvolle Winkel- und Längenmessaufgaben, 2. GMM Workshop Mikro-Nano-Integration, Erfurt, 2010

[4] Slatter, R.: Sensoren für den richtigen Dreh, Antriebstechnik, s.24-26, 5/2008

[5] Johnson, M.: The Challenges in Applying Magnetoresistive Sensors on the "Curiosity" Rover: Proc. of the 12th MR-Symposium, Wetzlar, 2013

[6] Lehndorff, R.: New Generation of MR Length Sensors: Proc. of the 12th MR-Symposium, Wetzlar, 2013

Neue Wege in der Antriebstechnik – Elektrische Antriebe mit fluidischem Getriebe

Dr.-Ing. Babak Farrokhzad, HOERBIGER Automatisierungstechnik Holding GmbH, Stuttgart, Deutschland
babak.farrokhzad@hoerbiger.com
Katja Ebenhoch, HOERBIGER Automatisierungstechnik GmbH, Altenstadt
Josef Ritzl, HOERBIGER Automatisierungstechnik GmbH, Altenstadt
Dr. Thomas Paessler, Fraunhofer IWU, Chemnitz

Kurzfassung

Abgesehen davon, dass elektromechanische Antriebe oft bis zu 20% teurer sind als hydraulische, kommen sie an ihre Grenzen, wenn höhere Presskräfte verlangt sind. Völlig neue Möglichkeiten ergeben sich durch Antriebe, die die Stärken der Elektrik (Steuerbarkeit, Linearität) und der Hydraulik (Robustheit) kombinieren. Diese Antriebe bestehen aus einen Elektromotor und einem hydraulischen Getriebe, das verrohrungsfrei ausgeführt ist und nahtlos in das System integriert ist. Der kompakte Aufbau ermöglicht es die Synergien zwischen den beiden Antriebswelten zu nutzen und die Zykluszeit der Maschine um ~30% zu steigern. Sehr einfach können diese fluidischen Getriebe mit sensorischen Funktionen ausgestattet werden und so intelligente Funktionen wie Kraftregelung, aber auch Diagnosefunktionen leicht ermöglichen. Mit ePrAx von HOERBIGER liegt erstmals ein Aktuator vor, der als Serienprodukt in Abkant-, Tryout-Pressen etc. eingesetzt werden kann.

Abstract

Besides being often more than 20% more expensive than hydraulic drives, conventional electromechanical actuators get to their limits when higher forces are needed as in presses and other forming machines. A novel way is offered by intelligent actuators that combine the advantages of electrical actuators, e.g. linearity or controllability and those of hydraulic actuators, e.g. high power density. Being designed without any piping and fitting, these actuators reduce the machine cycle by ~30%. The hydraulic gear can easily be equipped with sensors to realize smart functions such as force control, position control etc. For the first time these intelligent actuators have been realized by HOERBIGER as serial products for use in press brakes, tryout presses etc.

1 Der technologische Handlungsbedarf

Hydraulische Antriebe werden über die komplette Bandbreite unterschiedlicher Presskräfte in Abkantpressen eingesetzt. Presskraft hydraulisch umzusetzen, ist derzeit in diesem Technologiesegment wirtschaftlich die meist verbreitete Technologie. Trotzdem werden bei Gesenkbiege- oder Abkantpressen im unteren Leistungsbereich zunehmend elektromechanische Antriebe eingesetzt. Trotz der deutlich höheren Kosten verspricht man sich vom Einsatz elektrischer Antriebe eine einfachere Montage der Maschine, weniger Wartung und eine höhere Zuverlässigkeit (keine Leckagen). Jenseits von Presskräften von 700 kN stoßen diese Antriebe an ihre Grenzen und werden zunehmend unwirtschaftlich. Solche Anwendungen verlangen nach einer neuartigen Antriebsfamilie, die die Stärken der elektrischen und hydraulischen Antriebstechnologie vereint. Es geht dabei nicht um die Frage ob die elektrische oder die hydraulische Antriebstechnologie „die beste" ist, sondern vielmehr um die Zusammenführung der Vorteile beider Antriebstechnologien, wie es P. van Acten in seinem bahnbrechenden Vortrag a Change for Fluid Power" bereits in 2004 angeregt hat [1].

Abstrahiert betrachtet, haben elektrische Antriebe ihre Stärke in der hohen Dynamik und einfachen Handhabung. Sie sind linear und daher

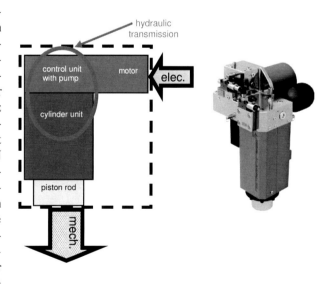

Bild 1 Prinzipaufbau ePrAX

einfach zu steuern, regeln und in Betrieb zu nehmen. Hydraulische Antriebe zeichnen sich durch eine hohe Leistungsdichte und Kraftübertragung aus, da sie über das dichte Öl mehr Energie pro Volumeneinheit übertragen können als Elektromotoren über den „dünnen" Luftspalt zwischen Anker und Läufer. Durch Substitution des mechanischen durch ein hydraulisches Getriebe erhält der elektrische Antrieb die notwendige Kraftdichte. Der entwickelte Pressenantrieb hat einen elektrischen Motor und ein hydraulisches Getriebe. Wichtig ist, dass ein solches hydraulisches Getriebe verrohrungsfrei ausgeführt und nahtlos in das System integriert ist. Mit dem ePrAX hat HOERBIGER nun einen Kompaktantrieb geschaffen, der genau das erreicht und damit die Vorteile der elektrischen und hydraulischen Antriebstechnologien kombiniert. Kompakt bedeutet, dass nur elektrische Hilfsenergie und die Steuersignale zugeführt werden müssen, dass der Antrieb somit nur über eine elektrische und eine mechanische Schnittstelle verfügt. Zusätzlicher Verrohrungsaufwand für hydraulische Hilfsenergie entfällt. Mit dieser hydraulischen Kompaktachse lassen sich die typischen Bewegungen und Funktionalitäten für alle anspruchsvollen Applikationen, die ein komplexes Fahrprofil bedingen (Abkantpressen, Tryout-Pressen, Sinterpressen), realisieren. Der ePrAX ist dank seiner nahezu linearen Antriebsstruktur und der definierten Schnittstellen schnell einsatzbereit und kalibriert sich selbst, ist also „Plug & Work". Vom Kunden wird er wie ein elektrischer Antrieb wahrgenommen.

Ein weiterer wesentlicher Vorteil des Systems ist die Steuerungsschnittstelle. Als Stellgröße fungiert wie bei elektrischen Antrieben ein Elektromotor, der über einen Steller angetrieben wird. Nach außen betrachtet, handelt es sich um einen elektrischen Antrieb, der relativ einfach und schnell in vorhandene Steuerungssysteme eingebunden werden kann. Aufgrund des nahezu linearen Antriebsverhaltens des ePrAX entfallen aufwendige Maß-nahmen zur Linearisierung der hydraulischen Achse.

Dadurch werden die Inbetriebnahmezeiten deutlich verkürzt sowie ein einfacher Austausch bei Havarie ermöglicht. Hydraulisches Spezialwissen ist bei der Inbetriebnahme bzw. Wartung der Anlage nicht zwingend erforderlich.

2 Aufbau des ePrAX-Aktuators

Eine Gesenkbiegepresse wird durch zwei hydraulische Einzelachsen angetrieben, die die Kraft zwischen Maschinenrahmen und Pressbalken übertragen. Jede dieser beiden Achsen arbeitet als eigenständige lagegeregelte Achse, gleichzeitig werden die beiden Achsen im Gleichlauf betrieben. ePrAX übersetzt die elektrischen Eingangsgrößen aus der CNC-Maschinensteuerung in eine mechanische Linearbewegung. Die Maschinensteuerung kommuniziert dabei mit der Achs- und in weiterer Folge mit der Motorregelung. Mit den beiden synchronisierten Aktoren werden vorgewählte Profile, bestehend aus Arbeitsgang bzw. Eil- und Arbeitsgang, lagegeregelt abgefahren. Mit dem Antrieb wird lagegeregelt positioniert und im UT kraftgeregelt geprägt.

Der Tankbehälter bildet ein abgeschlossenes System. Es werden drei Baugrößen der hydraulischen Achse angeboten: 55t, 85t, 125t. Die hydraulischen Achsen können für unterschiedliche Applikationen einzeln bzw. im Verbund betrieben werden. In Kombination von vier im Gleichlauf geregelten Aktuatoren können so Presskräfte bis zu 500t erreicht werden

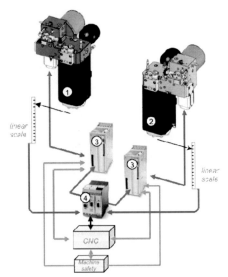

Bild 2 ePrAx wird wie ein e-Antrieb betrieben, und bietet durch das fluidische Getriebe die Vorteile der Hydraulik

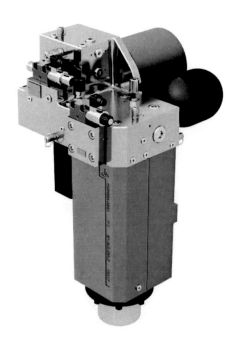

Bild 3 ePrAx mit Zylinder, Steuerkopf, Druckspeicher

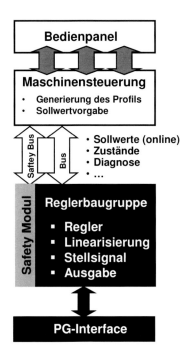

Bild 4 ePrAx hat die selben Schnittstellen zur CNC-Steuerung wie ein elektrischer Antrieb

Der Zylinder ist über den Druckspeicher stangenseitig überkompensiert und mit einem integrierten Hilfszylinder ausgerüstet, mit dem der Eilgang realisiert wird. Die Überkompensation hält den Pressbalken im Ruhezustand im oberen Totpunkt. Der vorgespannte Tankbehälter versorgt die Servopumpe mit der zur Abwärtsbewegung notwendigen Ölmenge. Im Eilhub abwärts pumpt die Servopumpe Öl aus dem Tankbehälter in den Hilfszylinder. Der Kolbenraum ist durch das Umschaltventil gesperrt und wird über das Füllventil direkt vom Tankbehälter gefüllt.

Nach dem Umschalten des Umschaltventils auf Arbeitsgang wird der gesamte Kolbenraum (mit Hilfszylinderraum) von der Pumpe mit Öl gefüllt. Bei reduzierter Geschwindigkeit kann nun die erforderliche Kraft aufgebracht werden. Die Servopumpe erzeugt den Gegendruck zum Hochhaltedruck und regelt die Richtung, Position und den Druck des Zylinders.

Nach Erreichen des unteren Umkehrpunkts und Ablauf der gewählten Haltezeit wird durch Drehrichtungsumkehr der Pumpe die Kolbenstange durch den stangenseitigen Vorspanndruck im Arbeitsgang nach oben gedrückt. Nach der Dekompression (= Entspannen des Maschinenrahmens und des Werkstücks) erfolgt durch das Schließen des Umschaltventils und das Öffnen des Füllventils das Umschalten in die Eil-Auf-Bewegung. Der stangenseitige Druck drückt den Pressbalken im Eilhub aufwärts nach oben. Über das Füllventil wird das Ölvolumen des Kolbenraums in den Tankbehälter zurückgeführt.

3 Vorteile des ePrAX für die Kunden

3.1 Performance

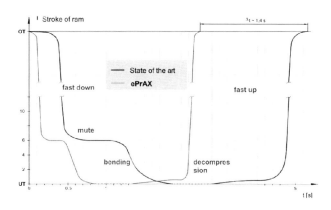

Bild 5 ePrAX verkürzt den Maschinenzyklus

Im direkten Vergleich mit den herkömmlich eingesetzten Anlagen bei gleicher Umformaufgabe sind die zu fahrenden Profile identisch. Der Umformprozess verlangt eine definierte Geschwindigkeit, um Materialfluss und Teilequalität sicher zu stellen. Wo also kann in einem Biegeprozess eine Zyklusverkürzung erfolgen? Es sind die Nebenzeiten wie Umschaltwechsel, Reaktion des Systems und die nicht prozessrelevanten Wege der Eilbewegung. ePrAX schlägt die bestehenden hydraulischen Antriebe genau in diesen Bereichen und erreicht eine Zyklusverkürzung von mindestens 30%.

Im herkömmlichen Betrieb von Abkantpressen ist es üblich, für die Abwärtsbewegung des Biegebalkens das Eigengewicht zu nutzen. In Abhängigkeit vom Pressbalkengewicht stellt sich die Abwärtsgeschwindigkeit des Systems ein. Diese Vorgehensweise bringt zwei Nachteile mit sich. Erstens ist die maximale Geschwindigkeit vom Balkengewicht und den Reibungseinflüssen abhängig. Zweitens ist es nur begrenzt möglich das Balkengewicht und damit Materialeinsatz zu reduzieren, da dies direkt die Performance beeinflussen würde.

Es handelt sich hier um einen passiven – nur bedingt beeinflussbaren – Prozess. Um den steigenden Anforderungen im Markt gerecht zu werden, dreht ePrAX diese Gesetzmäßigkeit um. Die Abwärtsbewegung ist eine geregelte Bewegung, die aktiv durch die elektro-hydraulische realisiert wird. Dabei wird das Ölvolumen aus der Stangenseite des Zylinders in den Akkumulator als Energiespeicher gepumpt und diese Energie für den Rückhub gespeichert. So können mit ePrAX Eil-Ab- wie Eil-Auf-Geschwindigkeiten von 230 mm/s erreicht werden. Diese innovative Lösung ermöglicht so dem Maschinenbauer seine Anlage zu optimieren, das Balkengewicht drastisch zu reduzieren und die Performance zu steigern.

3.2 Einfachere Montage

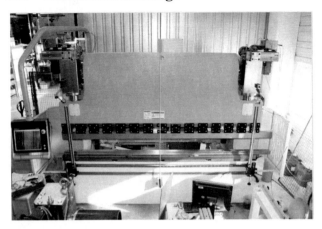

Bild 3 ePrAx wird genauso einfach montiert wie ein elektro-mechanischer Antrieb

Der Maschinenmarkt der Zukunft setzt trotz zunehmender Komplexität in Funktion und Performance auf Einfachheit. Hydraulische Systeme verlangen ein zusätzliches Maß an Hydraulikkompetenz, die maßgeblich für die Qualität und Performance der Anlage verantwortlich ist. Verschmutzung aus dem System zu halten ist für hydraulische Anlage elementar, um Störungen oder sogar externe Leckagen zu vermeiden. Da es sich beim ePrAx um eine in sich geschlossene kompakte hydraulische Achse handelt, sind die Aufwände für Montage und Installation denen von elektrischen Antrieben gleich. ePrAX wird mechanisch am Pressenrahmen montiert – eine Verrohrung fällt komplett weg. Damit wird ePrAx dem Trend „Einfachheit trotz zunehmender Komplexität" gerecht.

3.3 Energieeffizienz und Geräusch

Ein wesentlicher gegenwärtiger Entwicklungstrend bei Umformmaschinen ist die Erhöhung des Energienutzungsgrades der Antriebssysteme [5, 6, 7] . Dies wird in erster Linie durch den Einsatz von Pumpendirektantrieben als Alternative zu ventilgesteuerten Antrieben erreicht. Weiterhin werden Motoren und Pumpen mit verbesserten Wirkungsgraden verbaut. Unter diesem Blickwinkel wurde ePrAx optimiert. Beim ePrAx handelt es sich ebenfalls um einen Pumpendirektantrieb, bei dem als Pumpe eine energieeffiziente Innenzahnradpumpe mit geringen Leckagen eingesetzt wurde. ePrAx verhält sich wie ein elektrischer Antrieb: keine Bewegung, kein Energieverbrauch; Energie muss nicht durch ein Aggregat vorgehalten werden. Die Energie des Servoantriebes wird 1:1 in Bewegung und Kraft umgesetzt.

Durch die konstruktive Ausführung des ePrAX wird eine vergleichbare Energieeffizienz modernster Systeme bei gleichzeitiger Eliminierung der bekannten Geräuschemission von hydraulischen Systemen erzielt.

3.4 Wartungsfreiheit

Der ePrAX ist aufgrund des geschlossenen und vorgespannten Systems (das Öl hat keinen Kontakt zur Atmosphäre) bis zu 700.000 h wartungsfrei. Erst danach ist ein Ölwechsel bzw. Filterwechsel nötig. Im Vergleich zu einem empfohlenen jährlichen Ölwechsel bei konventionellen Hydrauliksystemen, entspricht dies bei ePrAX einem Zeitraum von 3 Jahren und ist absolut vergleichbar mit den Wartungszeiträumen, die bei elektromechanischen Linearantrieben (z.B. Kugelrollspindel) erforderlich sind. In den zwei Antriebsachsen einer Abkantpresse befindet sich nur eine Ölmenge von 18 Litern im Gegensatz zu konventionellen Systemen mit 250-300 Litern Öl. Auf den Zeitraum von ca. 3 Jahren betrachtet, werden gegenüber 18l somit 750l Öl bei konventionellen Systemen entsorgt.

3.5 Zuverlässigkeit

Die Reduktion der Hydraulik auf das Getriebe führt konstruktiv zu einer hermetisch abgeschlossenen, verrohrungsfreien Kompaktachse, was hinsichtlich erreichbarer Zuverlässigkeit deutliche Vorteile mit sich bringt. Weder Maschinenbauer noch Endverbraucher kommen in Kontakt mit der Hydraulik. So werden die größten Fehlerquellen der Hydraulik wie Verschmutzung, undichte Fittings, geplatzte Schläuche eliminiert.

Durch das Wirkprinzip einer hydraulischen Achse ergeben sich weitere Vorteile hinsichtlich Verschleiß, Maschinensicherheit und Zuverlässigkeit. Hydraulische Anlagen verfügen durch die Druckbegrenzungsfunktion über einen zuverlässigen und schnellen Überlastschutz. Dies ist bei elektromechanischen Antrieben häufig problematisch, da durch die hohe Steife der Systeme ein schnelles Abschalten der Bewegung erforderlich ist. Hochdynamische elektromechanische Achsen erfordern daher meist zusätzliche Überlasteinrichtungen.

Werden für Abkantpressen elektromechanische Spindelachsen eingesetzt, ergeben sich weitere Restriktionen hinsichtlich ihres Einsatzes und der Parameter. Elektromechanische Spindelachsen sind hinsichtlich der übertragbaren Leistungen limitiert. Außerdem sind sie bei Querkräften bzw. Verkippungen deutlich anfälliger hinsichtlich Verschleiß bzw. Ausfall als hydraulische Achsen. Das Anfahren der gleichen Position bei Prägeoperationen im Produktionsprozess bei sehr großen Losen führt ebenfalls zu erhöhtem Verschleiß. Hierfür ist die hydraulische Linearachse dem elektromechanischen Spindelantrieb überlegen.

4 Ausbaustufen

HOERBIGERs Baureihe dieses innovativen Antriebs erstreckt sich von ePrAX 15 bis ePrAX 23. Neben konzeptionellen Phasen, Tests und Validierung wurden im Sommer 2013 bereits Feldtests mit Vorserien-ePrAX abgeschlossen. ePrAX 19 wird Ende des Jahres vorgestellt, in 2014 ist die Entwicklung aller Systeme der Baureihe abgeschlossen.

Type	ePrAX15	ePrAX19	ePrAX23
Kraft je Aktor [t]	55	85	125
Kolbendurchmesser [mm]	151	188	230
Hub [mm]	280	280	280
Eilgeschwindigkeit max. [mm/s]	230	230	230
Arbeitsgeschwindigkeit max. [mm/s]	10	10	10

Tabelle 1 ePrAX Baureihe

ePrAX deckt damit den Presskraftbereich für Abkantpressen zu mehr als 90% der Produktionsstückzahlen ab.

5   Fazit

Mechatronische Antriebe, die mit einem Elektromotor angetrieben sind, deren Getriebe aber fluidisch ausgeführt sind, sind vor allem bei höheren Kräften, Drehmomenten bzw. bei kurzen Verschlusszeiten gegenüber den konventionell ausgeführten elektromechanischen und hydraulischen Antriebssystemen deutlich im Vorteil [4]. Durch die Kombination der einfachen Installation und Ansteuerbarkeit mit der kosteneffizienten Integration von Möglichkeiten der Energiespeicherung im hydraulischen Getriebe (vorgespannter Betrieb) schneiden diese Antriebe bzgl. der Lifecycle-Kosten besser ab als konventionelle hydraulische oder elektromechanische Systeme und amortisieren sich in einem überschaubaren Zeitraum, wie viele Referenzen zeigen. Bei diesen intelligenten kompakten Antriebsachsen handelt es sich um geschlossene elektrische Antriebe, die durch die Intelligenz der Getriebeart die Maschinenbaubranche in den entsprechenden Einsatzbereichen revolutionieren kann.

Mit der Markteinführung von ePrAX in 2012 ist HOERBIGER das gelungen was Peter Achten in seinem Zukunftszenario 2012 beschreibt: „Imagine the scenario in which an electric motor company came to the (correct) conclusion that the power density of hydraulic pumps and motors is much higher than that of electric generators and motors."

6   Literatur

[1] Bad Ischgl: FPNI Forum 2004, Mechatronics: a Change for Fluid Power?, Peter Achten, 2004

[2] Baumann, H.-D.: Control Ventil Primer: A User's Guide, 4. Aufl., Instrumentation, Systems, and Automation Society, Research Triangle Park, NC, USA, 2009

[3] Journal of Systems and control Engineering, Proc IMechE Part 1: „Ist he future of fluidic power digital?" by Peter Achten, IMechE 2012, pii.sagepub.com, 2012

[4] Groedl, Farrokhzad: Kompakte, autonome elektrohydraulische Armaturenantriebe, Industriearmaturen 4/2011

[5] Kazmeier, Bernd;Feldmann, Dierk Götz: Ein neues Konzept für einen elektrohydraulischen Linearantrieb,1. IFK, Aachen, 17.-18.03.1998 , Band 1 Verein zur Förderung d. Hydr. u. Pneum.e.V.Aachen 1998

[6] Rüger, Herbert: Energieeffiziente Hydraulikpressen durch Servo-Direktantrieb, 4. ICAFT / 19. SFU 2012 13.-14. November 2012, Chemnitz FhG IWU Chemnitz2012

[7] Einfach, effizient, leise und energiesparend - Pressdrive Servo Hybrid Presse von Voith Turbo H+L Hydraulic GmbH & Co. KG Lösungen mit SINAMICS Servopumpe Siemens AG 2012

Optimierung eines magnetisch gelagerten integrierten Antriebs für eine Axialpumpenstufe aus strömungstechnischer Sicht

Optimization of a magnetically levitated integrated drive for an axial pump with the respect to the fluid dynamics

Dipl.-Ing. Boris Janjić, Prof. Dr.-Ing. habil. Dr. h.c. Andreas Binder
Institut für Elektrische Energiewandlung
Carree 3, 64283 Darmstadt
TECHNISCHE UNIVERSITÄT DARMSTADT
Tel.: +49 / (0) 6151– 16 – 2167, Fax: +49 / (0) 6151– 16 - 6033
E-Mail: boris.janjic@ksb.com, abinder@ew.tu-darmstadt.de
URL: http://www.ew.e-technik.tu-darmstadt.de/

Kurzfassung

Zwei integrierte magnetisch gelagerte Pumpenantriebe mit je einer Nennleistung von 4,5 kW werden vorgestellt. Bei den beiden Antrieben werden die Axialpumpenräder in den Hohlwellen der Motoren in Straight-Flow-Anordnung integriert. Die Messergebnisse eines Prototyps mit Magnetlagerung werden diskutiert. Die Berechnung der dominanten Wasserreibungsverluste im Wasserspalt wird ausführlich beschrieben. Die Optimierung eines magnetisch gelagerten integrierten Antriebs für eine Axialpumpenstufe als Spaltrohrantrieb für spezielle Fluide wird aus strömungstechnischer Sicht dargestellt.

Abstract

Two integrated magnetically levitated pump drives, each with a rated power of 4.5 kW are presented. For the both drives the impeller is integrated in the hollow shaft of the motor in a straight flow arrangement. Measurement results of a prototype with magnetic bearings are discussed. The calculation of the dominant water friction losses in the water gap is described in detail. The optimization of a magnetically levitated integrated drive for an axial pump as a canned drive for special fluids with the respect to the fluid dynamics is shown.

1 Einleitung

Für spezielle Pumpanwendungen, z. B. für toxische Fluide, werden bevorzugt Spaltrohrpumpen eingesetzt, wobei magnetisch gelagerte Antriebe den zusätzlichen Vorteil des Entfalls rotierender Dichtungen aufweisen. Bei dem magnetisch gelagerten integrierten Antrieb schwebt der Rotor mit integriertem Pumpenlaufrad, anders als bei den kommerziell erhältlichen magnetgelagerten E-Maschinen, nicht in Luft, sondern im Fluid, wobei bei den Untersuchungen Wasser zum Einsatz kam. Wegen der gegenüber Luft deutlich größeren Viskosität des Wassers entstehen schon bei verhältnismäßig kleinen Rotordrehzahlen ($n_N = 5000$ /min) große Wasserreibungsverluste im Wasserspalt. Da diese Verluste bei dem mit einem Geberzahnrad und den Magnetlagern versehenen relativ langen integrierten Antrieb (**Bild 1a**) über 90 % der Gesamtverluste ausmachen, war es nötig, einen geeigneten Berechnungsansatz zu finden, um den Antrieb mit integriertem axialem Laufrad aus strömungstechnischer Sicht optimieren zu können. Bei den Kompaktantrieben als Inducer für die optimierte Strömungszuführung zu einer nachgeschalteten Radialpumpe kann die Drehzahl unabhängig von der Drehzahl der Radialpumpe variiert werden [1].

2 Konstruktive Gestaltung der integrierten Pumpenantriebe

In **Bild 1** sind die konstruktiven Ausführungen der beiden magnetisch gelagerten Axialpumpenräder mit integrierten PM-Antrieben INT2 und INT3 dargestellt. Bei beiden Antrieben dichtet eine Glasfaserhülse (Glasfaser-Komposit GFK) als Spaltrohr gemeinsam mit O-Ringen alle elektrischen Komponenten ab. Während der integrierte Antrieb INT2 mit Radial- und Axialmagnetlager ausgestattet ist, wird die magnetische Lagerung des Antriebs INT3 mit zwei lagerlosen PM-Motoreinheiten und einem Axialmagnetlager ausgeführt. Beim Antriebs INT3 wurden wie in [2] die Axialmagnetlagerhälften in die vordere und hintere Leitradnabe, welche auf den Fanglagern befestigt sind, integriert. Infolgedessen ist eine Erfassung der Axialposition radial mit einer Kombisensoreinheit nicht mehr erforderlich. Die Axialposition kann mit je einem in den beiden Leitradnaben integrierten Axialsensor gemessen werden. Das Axialmagnetlager kann mit einem Permanentmagnetfeld magnetisch vorgespannt ausgeführt werden. Diese Maßnahmen führen zu einer weiteren Verkürzung der Welle.

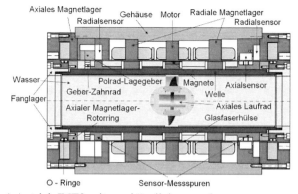

a) Antrieb INT2 mit zwei Radialmagnetlagern

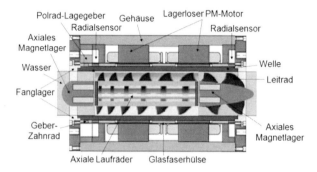

b) Antrieb INT3 mit zwei lagerlosen Motoreinheiten

Bild 1 Integrierte magnetisch gelagerte Antriebe

3 Dimensionierung des Antriebs INT2

Die ausführlichen Beschreibungen der sowohl Motor- als auch Magnetlagerauslegung und Optimierung sind in [3], enthalten. An dieser Stelle werden lediglich grobe Angaben gemacht.

Der permanentmagneterregte Synchronmotor hat eine Nennleistung von 4,5 kW bei Nenndrehzahl $n_N = 5000$ min^{-1} und wird im Stator durch Kühlrippen über natürliche Konvektion selbstgekühlt. Die axiale Gesamtlänge der Magnete l_M ist sehr kurz; sie beträgt bei einem Statorinnendurchmesser von 163 mm nur 30 mm. Die PM-Synchronmaschine ist 8-polig ausgeführt. Somit ergibt sich eine maximale Statorgrundfrequenz f_N von 333,33 Hz. Um die Wickelköpfe kurz zu halten, wurde eine Zahnspulenwicklung mit $q = 0,5$ Nuten je Pol und Strang bei $Q = 12$ halbgeschlossenen, ungeschrägten Ständernuten ausgeführt.

Die speziell gefertigten Magnetlager-Aktorkomponenten wurden an eine kommerziell erhältliche Stromversorgung und Lagerregelung zur Speisung der Magnetlagerwicklungen mit einer Grunderreger- und Steuerwicklung (Dauersteuerstrom $I_S = 8$ A, Taktfrequenz $f_T = 16$ kHz) angepasst.

Die Bemessung des Axiallagers – ausgeführt in Differenzkraft-Anordnung mit zwei gegenläufig wirkenden Hälften – erfolgt statisch auf den Axialschub (bei

$n_N = 5000$ min^{-1}: Maximalwert von 700 N) und dynamisch auf die Axialkraftänderung bei Drehzahländerung ($\Delta F_{ax}/\Delta t = 70$ N/s). Das doppelseitig in Differenzanordnung wirkende Axialmagnetlager wurde mit einer Reserve auf eine Axialkraft von 1250 N ausgelegt.

Die Radialmagnetlager wurden mit Differenzwicklungen ausgeführt. Die Gesamt-Tragkraft der beiden Radialmagnetlager beträgt 760 N. Die Rotormasse beträgt 28 kg. Im Wasser wird die wirksame Rotormasse durch die Auftriebskraft des Wassers auf ca. 24 kg reduziert. Damit ergibt sich eine Kraftreserve von etwa 220 % für dynamische Regelvorgänge, bedingt durch Strömungsradialkräfte, Unwucht, exzentrizitätsbedingtem einseitigen Magnetzug des PM-Rotors und die erwähnte Zusatzradialkraft durch das Axialmagnetlager bei einer Rotorexzentrizität.

4 Messungen von Antrieb INT2

Die experimentellen Untersuchungen des Antriebs INT2 wurden sowohl im „Trockenen" ohne Wasser als auch auf dem mit Wasser gefüllten Pumpenprüfstand (**Bild 2**) durchgeführt wurden. Die Messungen ohne Wasser erfolgten ohne Axiallaufrad.

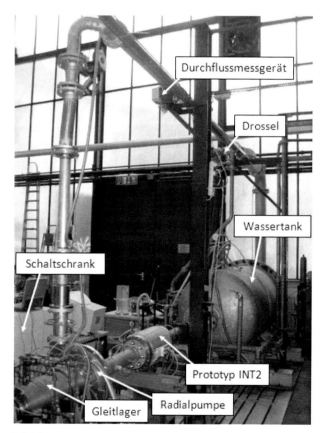

Bild 2 Pumpensystem mit dem Antrieb INT2

Das Pumpensystem bestand aus der Axialpumpe (Antrieb INT2) und der nachgeschalteten Radialpumpe, welche mit Gleitlagern gelagert und von einer umrichtergespeisten Asynchronmaschine angetrieben wurde. Der gemessene Effektivwert der Strangpolradspannung beim Antrieb INT2 lag 1,8 % über den berechneten Wert (**Bild 3**).

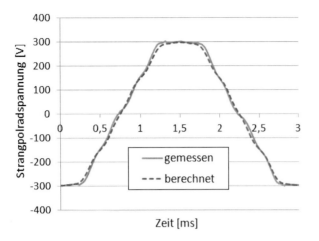

Bild 3 Gemessener und berechneter Zeitverlauf der Strangpolradspannung (INT2) bei n_N = 5000 /min

Allerdings hat sich die getroffene Annahme für die Reibungsverluste als zu optimistisch erwiesen. Mit der numerischen Berechnung mit dem Programm ANSYS CFX und mit den gewählten analytischen Ansätzen konnten die deutlich höheren gemessenen Wasserreibungsverluste nachgerechnet werden. Die Gegenüberstellung der gemessenen und berechneten elektrischen Leistungsaufnahme des Prototyps INT2 bei motorischem Leerlauf in Luft (ohne Wasser) und im Wasser, jeweils ohne Axiallaufrad, ohne einen Volumenstrom der Pumpe $\dot{V}$ = 0 m³/h, ist in **Bild 4** zu sehen.

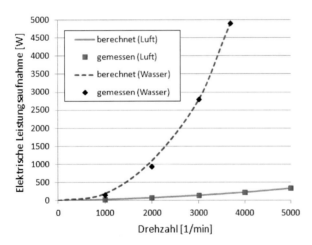

Bild 4 Gemessene und berechnete elektrische Leistungsaufnahme des Antriebs INT2 im motorischen Leerlauf in Luft und bei Betrieb im Wasser

Der Anteil der Wasserreibungsverluste an den Gesamtverlusten lag bei der Drehzahl von 3700 /min bei 93 %. Aus diesem Grund war es nötig, einen passenden Berechnungsansatz zu finden, um bei den zukünftigen Entwicklungen den Antrieb mit integriertem axialem Laufrad aus strömungstechnischer Sicht optimieren zu können.

In **Tabelle 1** sind die Aufteilung der Verluste und der Wirkungsgrad des Prototyps INT2 bei unterschiedlichen

Drehzahlen bei Betrieb im Wasser zu sehen. Der Wirkungsgrad des Prototyps INT2 ist fast unabhängig von der Drehzahl. Der Grund dafür ist, dass sowohl die dominanten Wasserreibungsverluste als auch die hydraulische Abgabeleistung an der Pumpe von der dritten Potenz der Drehzahl abhängig sind. Der Wirkungsgrad des Prototyp-Antriebs INT2 ist zu klein.

Drehzahl [1/min]		1000	2000	3000
Stromwärmeverluste	[W]	1,8	18,5	80,1
Verluste im Eisen	[W]	17,2	48,7	97,1
Wasserreibungsverluste	[W]	121,1	857,0	2623,7
Verluste in den Radialmagnetlagern	[W]	8,9	23,0	40,5
Gesamtverlustleistung	[W]	149,0	947,2	2841,4
Leistungsaufnahme	[W]	184,1	1228,3	3813,6
Wirkungsgrad	[-]	0,191	0,229	0,255

Tabelle 1 Aufteilung der Verluste und Wirkungsgrad des Prototyps INT2 bei unterschiedlichen Drehzahlen bei Betrieb im Wasser

5 Wasserreibungsverluste

Wie es in **Bild 5** zu sehen ist, befindet sich auf dem Rotor neben den zylindrischen Teilen auch das Geber-Zahnrad.

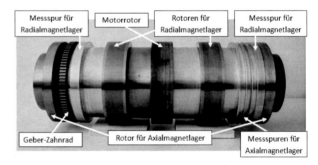

Bild 5 Rotor des magnetisch gelagerten Antriebs INT2

Da die halbempirischen Formeln für die analytische Berechnung der Reibungsverluste im Spalt aus den experimentellen Untersuchungen eines rotierenden Zylinders in einem fluiden Medium (hier Wasser) gewonnen sind, können mit diesen Ergebnissen die durch das Zahnrad entstehenden Reibungsverluste nicht berechnet werden. Aus diesem Grund war es nötig, neben analytischen Berechnungen auch numerische Berechnungen mit den 3D-FEM-Modellen in ANSYS CFX durchzuführen. Die beiden Berechnungen werden ohne das im Inneren der Hohlwelle angebrachte axiale Laufrad durchgeführt.

5.1 Numerische Berechnung

Im Spalt zwischen dem Stator und dem Rotor handelt es sich um eine sehr stark ausgeprägte turbulente Strömung (*Reynolds*-Zahl $Re > 10^5$), daher ist die Wahl eines geeigneten Turbulenzmodells sehr wichtig. Es wurde das Schubspannungstransport-Turbulenzmodell (SST - Shear

Stress Transport) zur Berechnung eingesetzt. In **Bild 6** wird das Wasservolumen um den magnetisch gelagerten Rotor (Bild 5) gezeigt.

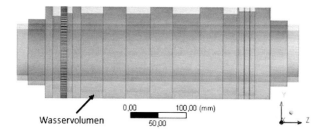

Bild 6 Wasservolumen um den magnetisch gelagerten Rotor

Aus rotationssymmetrischen Gründen kann nur eine Geber-Zahnradteilung (360 / 90 = 4°) modelliert werden. Wegen des langen verwinkelten und dünnen Spalts würden, um eine gut aufgelöste Strömungsgrenzschicht zu erhalten, ungefähr 40 Millionen Knoten benötigt. Für so ein Modell waren keine Rechenkapazitäten vorhanden. Dazu wäre der Rechenzeitaufwand extrem groß. Infolgedessen kann man in erster Näherung im hier zu untersuchenden Fall ohne axiales Laufrad das Modell in zwei Teilmodelle aufteilen und diese separat lösen. Mit dem ersten werden die Reibungsverluste im engen Wasserspalt ohne Berücksichtigung der Zähne des Zahnrades bestimmt, während die Zahnradreibungsverluste mit dem zweiten Teilmodell berechnet werden. Durch die Überlagerung dieser zwei Teilmodelle erhält man die Rotorreibungsverluste im Wasser ohne axiales Laufrad. Bei Einbeziehung des axialen Laufrades würde sich durch den Druckunterschied zwischen den Rotorenden eine größere axiale Strömung im Spalt ergeben. Aus Rechenzeitgründen sind beide Teilmodelle isothermisch berechnet worden. Um den Einfluss der Temperatur so klein wie möglich zu halten, wurden die berechneten Werte mit einer Kurzzeit-Leerlaufmessung in Abhängigkeit der Drehzahl verglichen. Somit konnte man eine konstante Wassertemperatur von 25 °C annehmen. Durch den Anstieg der Wassertemperatur im Dauerbetrieb sinken die Wasserreibungsverluste, weil die Viskosität mit steigender Temperatur sinkt. Diese Analyse wurde mit dem validierten analytischen Ansatz in [3] gemacht.

Teilmodell 1: Spaltströmung ohne Geber-Zahnrad
Wegen der Vernachlässigung des Geber-Zahnrades in diesem Teilmodell kann man jetzt auch weniger als eine Geber-Zahnradteilung am Umfang nachbilden. Um die Knotenanzahl zu reduzieren, wurde nur ein Stator-Rotor-Wasserspaltsegment von 0,5° Umfangswinkel simuliert. Anschließend wurde, um die Zahl der Elemente um ca. 50 % zu reduzieren, nicht das Gesamtvolumen des Wassers modelliert, welches sich in der Hohlwelle befindet, sondern nur ein kleiner Spalt von 1 mm hin zum Welleninnendurchmesser. Mit dieser Maßnahme ergibt sich eine Abweichung, welche aber weniger als 4 % der Gesamtreibungsverluste beträgt.

Die Dicken der gewählten Finiten-Elemente in den Spalten bzw. an der Rotoroberfläche sind 5 μm … 6 μm. In Rotor-Umfangsrichtung gilt die Symmetrierandbedingung. An den Stirnflächen sind die Öffnungen als Randbedingung definiert. Der Rotor dreht sich, während das Wasservolumen und die Wand der Statorhülse ruhen. Dieses Teilmodell hat 2 Mio. Knoten und benötigt einen Arbeitsspeicher von ca. 10 GB. Die Rechenzeit beträgt für jeden Betriebspunkt (= jede Drehzahl) ca. 8 Stunden. Eine ausführliche Beschreibung der beiden Teilmodelle mit allen Randbedingungen wurde in [3] gemacht.

In **Bild 7** sind die berechneten Wassergeschwindigkeiten, die überwiegend in Umfangsrichtung gerichtet sind, im ersten Teilmodell bei größter Rotordrehzahl $n = 5000$ /min dargestellt. In den Hohlräumen zwischen den Blechpaketen und Sensormessspuren sind *Taylor*-Wirbel zu erkennen.

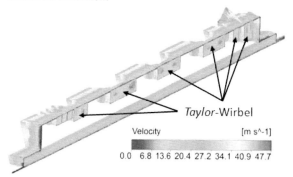

Bild 7 Berechnete Wassergeschwindigkeit im Spalt (Teilmodell 1) bei der Rotordrehzahl $n = 5000$ /min

Die berechneten Scherbeanspruchungen auf der Rotoroberfläche (Teilmodell 1) bei der Rotordrehzahl $n = 5000$ /min sind in **Bild 8** zu sehen.

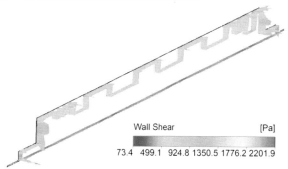

Bild 8 Berechnete Scherbeanspruchungen auf der Rotoroberfläche (Teilmodell 1) bei der Rotordrehzahl $n = 5000$ /min

Anhand der Scherbeanspruchungen auf der Rotoroberfläche kann man auch erkennen, dass die gesamte Strömungsrandschicht mit Ausnahme von wenigen Elementen gut aufgelöst ist. Die Strömungsauflösung ist aber auch an diesen wenigen Elementen akzeptabel. Aus den berechneten Scherbeanspruchungen τ_s an der Rotoroberfläche werden die Reibungskraft F_{Reib} bzw. das Reibungsmoment M_{Reib} und die Reibungsverluste $P_{d.Reib}$ berechnet. Die Reibungskraft eines Elementes ergibt sich aus dem Produkt der Scherbeanspruchung $\tau_{s,e}$ und der Elementfläche A_e:

$$\vec{F}_{\text{Reib},e} = \vec{\tau}_{s,e} \cdot A_e \ . \qquad (1)$$

Das Reibungsmoment des gesamten Rotors berechnet sich mit

$$\vec{M}_{\text{Reib}} = \sum_{e=1}^{m} \vec{F}_{\text{Reib},e} \times \vec{r}_{z,e} \ , \qquad (2)$$

wobei m die Anzahl aller Elemente an der Rotoroberfläche und $r_{z,e}$ die radial gerichtete Entfernung jedes Elements von der Rotationsachse (hier z-Achse) sind.

Mit dem Reibungsmoment werden die Reibungsverluste bestimmt,

$$P_{d,\text{Reib}} = 2\pi \cdot n \cdot M_{\text{Reib}} \ , \qquad (3)$$

wobei n die Anzahl der Rotorumdrehungen pro Sekunde ist.

In **Bild 9** sind gemessene und numerisch berechnete Rotorreibungsverluste bei ausgebautem axialem Pumpenlaufrad dargestellt. Die Reibungsverluste an der Innenseite der Hohlwelle betragen etwa 8 %, währen das Zahnrad fast 30 % der Verluste hervorruft. Da fast ein Drittel der Reibungsverluste durch das Geber-Zahnrad entstehen, sollte in Zukunft eine Antriebslösung mit einer geberlosen Regelung oder einem abgedeckten Geber-Zahnrad zum Einsatz kommen.

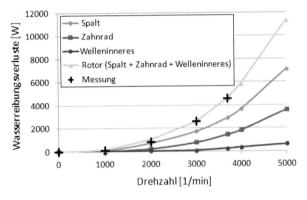

Bild 9 Vergleich der gemessenen und der numerisch berechneten Rotorreibungsverluste im Wasser bei ausgebautem axialem Pumpenlaufrad bei 25 °C

In dem Drehzahlbereich über 2000 /min, wo diese Verluste sehr groß werden, liegt der Unterschied zwischen Messung und CFX - Rechnung unter 3 %. Bei den kleinen Drehzahlen von 1000 /min und 2000 /min sind die Abweichungen von 23 % bzw. 17 % eigentlich zu groß. Eine mögliche Ursache dafür könnte die unterschiedliche Anzahl von *Taylor*-Wirbeln im Spalt bei der Messung und Rechnung sein. Bei den Untersuchungen in [4] wurde zusätzlich zur Visualisierung der Spaltströmung eine kalliroscope Flüssigkeit mit einer Konzentration von 0,1 % verwendet. Es wurde festgestellt, dass im niedrigen *Reynolds*-Zahlenbereich bei gleicher *Reynolds*-Zahl mehrere stabile Zustände mit unterschiedlicher Anzahl von Wirbeln möglich sind. In [4] waren es Zustände mit acht, zehn und zwölf *Taylor*-Wirbeln. Mit der Erhöhung der *Reynolds*-Zahl wurden die stabilen Zustände mit zwölf Wirbeln bei $Re = 6000$ und mit zehn Wirbeln bei $Re = 17500$ instabil.

Da die Wasserreibungsverluste von der Anzahl der Wirbel im System abhängig sind, wurde in [4] bei Veränderung der Drehzahl für jede *Reynolds*-Zahl durch das starke Beschleunigen und Abbremsen des rotierenden Zylinders eine unterschiedliche Anzahl von Wirbeln hervorgerufen. Die Abweichung zwischen den gemessenen Verlusten mit zehn und acht Wirbeln bei gleicher *Reynolds*-Zahl lag im Bereich von ± 10 %. Ein Vergleich mit den gemessenen Werten bei zwölf Wirbeln wurde in [4] nicht angegeben, aber die Abweichung sollte in diesem Fall noch größer sein. Mit einer transienten Simulation wäre eine solche Untersuchung möglich. Wegen der sehr langen Rechnerzeit wurde aber darauf verzichtet.

5.2 Wasserreibungsverluste im Spalt: analytisch vs. numerisch

Die Gegenüberstellung der analytisch und numerisch berechneten Reibungsverluste im Wasserspalt ohne Geber-Zahnrad bei einer Wassertemperatur von 25 °C ist in **Bild 10** dargestellt.

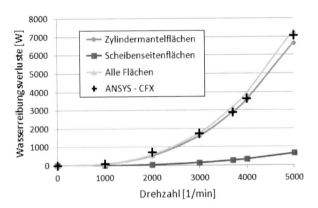

Bild 10 Vergleich der analytisch und numerisch berechneten Reibungsverluste im Wasserspalt ohne Geber-Zahnrad. Die analytischen Berechnungsergebnisse sind nach Zylindermantelflächen und Stirnflächen (Scheibenflächen) getrennt.

Da der magnetisch gelagerte Rotor (Bild 5) nicht nur aus zylindrischen Flächen besteht, sondern eine Kontur mit vielen Stirnflächen hat, sollen die Reibungsverluste an diesen Flächen auch einbezogen werden. Die gesamten Reibungsverluste ergeben sich als Summe der Reibungsverluste an allen zylindrischen Flächen und allen Stirnflächen. Für die Berechnung der Verluste an den zylindrischen Flächen wurde der Ansatz von *Bilgen* und *Boulos* [5] angewendet, während die Reibungsverluste an den Scheiben- bzw. Stirnflächen mit dem Ansatz von *Daily* und *Nece* [6] berechnet wurden. In der Arbeit von *Saari* [7], in welcher er sich mit den Hochdrehzahlmaschinen beschäftigt hat, hatten diese Ansätze ebenfalls die größte Übereinstimmung mit den Messungen gezeigt.

Der gewählte analytische Ansatz zeigt eine gute Übereinstimmung mit den numerisch berechneten Werten. Die Abweichung bei den Drehzahlen über 2000 /min liegt unter 8 %. Bei den Drehzahlen unter 2000 /min, wo die

Reibungsverluste nicht so dominant sind, sind die analytisch berechneten Werte um ca. 30 % kleiner. Somit passen diese noch besser zum Messergebnis.

6 Optimierung des magnetgelagerten Antriebs

Für einen sinnvollen Einsatz des Antriebs INT2 mit einem höheren Wirkungsgrad muss der Antrieb aus strömungstechnischer Sicht optimiert werden. Diese Optimierung findet in zwei Schritten statt. Im ersten Schritt wird mit einer Reihenschaltung mehrerer Laufräder eine Steigerung der hydraulischen Leistung erzielt. Damit kann die angestrebte Leistung bereits bei geringeren Drehzahlen erreicht werden. Anschließend erfolgt eine Reduzierung der Wasserreibungsverluste durch den Einsatz eines lagerlosen Antriebs mit zwei Antriebshälften.

6.1 Steigerung der hydraulischen Leistung

Um einen höheren Wirkungsgrad zu erzielen, ist es notwendig, dass das Verhältnis von Laufradlänge zu Rotorlänge nahezu eins ist [8]. Dies kann mit einer Reihenschaltung mehrerer einzelner Laufräder erreicht werden. Bei an dieser Stelle verwendeter vereinfachter Betrachtung wird die Strömung als reibungsfrei und inkompressibel angenommen. Weiterhin wird die Berechnung mit dem Zu- und dem Abströmungswinkel des Laufrades (β_1 und β_2) am Außendurchmesser durchgeführt. Die Meridiankomponenten der Zu- und Abströmungsgeschwindigkeiten sind infolge eines gleich großen Ein- und Austrittsquerschnitts der Axiallaufräder auch gleich groß. Mit der trigonometrischen Umformung der Strömungsgeschwindigkeiten errechnet sich die Druckerhöhung eines Laufrades Δp mit [9]

$$\Delta p = \frac{\rho}{2} \cdot \left(\frac{\dot{V}}{\pi \cdot (r_a^2 - r_i^2)} \right)^2 \cdot \left[\left(\frac{1}{\sin \beta_1} \right)^2 - \left(\frac{1}{\sin \beta_2} \right)^2 \right] \quad , (4)$$

wobei ρ die Wasserdichte, $\dot{V}$ der Volumenstrom und r_i, r_a der Innen- und der Außenlaufradradius sind. Aus dem Produkt der Druckerhöhung Δp und dem Volumenstrom $\dot{V}$ ergibt sich die hydraulische Leistung jedes einzelnen Laufrades.

$$P_{hyd} = \Delta p \cdot \dot{V} \quad (5)$$

Durch die Strömungsumlenkung nach jedem Laufrad ist es erforderlich, dass die Laufräder mit einem unterschiedlichen Zu- und Abströmungswinkel dimensioniert werden. Dabei bleiben sowohl der Innen- (r_i = 30 mm) und der Außenradius (r_a = 50 mm) als auch die Laufradlänge (l = 25 mm) unverändert. Der Zu- und der Abströmungswinkel des ersten Axiallaufrades (Laufrad 1) sind mit den Winkeln des vorhandenen Laufrads identisch (**Tabelle 2**). Bei der Dimensionierung der weiteren Laufräder (*i*) bleibt hierbei die Strömungsumlenkung $\theta = |\beta_{1,i} - \beta_{2,i}| = 2{,}44\,°$ konstant und der Zuströmungswinkel jedes nachfolgenden Laufrades entspricht dem Abströmungswinkel des vorherigen. Somit wird eine gleichmäßige Strömungsumlenkung erreicht. In

Tabelle 2 sind die Zu- und die Abströmungswinkel sowie die hydraulische Leistung jedes einzelnen der sechs Laufräder der Axialpumpe gegeben. Durch die Zusammenschaltung mehrerer Axiallaufräder wird die angestrebte hydraulische Leistung von 3,5 kW bereits bei einer Drehzahl von 3600 /min erreicht. Der Volumenstrom des vorhandenen Axiallaufrades wurde auf die neue Nenndrehzahl von 3600 /min umgerechnet.

	β_1 [°]	β_2 [°]	P_{hyd} [W]	P_{hyd} [-]
Laufrad 1	15,72	18,16	1223,2	34,3 %
Laufrad 2	18,16	20,60	814,6	22,8 %
Laufrad 3	20,60	23,04	569,5	16,0 %
Laufrad 4	23,04	25,48	413,5	11,6 %
Laufrad 5	25,48	27,92	309,6	8,7 %
Laufrad 6	27,92	30,36	237,6	6,7 %
Gesamt	-	-	3568,1	100 %

Tabelle 2 Berechnete Zuströmungs-, Abströmungswinkel und hydraulische Leistung jedes einzelnen der sechs Laufräder der Axialpumpe

Wie aus Tabelle 2 sichtbar ist, sinkt mit der Schaufelverdrehung jedes nachfolgenden Laufrades seine hydraulische Leistung deutlich. Anderseits wird die zu lagernde Rotormasse größer. Mit einer genaueren numerischen Berechnung der hydraulischen Leistung der Axialpumpe kann ein Optimum gefunden werden.
Eine weitere Erhöhung der hydraulischen Leistung um ca. 20 % kann mit anschließendem Leitrad (Diffusor) erreicht werden [9].

6.2 Reduzierung der Wasserreibungsverluste

Die Wasserreibungsverluste eines Zylinders steigen mit der 4. Potenz des Rotoraußenradius [7]. Demzufolge soll der Rotoraußenradius so klein wie möglich sein. Eine Möglichkeit zur Reduzierung des Rotoraußenradius ist der Verzicht auf die Rotorblechpakete. Bei den Radialmagnetlagern würden allerdings dadurch in den massiven Rotorjochen erhebliche Wirbelstromverluste produziert.

Als weitere Möglichkeit, einen schwebenden Antrieb auszuführen, bietet sich ein lagerloser Motor. Bei dieser Motorenart befindet sich in den Ständernuten neben einer Antriebswicklung auch eine zusätzliche Tragwicklung [10]. Die Antriebswicklung sorgt wie bei den konventionellen Motoren für die Drehmomenterzeugung an der Welle. Mit der Tragwicklung werden, wie der Name sagt, die einseitig wirkenden *Maxwell*-Zugkräfte produziert, welche das Schweben des Rotors ermöglichen. Damit wird eine Verschmelzung des Motors und des Radialmagnetlagers zu einer Einheit erreicht.

Für eine stabile Antriebslagerung sind zwei radiale Trageinheiten nötig. Diese können entweder aus der Kombination einer lagerlosen Motoreinheit und einem Radialmagnetlager oder aus zwei lagerlosen radial wirkenden

Motoreneinheiten mit jeweils halbierter Antriebsleistung realisiert werden. Beim Einsatz einer Antriebskonfiguration aus zwei lagerlosen Motoreinheiten könnte durch den Verzicht auf das Rotorblechpaket des Motors der Rotoraußendurchmessers und damit auch der Durchmesser des Spaltrohrs um 11 % reduziert werden. Diese Verringerung des Rotoraußendurchmessers könnte bei einem gleich langen Rotor zu einer Verringerung der Reibungsverluste um ca. 37 % ($0,89^4 = 0,63$) führen. Um eine genauere Bestimmung der Wasserreibungsverluste zu ermöglichen, wurden zwei mögliche lagerlose Antriebskonfigurationen erarbeitet.

Aus Gründen der besseren Vergleichbarkeit wurde hier auch ein 8-poliger lagerloser PM-Motor entwickelt. Als zwei mögliche Ausführungen der Statorwicklung wurden zwei Varianten mit den Lochzahlen $q = 1,5$ und $q = 0,5$ in Betracht gezogen. Infolge der Tatsache, dass eine Ständerausführung mit 12 Nuten und der Lochzahl von $q = 0,5$ eine Momentwelligkeit von mehr als 20 % haben würde, würde die Variante mit 36 Nuten und einer Lochzahl von $q = 1,5$ gewählt.

Die möglichen Polpaarzahlen der Tragwicklung p_2 lassen sich mit der Polpaarzahl der Antriebswicklung bzw. des PM-Rotors p_1 gemäß (6) bestimmen. Denn nur dann entstehen auch bei zentrisch gelagertem Rotor einseitig wirkende magnetische Zugkräfte, die als Radialmagnetlagerkraft genützt werden können.

$$p_2 = p_1 \pm 1 \qquad (6)$$

Für die ausgewählte Statorausführung mit 36 Nuten und einem 8-poligen PM-Rotor kann die Tragwicklung mit den Lochzahlen $q_2 = 2$ (6-polig) und $q_2 = 1,2$ (10-polig) realisiert werden. In Bild 10 ist die 2D-Modell des lagerlosen 8-poligen PM-Motors mit einer 6-poligen Tragwicklung dargestellt.

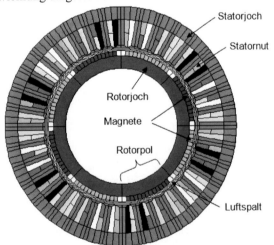

Bild 10 2D-Modell des lagerlosen 8-poligen PM-Motors mit 6-poliger Tragwicklung mit der Lochzahl $q_2 = 2$ (Programm FEMAG)

Durch den Verzicht auf das Rotorblechpaket betragen der Rotoraußen- und Spaltrohrinnenradius jetzt 70,75 mm und 71,45 mm. Das bedeutet eine Reduktion des Durchmessers um ca. 11 %. Die drei Phasen U, V, W der Tragwicklungen sind in Bild 10 in weiß, grau und schwarz

eingezeichnet, während die Phasen U, V, W der Antriebswicklung grün, gelb und violett sind.

Die Tragkraft (Vertikalkraft) F_v berechnet sich mit [11]

$$F_v = \frac{\pi}{\sqrt{2}} \cdot l_{Fe} \cdot r_{si} \cdot A_2 \cdot B_{\delta,\,\mu=1} \cdot \left(\frac{r_{si} \cdot k_{w2}}{p_2 \cdot (\delta + h_M)} \pm 1 \right), \quad (7)$$

wobei l_{Fe} die Blechpaketlänge, r_{si} der Bohrungsradius, δ der magnetisch wirksame Luftspalt, h_M die Magnethöhe, $B_{\delta,\,\mu=1}$ die Grundwellenamplitude der magnetischen Flussdichte und A_2, k_{w2}, p_2 der Strombelag, der Wicklungsfaktor der Grundwelle und die Polpaarzahl der Tragwicklung sind. Durch die Verringerung des Rotordurchmessers und die Integration der Tragwicklung in die Statornuten hat sich die Motorlänge eines Halbmotors auf $l_{Fe} = 80$ mm erhöht. Hierbei haben beide Motoreinheiten zusammen eine Nennleistung von 4,5 kW bei einer Drehzahl von 3600 /min. Die maximale Tragkraft wurde für beide Motorausführungen im Leerlauf bei einem Effektivwert des Tragstroms von 8 A bestimmt. In den **Bildern 11-12** sind die berechneten magnetischen Feldlinien im Leerlauf bei maximaler Tragkraft 383 N für die Tragwicklungstopologie mit $q_2 = 2$ und die Tragkräfte der beiden lagerlosen Motorvarianten zu sehen.

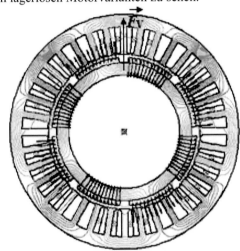

Bild 11 Berechnete magnetische Feldlinien im Leerlauf bei maximaler vertikal nach oben gerichteter Tragkraft: 6-polige Tragwicklung 383 N

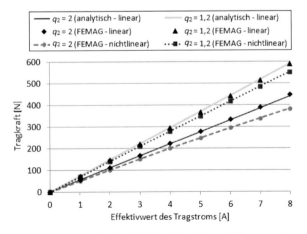

Bild 12 Tragkraft der beiden lagerlosen Motorvarianten (V-I: $q_2 = 2$, V-II: $q_2 = 1,2$) in Abhängigkeit des Effektivwertes des Tragstroms

Bei 6-poliger Tragwicklung ergibt sich eine maximale Tragkraft von 383 N, während diese bei 10-poliger Tragwicklung 553 N beträgt und damit um etwa 40 % größer ist (Bild 12). Die ausführlichen Angaben zu den Geometrie- und Wicklungsdaten als auch zu den berechneten Motorwerten befinden sich in [3].

Die Wasserreibungsverluste des neuen Rotors wurden mit den validierten analytischen Ansätzen berechnet. Dabei wurde die Wassertemperatur im Spalt mit 50 °C angenommen. Wie zu erwarten, sind diese Verluste durch das amagnetische Abdecken des Zahnrades und den Einsatz der lagerlosen Motoren bei der Drehzahl von 3000 /min auf etwa 37 % (972,4 W) der jetzigen Wasserreibungsverluste (2623,7 W) reduziert. Mit der Verringerung der Wasserreibungsverluste und der Erhöhung der hydraulischen Leistung wird rechnerisch ein Motorwirkungsgrad von 67 % erreicht [3]. Dieser Wirkungsgrad wurde mit sechs Laufrädern und ohne Leitrad berechnet. Mit einem zusätzlichen Leitrad könnte die angestrebte hydraulische Leistung von 3,5 kW bei noch geringeren Drehzahlen erreicht werden. Infolgedessen würden die Wasserreibungsverluste, welche von der 3. Potenz der Drehzahl abhängig sind, weiter zurückgehen. Gemäß [9] würde mit dem Leitrad der Motorwirkungsgrad auf etwa 80 % steigen. Für genauere Aussagen sind zusätzliche numerische Strömungsberechnungen der Axiallaufräder notwendig.

7   Zusammenfassung

Für die Axialpumpenstufe wurden zwei magnetisch gelagerte Prototyp-Antriebe INT2 und INT3 entworfen. Der Antrieb INT2 wurde auch gebaut und vermessen. Die Untersuchungen haben gezeigt, dass der Prototyp INT2 deutlich robuster als der mechanisch gelagerte Prototyp INT1 [3] ist. Allerdings ist der Wirkungsgrad mit einem kurzen Axiallaufrad des magnetisch gelagerten Prototyp INT2 zu klein, da die Wasserreibungsverluste infolge der durch die Magnetlager und Sensoreinheiten bedingten großen Rotorlänge zu groß sind. Der Entwurf eines alternativen Pumpenantriebs INT3 mit geringeren Verlusten wurde gezeigt. Mit den getroffenen Maßnahmen wird eine rechnerische Steigerung des Motorwirkungsgrads auf ca. 80 % erreicht. Für die genauere Wirkungsgradbestimmung sind aufwändige numerische Strömungsberechnungen der hydraulischen Leistung der Pumpe und der Wasserreibung im Spalt erforderlich. Eine weitere Erhöhung der Leistungsdichte des Antriebs INT3 wäre mit einer Wassermantelkühlung des Stators mit einem By-Pass des geförderten Wassers möglich. Durch ihre in diesem Fall kompaktere Gestaltung könnten die Reibungsverluste weiter reduziert werden. Weiterhin wurde die Berechnung der Wasserreibungsverluste im Wasserspalt ausführlich beschrieben.

8   Literatur

[1] Bischof, V.; Stoffel, B.; Pelz, P.: Self-optimisation of pumping modules with hydrodynamic interaction, International Rotating Equipment Conference 2008, 28-29 October 2008, Düsseldorf, Germany

[2] Huber, C. H.; Tozzi, P.; Hurni, M.; v. Segesser, L. K.: No drive line, no seal, no bearing and no wear: magnetics for impeller suspension and flow assessment in a new VAD, 17th Annual Meeting of the European Association for Cardio-thoracic Surgery and the 11th Annual Meeting of the European Society of Thoracic Surgeons, Vienna, Austria, October 12–15, 2003, S. 336-340

[3] Janjić, B.: Elektroantriebe für integrierte mechatronische Fluidfördersysteme, Dissertation, TU Darmstadt, 2013

[4] Lathrop, D. P.; Fineberg, J.; Swinney, H. L.: Transition to shear-driven turbulence in Couette-flow, Physical Review A, vol. 46, no. 10, S. 6390–6405, 1992

[5] Bilgen, E.; Boulos, R.: Functional dependence of torque coefficient of coaxial cylinders on gap width and Reynolds numbers, Transactions of ASME, Journal of Fluids Engineering, Series I, vol. 95, no. 1, S. 122–126, 1973

[6] Daily, J. W.; Nece, R. E.: Chamber Dimension Effects on Induced Flow and Frictional Resistance of Enclosed Rotating Disks, Transactions of the ASME, Journal of Basic Engineering, vol. 82, no. 1, S. 217–232, March 1960

[7] Saari, J.: Thermal analysis of high-speed induction machines, PhD, Helsinki University of Technology, Espoo, 1998

[8] Sharkh, S. M. A.; Harris, M. R.; Stoll, R. L.: Design and performance of an integrated thruster motor, Proc. of the 7th Int. Conf. on Electrical Machines and Drives, 11-13 September 1995, S. 395-399

[9] Bohl, W.: Strömungsmaschinen 2, 5. Auflage, Würzburg, Deutschland: Vogel Buchverlag, 1995

[10] Chiba, A. und andere: Magnetic Bearings and Bearingless Drives, 1st ed. Oxford, Great Britain: Newnes - Elsevier, 2005

[11] Schneider, T.; Binder, A.: Design and Evaluation of a 60000 rpm Permanent Magnet Bearingless High Speed Motor, Proc. of the 7th Int. Conf. on Power Electronics and Drive Systems (PEDS '07), Bangkok, Thailand, 2007, S. 1-8

Entwicklung eines energieeffizienten dezentralen Ventilsystems mit variabler Load-Sensing-Regeldruckzugabe für mobile Arbeitsmaschinen

Development of an Energy-Efficient Decentralised Valve System with Variable Load-Sensing Pressure for Mobile Machines

Dipl.-Ing. C. Löhr, Univ.-Prof. Dr.-Ing. H. Murrenhoff, RWTH Aachen University, Institut für fluidtechnische Antriebe und Steuerungen (IFAS), Aachen, Deutschland, Christian.Loehr@ifas.rwth-aachen.de, Hubertus.Murrenhoff@ifas.rwth-aachen.de

Kurzfassung

Dieser Beitrag beschreibt den Aufbau eines dezentralen energieeffizienten Ventilsystems im Vergleich zu einem herkömmlichen Load-Sensing-System. Am Beispiel eines Baggers werden zunächst alle Funktionen der benötigen Ventile eines Load-Sensing-Systems vorgestellt. Ziel des dezentralen Ventilsystems ist, mit nur einer Steuerkante zwischen Pumpe und Antrieb alle Funktionen abzudecken, um die Verluste zu reduzieren. Dazu werden zum einen der konstruktive Aufbau sowie die Funktionintegration des neuen Ventilsystems vorgestellt. Zum anderen wird anhand eines validierten Simulationsmodells des Ventils auf den erreichbaren Volumenstrom in Abhängigkeit des Druckverlusts über das Ventil sowie auf die Energieeinsparung im Vergleich zu einem Load-Sensing-Ventilsystem eingegangen.

Abstract

This Paper compares an energy-efficient decentralised valve system to a state of the art load-sensing system. For the example of an excavator, all functions of required valves in a load-sensing system are described. The aim of decentralised valve system is to use only one control edge between pump and actuator to reduce the losses. At first the design and the approach to meet all requirements into the new valve system are shown. Finally, simulation results of a validated valve model are presented like the volumetric flow dependent on the pressure losses and the energy saving compared to a load-sensing system.

1 Einleitung

In Zusammenarbeit mit der Fa. Wessel Hydraulik GmbH wurde am Institut für fluidtechnische Antriebe und Steuerungen der RWTH Aachen (IFAS) in einem vom Bundesministeriums für Wirtschaft und Technologie im Rahmen des „Zentralen Innovationsprogramms Mittelstand (ZIM)" geförderten Projekts ein neuartiges Ventilsystem für mobile Arbeitsmaschinen entwickelt. Das Ventilsystem ist vorrangig für den Einsatz an Zylinderantrieben mobiler Arbeitsmaschinen entwickelt worden. Anforderungen an das neuartige Ventilsystem waren, die Strömungsverluste zwischen der Pumpe und den Linearantrieben zu reduzieren. Weitere Ziele bei der Entwicklung des neuen Ventilsystems waren unteranderem eine höhere Laststeife der Antriebe, den Verrohrungsaufwand zu verringern sowie die Anzahl der benötigen Einzelventile im Vergleich zu konventionellen Ventilsystemen zu reduzieren.

In diesem Beitrag wird zuerst der Aufbau eines konventionellen Ventilsystems am Beispiel eines Baggers beschrieben. Mit diesem Systemaufbau als Grundlage, werden die Unterschiede des neuentwickelten Ventilsystems beschreiben. Weiter werden die konstruktive Umsetzung und die Funktionsweise des neuartigen Ventilsystems so-

wie der Aufbau des Simulationsmodells erläutert. Abschließend werden anhand validierter Modelle Simulationsergebnisse des neuentwickelten Ventils mit existierenden Ventilsystemen bezüglich der Energieverluste verglichen.

2 Stand der Technik

In mobilen Arbeitsmaschinen werden hydraulische Antriebe aufgrund ihrer Robustheit, hohen Leistungsdichte und einfachen Umsetzung linearer Bewegungen eingesetzt, wie z. B. bei Baggern oder Kränen. Hydraulikzylinder werden über eine eigene A- und B-Leitung mit dem zentralen Ventilblock verbunden. Bei Baggern sind die Pumpe und der Ventilblock auf dem Oberwagen angeordnet (s. **Bild 1**). Je nach Einsatzzweck sind gemäß den Sicherheitsanforderungen DIN 24093, ISO 8643 und DIN EN 474 die Antriebe, bei denen ein Leitungsabriss zu einem erhöhten Risiko führt, zusätzlich mit Rohrbruchsicherungen auszustatten. An Baggern werden häufig Rohrbruchsicherungen am Auslegerantrieb gegen unkontrolliertes Absacken sowie am Stielzylinder gegen Ausschwenken des Stiels im Fall eines Leitungsdefekts montiert [1].

Angesteuert werden die Hauptschieber im zentralen Ventilblock mittels hydraulischer Steuerleitungen. Gerade bei Kettenbaggern werden häufig rein hydraulische Bedienelemente eingesetzt. Dies führt zusammen mit beiden Arbeitsleitung pro Antrieb zu einem hohen Verrohrungsaufwand bei der Montage. Zusätzlich muss für die hydraulischen Bedienelemente ein Steuervolumenstrom bereitgestellt werden. Die dafür benötigte Leistung mindert die allgemeine Antriebsleistung für den Arbeitseinsatz. Zum Verfahren jedes Antriebes wird ein 4/3-Wege-Schieberventil benötigt. Da klassische Schieberventile nicht leckagefrei sind, werden je nach Antrieb zusätzlich Lasthalteventile zwischen Schieberventil und Antrieb eingesetzt. In Load-Sensing-Systemen wird zusätzlich je Antrieb eine Druckwaage zur Lastkompensation integriert. Je nach Einsatzzweck sind Rohrbruchsicherungen gemäß den Sicherheitsvorschriften direkt auf die Antriebe zu montieren. Jedes dieser Ventile stellt einen weiteren Drosselverlust zwischen Pumpe und Antrieb dar und reduziert somit die Effizienz der Arbeitsmaschine.

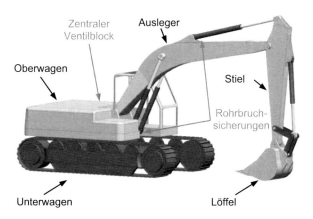

Bild 1 Prinzipeller Aufbau eines Baggers

3 Konzept des neuen Ventilsystems

Im neuen Ventilsystem werden die Drosselverluste der Ventile reduziert und die Anzahl der Hydraulikleitungen verringert. Ziel war es, nicht mehrere Ventile hintereinander zu schalten, sondern die Funktionen der Einzelventile in ein Ventil zusammen zu führen und somit die Strömungsverluste zu reduzieren.

In einigen Ländern sind Rohrbruchsicherungen für Baumaschinen, die auch für Hebearbeiten eingesetzt werden, vorgeschrieben. Rohrbruchsicherungen müssen direkt an die Antriebe montiert werden, um beim Leitungsbruch unkontrollierbare Bewegungen zu verhindern. Grundidee des neuen Ventilkonzepts ist, jeweils nur eine Steuerkante zwischen Pumpe und Arbeitsanschluss sowie vom Arbeitsanschluss zum Tank einzusetzen, um weitere Verluste zu verhindern. Dazu müssen alle erforderlichen Funktionen auf diesen Steuerkanten zusammengeführt werden. Um die Funktion von Lasthalteventilen zu erfüllen, muss zum einen der Steuerkolben des neuen Ventils sitzdicht ausgeführt sein. Um auch die Rohrbruchsicherung zu ersetzten, wird der zentrale Ventilblock in einzelne Ventile

aufgelöst, die direkt auf die Antriebe montiert werden (s. **Bild 2**). Zusätzlich müssen die Steuerschieber bei einem Leitungsdefekt den maximalen Volumenstrom begrenzen und schließen.

Die dezentrale Position der neuen Ventile entlang des Baggerarms führen zu sehr langen Steuerleitungen. Die dadurch ansteigende Leitungsinduktivität und -kapazität würde das Ansprechverhalten der Ventile negativ beeinflussen. Deshalb werden die dezentralen Ventile elektronisch angesteuert.

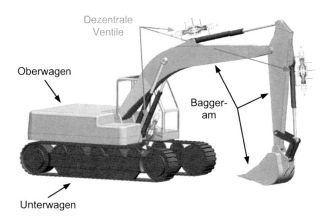

Bild 2 Position der dezentralen Ventile

Die Position der Ventile entlang des Baggerarms ermöglicht eine gemeinsame Pumpen- und Tankleitung für die dezentralen Ventile. Damit entfallen die beiden Arbeitsleitungen zwischen Hauptblock und jedem Antrieb. Durch die elektrischen Bedienelemente wird der Verrohrungsaufwand noch weiter gesenkt.

Das neue Ventilsystem wird als hydraulisches Bussystem bezeichnet, weil alle Ventile über einem gemeinsamen Leitungsbus bestehend aus Pumpen-, Tank- und elektrischer Signalleitung versorgt werden. Folglich werden die Ventile als Busventile bezeichnet.

4 Aufbau des Bussystems

Das hydraulische Bussystem besteht aus dem dezentralen Ventilsystem und aus einem Pumpensystem. Das zu entwickelnde Ventilsystem soll mit einem bestehenden Pumpensystem gekoppelt werden können.

4.1 Verwendetes Pumpensystem

Für einen hohen Gesamtwirkungsgrad des hydraulischen Bussystems wird ein Load-Sensing-System (LS-System) eingesetzt. LS-Systeme bieten den Vorteil, dass das System lastunabhängig ist und damit der Verbrauchervolumenstrom linear an die Joystickauslenkung gekoppelt ist.

Allgemein können LS-Systeme an den Versorgungsdruck und/oder den Volumenstrom aller Verbraucher angepasst werden, wodurch die hydraulische Leistung an die geforderte Leistung der Verbraucher angepasst wird [2].

Unterschieden werden LS-Systeme in Konstantstrom-(Open-Center-System) und Konstantdrucksysteme

(Closed-Center-System). Der schematische Aufbau eins LS-Systems mit Konstantpumpe ist für einen Verbraucher in **Bild 3** dargestellt. Der Pumpendruck p_0 entspricht dem höchstgemessen Lastdruck p_L plus einer konstanten Regeldruckzugabe Δp_{LS}. An der Druckwaage wird das Gleichgewicht aus Federkraft, der Kraft aus dem Lastdruck und der Kraft vom Pumpendruck gebildet. Steigt der Pumpendruck, wird die Druckwaage weiter geöffnet, sodass der Pumpendruck wieder seinen Solldruck erreicht. Nachteilig ist, dass die Verlustleistung proportional mit abnehmendem Verbrauchervolumenstrom ansteigt, da der Pumpenvolumenstrom nicht dem Bedarf angepasst werden kann.

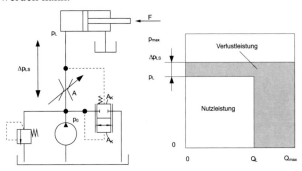

Bild 3 LS-System mit Konstantpumpe [3]

LS-Systeme mit Verstellpumpe ermöglichen zusätzlich eine bedarfsgerechte Anpassung des Pumpenvolumenstroms. Bei den Closed-Center-Systemen ist die Verlustleistung bei einem Verbraucher nur das Produkt aus der Regeldruckdifferenz Δp_{LS} und dem angeforderten Volumenstrom Q_L (s. **Bild 4**). Die Pumpenregelung stellt den Schwenkwinkel der Pumpe so ein, dass immer die konstante Regeldruckdifferenz Δp_{LS} über die Steuerkante A unabhängig vom Strömungsquerschnitt abfällt.

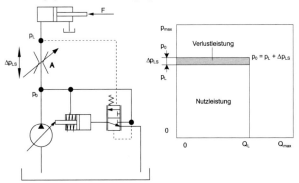

Bild 4 LS-System mit Verstellpumpe [3]

Bild 5 zeigt die Gegenüberstellung eines LS-Systems mit dem hydraulischen Bussystem. Beide Systeme versorgen mehrere Verbraucher. Über die LS-Meldeleitung wird der maximale Lastdruck der angesteuerten Antriebe an den Pumpenregler übertragen. Bei dem LS-System erfolgt die Druckmeldung hydraulisch [4]. Dem Pumpenregler des hydraulischen Bussystems wird der maximale Lastdruck elektronisch gemeldet, da Leitungskapazität und -induktivität der langen Leitungen zu einem trägen Steuerverhalten der Pumpe führen würden [5]. Bei dem vorgestellten LS-System sind die Druckwaagen vor den Steuerventilen angeordnet. An jeder vorgeschalteten Druckwaage wird der Druck vor dem Steuerventil mit dem individuellen Lastdruck plus der Regeldruckzugabe anhand der Feder verglichen. Dadurch entspricht der Druck vor jedem Steuerventil dem individuellen Lastdruck plus der Regeldruckzugabe bis mehr Volumenstrom angefordert wird, als maximal zur Verfügung steht. Übersteigt der angeforderte Verbraucherstrom den maximalen Pumpenförderstrom (Unterversorgung) bleiben höchstbelastete Antriebe stehen (Stromregler-Schaltung). Bei System mit nachgeschalteten Druckwaagen wird der Druck nach dem Steuerventil mit dem maximalen Lastdruck verglichen. Im Fall der Unterversorgung werden hier alle Antriebe proportional zur Ventilschieberauslenkung eingebremst (Stromteiler-Schaltung) [6].

In beiden Verschaltungsarten werden die Druckwaagen zur Lastkompensation eingesetzt, somit fällt an den Steuerventilen (Messblenden) die konstante Regeldruckdifferenz ab, sodass die Volumenströme proportional zu den Öffnungsquerschnitten der Blenden sind. Beim Bussystem wird die Funktion der Druckwaagen durch eine elektronische Regelung ersetzt [7].

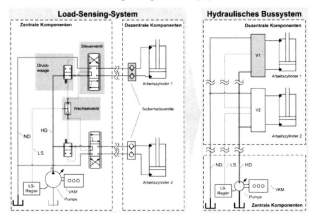

Bild 5 Prinzipieller Schaltplan eines LS-Systems und des hydraulischen Bussystems

4.2 Konstruktive Umsetzung des Busventils

Alle notwendigen Funktionen der Einzelventile eines LS-Systems werden im Bussystem zu einer Steuerkante zusammengefasst. Mit dieser Steuerkante müssen die Funktionen des Steuerventils, der Druckwaage, evtl. des Lasthalteventils und ggf. der erforderlichen Rohrbruchsicherung (Sicherheitsventil) (s. Bild 5) zusammen mit der elektronischen Regelung abgebildet werden.

Für die Funktionen der Rohrbruchsicherung und des Lasthalteventils muss die Steuerkante des Busventils leckagefrei dichten. Zusätzlich muss das Busventil direkt am Antrieb montiert werden, sodass eine separate Rohrbruchsicherung entfallen kann. Dazu muss sichergestellt sein, dass unabhängig vom Steuersignal bei einem Leitungsdefekt das Ventil schließt. Zusätzlich soll der maximal erreichbare Volumenstrom unabhängig vom Steuersignal und von der Druckdifferenz begrenzt sein.

Für die individuelle Ansteuerung beider Zylinderkammern werden die Steuerkanten eines klassischen 4/3-Wege-Proportionalventils aufgelöst. Um beide Zylinderkammern entweder mit der Pumpe oder dem Tank zu verbinden, müssen vier 2/2-Wege-Proportionalventile verwendet werden. **Bild 6** zeigt den prinzipiellen Aufbau des Busventils mit den aufgelösten Steuerkanten.

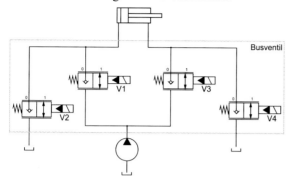

Bild 6 Prinzip des Busventils

In der konstruktiven Lösung werden pro Zylinderanschluss jeweils zwei 2/2-Wege-Proportionalventile zu einer Ventilpatrone zusammengefasst. Insgesamt sind zwei Patronen pro Busventil eingebaut. Der schematische Aufbau einer Patrone ist in **Bild 7** gezeigt.

Die Hauptkolben werden elektro-hydraulisch angesteuert. Mittels der Ventilschieberfeder werden beide Hauptkolben in die Dichtsitze gedrückt. Um die Feder bilden die Hauptkolben eine gedichtete Kammer. Werden die Vorsteuerkolben nicht angesteuert, fließt über den Dichtspalt der Hauptkolben Öl in die Federkammer bis der Kammerdruck dem Arbeitsdruck entspricht, wodurch die Dichtwirkung der Hauptkolben verstärkt wird. Beim Öffnen einer Steuerkante wird der entsprechende Vorsteuerkolben mit Steuerdruck beaufschlagt. Dieser schiebt zuerst eine Kugel aus dem Dichtsitz und die Federkammer wird in Richtung Leckageanschluss druckentlastet. Nach der Druckentlastung drückt der Vorsteuerkolben in Abhängigkeit des Steuerdrucks den Hauptkolben aus dem Dichtsitz. Je nach gewähltem Steuerdruckanschluss wird der Arbeitsanschluss mit der Pumpe oder dem Tank verbunden. Der Öffnungsweg des Hauptkolbens folgt aus dem Kräftegleichgewicht von Steuerkraft zu Ventilschieberfederkraft plus Strömungskraft. Der maximal erreichbare Volumenstrom ist begrenzt, da die Strömungskraft den Hauptkolben entgegen des Steuerdrucks in schließender Richtung bewegt.

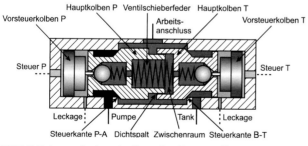

Bild 7 Schematischer Aufbau der Busventilpatrone

Wird der Steuerdruck wieder zu null gesetzt, schließt der Hauptkolben aufgrund der Ventilschieberfeder und der wirkenden Strömungskraft. Der Vorsteuerkolben wird durch die Feder an der Entlastungskugel wieder soweit zurückgeschoben, dass die Kugel den Dichtsitz der Druckentlastung verschließt und die Federkammer wieder Arbeitsdruck erreicht.

Bild 8 zeigt den prinzipiellen Aufbau des Busventils. Im Ventilblock sind zwei Ventilpatronen (vgl. **Bild 7**) verbaut. An jedem Steueranschluss ist ein elektronisch angesteuertes Druckregelventil (DRV) eingesetzt. Die DRVs sind nicht direkt an die Pumpenleitung angeschlossen. Sie sind über ein Druckminderventil (DMV) mit der Pumpenleitung verbunden. Über das DMV wird der maximale Vorsteuerdruck begrenzt. Die Flächenverhältnisse von Vorsteuer- und Hauptkolben ermöglichen die vollständige Öffnung des Strömungsquerschnitts mit der Regeldruckzugabe der Pumpe, die der Regeldruckdifferenz am Ventil entspricht. Zusätzlich sind zwei Rückschlagventile (RSVs) als Nachsaugventile integriert. Die RSVs stellen zum einen den Kavitationsschutz sicher, zum anderen ist in Kombination mit den aufgelösten Steuerkanten ein Verfahren der Antriebe in Lastrichtung ohne Pumpenvolumenstrom möglich. Es wird nur die entsprechende Steuerkante in Richtung Tank geöffnet. Dieses passive Verfahren erfordert eine vorgespannte Tankleitung, um einen ausreichenden Volumenstrom über das RSV in die Gegenkammer zu gewährleisten. Aufgrund der vorgespannten Tankleitung ist eine drucklose Leckageleitung notwendig, da die DRVs empfindlich auf Druckschwankungen am Tankanschluss reagieren. Damit bilden die elektrische Signalleitung, Pumpen-, Tank- und Leckageleitung den Leitungsbus. Zur Druckbegrenzung der Arbeitsanschlüsse sind zwei Druckbegrenzungsventile (DBVs) zwischen dem jeweiligen Arbeitsanschluss und der tankseitigen Steuerdruckleitung eingesetzt. Steigt der Druck im Arbeitsanschluss über den maximalen Betriebsdruck, wird der Druck über die Steuerleitung abgebaut. Entweder wird Volumen über das DRV in die Leckageleitung abgeführt, oder bei großem Volumenstrom über das DBV der tankseitige Hauptkolben über den Vorsteuerkolben aufgesteuert, und der Druck über die Tankleitung abgebaut, bis der Arbeitsdruck unter dem maximalen Systemdruck liegt.

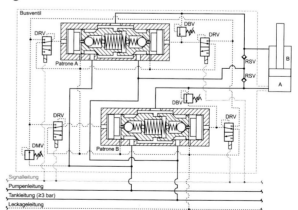

Bild 8 Aufbau des Busventils

Die elektronische Regelung des Busventils stellt sicher, dass die pumpenseitigen Hauptschieber erst geöffnet oder offengehalten werden, wenn der Pumpendruck größer als der individuelle Lastdruck ist. Bricht der Pumpendruck ein, schließen alle Hauptkolben unabhängig vom Steuersignal.

5 Simulationsmodell des Busventils

Für die konstruktive Auslegung des Busventils wurde zuvor ein Simulationsmodell aufgebaut, um die Funktionen der einzelnen Komponenten aufeinander abzustimmen und eine Vorhersage über Effizienz und Systemverhalten zu erlangen. Anhand eines durch experimentelle Untersuchungen validierten Simulationsmodells des Busventils kann das Einsparpotential untersucht werden.

5.1 Aufbau und Validierung des Busventil-Simulationsmodells

Das Simulationsmodell des Busventils wurde in der Software DSH^{plus} aufgebaut. **Bild 9** zeigt den Aufbau einer Ventilpatrone mit allen Funktionsstellen, wie sie in Bild 7 dargestellt sind. Zusätzlich sind die Komponenten zur Steuerdruck- und Vorsteuerdruckregelung abgebildet.

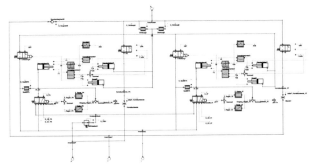

Bild 9 DSH^{plus}-Simulationsmodell des Busventils

Das zuvor anhand von Datenblättern parametrierte Simulationsmodell wurde anschließend mittels experimenteller Untersuchungen validiert. Das **Bild 10** zeigt exemplarisch einen Vergleich aus Messung und Simulation für einen Pumpendruckverlauf. Dargestellt sind jeweils die normierten Steuersignale, die Zylinderwege sowie die Druckverläufe. Insgesamt ist das Ventil im Druckbereich von 25 bis 300 bar vermessen worden.

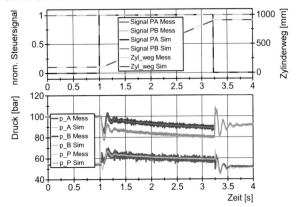

Bild 10 Validierung des Busventils

5.2 Strömungsverluste am Busventil

Mit einer festeingestellten Regeldruckdifferenz von 25 bar wird ein Volumenstrom an der Steuerkante P→A von 408 l/min erreicht. Vom Arbeitsanschluss in Richtung Tank (A→T) wird ein Volumenstrom von 354 l/min bei gleicher Druckdifferenz erreicht (s. **Bild 11**). Zusätzlich sind die Steuersignale dargestellt. Für die Vollöffnung der Hauptkolben bei maximalem Signalsprung werden 90 ms benötigt. Die Schließzeit beträgt nur 45 ms, da die Strömungskraft den Schließvorgang beschleunigt.

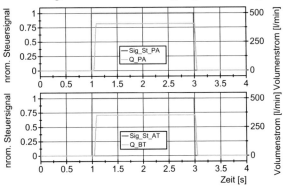

Bild 11 Volumenstrom- und Sprungantwortenverlauf

Die erreichten Schaltzeiten von 90 ms entsprechen marktüblichen Ventilen dieser Nengröße (SAE 1"). LS-Ventilsysteme mit zusätzlicher Rohrbruchsicherung und/oder Lasthalteventil dieser Baugröße verursachen Druckverluste von 35 bis 45 bar bei einem Volumenstrom (P→A) von 400 l/min. Beim Busventil beträgt der ventilbedingte Druckverlust 23,8 bar, wodurch die Verlustleistung bei einem Volumenstrom von 400 l/min um 7,5 kW bzw. 14,1 kW geringer ist. Bei einem Arbeitsdruck von 200 bar entspricht dies einer Einsparung von 5 % bzw. 9 % bezogen auf die hydraulische Antriebsleistung. Dadurch sinkt die erforderliche Abtriebsleistung des Dieselmotors um ca. 6 % bzw. 11 %.

5.3 Energieeinsparung durch variable Regeldruckzugabe

Mit Hilfe der elektronischen Ansteuerung der Busventile können die Energieverluste weiter gesenkt werden, wenn keiner der Verbraucher seinen maximalen Volumenstrom anfordert. Die Auslenkung der Bedienelemente gibt der Steuerung die geforderten Volumenströme vor. Die Steuerung gibt unabhängig vom gewählten Volumenstrom das maximale Stellsignal auf den Ventilschieber am höchstbelasteten Antrieb. Zum Einstellen des angeforderten Volumenstroms wird die Regeldruckzugabe an der Pumpe angepasst. Entsprechend der reduzierten Regeldruckzugabe werden die Ventilsteuersignale der weiteren Antriebe gemäß des vorgewählten Volumenstroms angepasst.

Die Anpassung der Regeldruckzugabe ermöglicht es, den höchstbelasteten Antrieb in Verdrängersteuerung zu betreiben. Dies reduziert die Drosselverluste an diesem Antrieb auf ein Minimum. Auch die Druckverluste an weiteren aktiven Antrieben werden dadurch verringert, da weniger überschüssige Leistung abgedrosselt werden muss als beim LS-System an der Druckwaage, wie nachstehende Simulation zeigt.

In der Simulation wird ein belasteter Differentialzylinder über ein Busventil und ein LS-Pumpensystem ausgefahren. **Bild 12** zeigt die Leistungsverluste in Abhängigkeit verschiedener Regeldruckdifferenzen beim Ausfahren des Zylinders bei identischen Ansteuerzeiten.

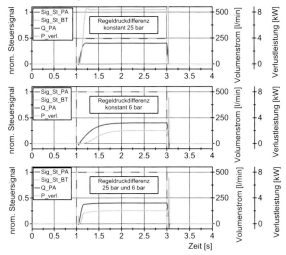

Bild 12 Leistungsbedarf in Abhängigkeit von der Regeldruckzugabe

Bei einer konstanten Regeldruckdifferenz von 25 bar, wird der Volumenstrom von 200 l/min über eine geringere Querschnittsfläche am Ventil eingestellt. Die Verluste bei konstantem Volumenstrom betragen 8 kW. In der Verdrängersteuerung ist das Ventil maximal geöffnet, der Volumenstrom von 200 l/min wird bei einer konstanten Regeldruckdifferenz von 6,05 bar erreicht. Aufgrund des geringeren Bodendrucks wird die Zylinderstange langsamer beschleunigt. Dies führt zu einem geringeren Volumenstrom über die Verfahrzeit. Damit die gleiche Arbeit in derselben Zeit verrichtet wird, wird die Regeldruckdifferenz erst nach der Beschleunigungsphase von 25 bar auf 6,05 bar reduziert. Durch die geringe Regeldruckdifferenz sinkt die Verlustleistung auf 2 kW bei konstantem Volumenstrom. Da in beiden Simulationen die Zylinder in gleicher Zeit den identischen Weg zurücklegen, wird die Verlustarbeit verglichen. Bei konstanter Regeldruckdifferenz beträgt die Verlustarbeit 16 kJ und bei reduzierter Regeldruckdifferenz 4 kJ. Bei einem Volumenstrom von 200 l/min (Hälfte des maximalen Volumenstroms) können somit die Strömungsverluste am Ventil um 75 % gesenkt werden.

Bei mehreren aktiven Antrieben kann die Regeldruckdifferenz soweit abgesenkt werden, dass die per Joystickauslenkung angeforderten Volumenströme gerade noch erreicht werden. In der Leistungsbegrenzung werden die Volumenströme abhängig voneinander begrenzt. Die elektronische Regelung ermöglicht sowohl eine proportionale wie auch individuelle Volumenstrombegrenzung.

6   Zusammenfassung und Ausblick

In Bezug auf Hydrauliksysteme für Bagger wurde der Aufbau des hydraulischen Bussystems mit einem LS-System verglichen. In LS-Systemen müssen mehrere Ventile in Reihe geschaltet werden, um alle Funktionen und Sicherheitsbestimmungen zu erfüllen. Da jedes einzelne Ventil die Verluste zwischen Pumpe und Antrieb erhöht, werden beim Busventil alle Funktionen der einzelnen Ventile in einer Steuerkante zusammengefasst. Das Busventil entspricht einem 4/3-Wege-Proportionalventil mit aufgelösten Steuerkanten zur individuellen Ansteuerung beider Arbeitsanschlüsse. Die Ventilschieber sind sitzdicht ausgeführt, damit zusätzlich die Lasthalteventile entfallen können. Um auch die Rohrbruchsicherung ersetzen zu können, wird das Busventil direkt auf den Antrieb geflanscht. Konstruktiv ist das Busventil so ausgelegt, dass der maximale Volumenstrom bei einem Leitungsdefekt begrenzt ist. Durch den resultierenden Druckeinbruch am Pumpenanschluss schließen die elektrohydraulisch vorgesteuerten Steuerkolben unabhängig vom Steuersignal.

Anhand des validierten Busventilmodells wurden der maximale Volumenstrom bei fester Regeldruckdifferenz sowie die Sprungantwort des Ventils dargestellt. Durch die ermittelten Strömungsverluste am Busventil konnte gezeigt werden, dass die Energieverluste des Busventils im Vergleich zu Ventilen eines LS-Systems schon bei konstanter Regeldruckzugabe deutlich gesenkt werden können. Abschließend wurde gezeigt, welches Potential zur Energieeinsparung das Busventil bietet, wenn das Ventil in der Verdrängersteuerung betrieben wird wobei der angeforderte Volumenstrom über die Regeldruckzugabe eingestellt wird.

Ausstehende Arbeiten sind die weitere Erforschung des Busventils sowie die Entwicklung einer Steuerung inklusive Regeldruckanpassung für weitere experimentelle Untersuchungen des Bussystems.

7   Literatur

[1]   Jongebloed, H., Der Weg zur sicheren Maschine, fluid (2009), Nr. 4/2009, S. 42-45

[2]   Murrenhoff, H.; Eckstein, L., Fluidtechnik für mobile Anwendungen, Reihe Fluidtechnik, Shaker Verlag, Aachen, 2011

[3]   Weishaupt, E.;Völker, B., Energieeinsparende elektrohydraulische Schaltungskonzepte, O+P, Ölhydraulik und Pneumatik 39 (1995), Nr2, S 106-112

[4]   Findeisen, D., Ölhydraulik, Springe-Verlag, Berlin, 2006

[5]   Murrenhoff, H., Grundlagen der Fluidtechnik, Reihe Fluidtechnik, Shaker Verlag, Aachen, 2011

[6]   Bäcke, W., Firmenschrift Bosch: Wegeventil SB23 OC

[7]   Völker, B., Firmenschrift Bosch: Wegeventil Hydropneumatischer Speicher

Kalibrierte Leistungssimulation von elektrischen Maschinen - eine Möglichkeit zur Bewertung von nicht vermessbaren Betriebsbereichen und des Einsatzes unterschiedlicher weichmagnetischer Materialien ohne weiteren Musterbau

Georg von Pfingsten, M.Sc. • Dipl.-Ing. Thomas Herold • Univ.-Prof. Dr.-Ing. habil. Dr. h. c. Kay Hameyer
Institut für Elektrische Maschinen der RWTH Aachen University
Schinkelstraße 4 • 52062 Aachen • post@iem.rwth-aachen.de

Kurzfassung

In diesem Beitrag wird eine kalibrierte Leistungssimulation vorgestellt. Ziel ist es Aussagen über nicht vermessene Betriebspunkte und den Einsatz verschiedener weichmagnetischer Materialien bereits vor der Fertigung eines weiteren Prototyps einer elektrischen Maschine zu treffen.

Bei der untersuchten Maschine handelt es sich um eine permanentmagneterregte Synchronmaschine. Das bestehende Versuchsmuster wurde, aufgrund des beschränkten Drehzahlbereichs des Prüfstands, nicht bis zu seiner Maximaldrehzahl vermessen. Die kalibrierte Leistungssimulation ermöglicht es, das Verhalten des bestehenden Musters im nicht vermessenen Bereich zu bewerten.

Das elektromagnetische und mechanische Design des Musters soll für den Betrieb mit höheren Drehzahlen und Drehmomenten angepasst werden. Die Polpaarzahl wird dabei beibehalten. Durch diese Betriebsbereicherweiterung steigen zum einen die Beanspruchung der Materialien und zum anderen die Verluste. Die kalibrierte Leistungssimulation ermöglicht es, die Auswirkungen dieser Anpassungen bereits vor dem folgenden Musterbau zu bewerten.

Ausgehend von der Vermessung des bestehenden Prototyps und des eingesetzten Elektroblechs wird die Leistungssimulation kalibriert. Die Kalibrierung der Simulation ist erforderlich, um Unsicherheiten bei der FEM-Simulation zu reduzieren. Zu diesen Unsicherheiten gehört unter Anderem der Einfluss der Verarbeitung des Elektroblechs. Aus diesem Grund werden mithilfe der Simulation die Verluste nach Entstehungsort und Entstehungsmechanismus separiert, um die Verlustmechanismen einzeln bewerten zu können und die Kalibrierung zu ermöglichen.

Da durch die Betriebsbereicherweiterung der Maschine höhere Verluste auftreten, wird weiterhin untersucht, welche Vorteile der Einsatz eines verlustärmeren Elektroblechs hinsichtlich des Verlustverhaltens ermöglicht. Zu diesem Zweck werden Materialproben des eingesetzten Elektroblechs und des verlustärmeren Elektroblechs in einem Epsteinrahmen charakterisiert. Aus den gemessenen Eisenverlusten werden die fünf Verlustparameter für die IEM-5-Parameterformel [1,2] zur Eisenverlustberechnung bestimmt. In FEM-Simulationen werden Strom und Vorsteuerwinkel für die untersuchte Maschine variiert und die Eisenverluste im Postprozessing mit den fünf Verlustparametern bestimmt. Somit können für jeden Betriebspunkt aus Drehmoment und Drehzahl die benötigten Ströme und die auftretenden Eisenverluste errechnet werden. Die Kupferverluste werden anhand des gemessenen Wicklungswiderstands berücksichtigt und als weitere Verlustarten werden Lager- und Luftreibung einbezogen.

Die Simulationsdaten werden mit den Messdaten für den verfügbaren Bereich abgeglichen und die Simulationsparameter angepasst. Simulation und Messung zeigen im relevanten Wirkungsgradbereich eine maximale Abweichung von 0,5 Prozentpunkten bzw. von 200 Watt hinsichtlich der Verlustleistungen. Damit kann für die untersuchte Maschine das Verhalten bei Betriebspunkten ermittelt werden, die nicht mit dem vorhandenen Prüfstand messbar waren.

Eine Verschiebung der Betriebsgrenzen durch den Einsatz anderer Materialien, oder durch Änderung der Wicklung können auf diese Weise mit einer hohen Genauigkeit simuliert werden, ohne weitere Prototypen aufzubauen und zu vermessen.

1 Durchgeführte Messungen

Die Messungen werden auf einem Maschinenprüfstand mit folgenden Leistungsdaten durchgeführt:

- Asynchronlastmaschine mit Maximaldrehzahl 5000 min^{-1} und 63 kW Dauerleistung
- Drehmomentmesswelle bis 500 Nm der Genauigkeitsklasse 0,03
- Zwischenkreisspannung des Umrichters bis 700 V

Beim Prüfling handelt es sich um eine permanentmagneterregte Synchronmaschine mit V-förmig vergrabenen Permanentmagneten (VPMSM) mit einer Maximaldreh-

zahl von 6000 min^{-1}. Der Rotor des Prüflings ist mit einer neuartigen Hohlwellenkonstruktion [3] ausgestattet.

Der Pressverband zwischen Welle und Rotorblechpaket ist für ein maximal übertragbares Drehmoment von 220 Nm ausgelegt. Daher wurde der Prüfling bis zu diesem maximalen Drehmoment vermessen.

Für ein Folgevorhaben soll der Prototyp für eine höhere Maximaldrehzahl (8000 min^{-1}) und ein höheres maximales Drehmoment (300 Nm) angepasst werden. Hierbei wird die Statorkonstruktion und das Maschinenkonzept beibehalten, sodass sich nur Änderungen in der Auslegung der Rotormechanik ergeben werden. Da für das Folgeprojekt eine Zwischenkreisspannung von 600 V vorgesehen ist, wird der bestehende Prüfling bei einer Zwischenkreisspannung von $U_{zk} = 400\,V$ und $600\,V$ vermessen. Die Messung mit $U_{zk} = 400\,V$ gewährleistet dabei, dass bei der maximal vermessbaren Drehzahl von $5000\,min^{-1}$ das Feldschwächverhalten der geplanten Maschine mit $U_{zk} = 600\,V$ bis zu einer Drehzahl von $7500\,min^{-1}$ abgebildet wird. Damit ist gewährleistet, dass die Simulationen anhand der Messdaten über einen weiten Bereich des späteren Betriebs kalibriert werden können.

1.1 Ermittlung der Steuervorschrift durch FEM-Simulationen

Für die Vermessung und den Betrieb der Maschine ist es erforderlich die optimale Steuervorschrift zu kennen. Daher wird im ersten Schritt die Steuervorschrift der Maschine mithilfe von FEM-Simulationen bestimmt. Die Simulationen werden mit dem am IEM entwickelten Softwarepaket *pyMOOSE* [4] durchgeführt. In den Simulationen werden sinusförmige Ströme vorgegeben, welche nach Betrag und Vorsteuerwinkel variiert werden. Es ergibt sich ein zweidimensionaler Stromraum über jeweils 41 Längs- und 41 Querachsenströme (I_d und I_q). Insgesamt besteht der Stromraum daher aus 1681 FEM-Simulationen. In jeder dieser Simulationen werden Flussverkettung, Induktivitäten und Drehmomente in Abhängigkeit der angularen Position von Rotor zu Stator bestimmt. **Abbildungen 1** und **2** zeigen die, über die angulare Position, gemittelten Werte der Flussverkettung und des Drehmoments.

Anhand des mittleren Drehmoments in Abhängigkeit von I_d und I_q wird für jedes geforderte Drehmoment der kleinste Strom bestimmt (Grunddrehzahlbereich). Für jede geforderte Drehzahl wird dann über die Flussverkettung überprüft, ob die maximale Spannung (Zwischenkreisspannung abzüglich Regelreserve) für die geforderte Drehzahl erreicht wird. Bei hohen Drehzahlen wird diese Spannung überschritten und es muss ein betragsmäßig größerer d-Strom vorgesehen werden (Feldschwächung). Die erforderlichen d- und q-Ströme bei einer Zwischenkreisspannung von $U_{zk} = 400\,V$ sind in **Abbildung 3** und **4** dargestellt. In Abbildung 4 ist diese Steigerung des d-Stromes im Felschwächbereich (ab einer Drehzahl von ca. $2200\,min^{-1}$) deutlich an den hin zu kleineren Drehmomen-

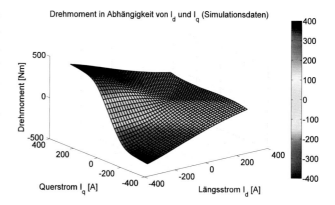

Bild 2 Drehmoment dargestellt über dem 2D-Stromraum

ten und höheren Drehzahlen abknickenden Höhenlinien des Stromes zu erkennen. Der q-Strom (Abbildung 3) zeigt genau entgegengesetztes Verhalten. Ursache hierfür ist, dass mit steigendem d-Strom der Reluktanzanteil am Gesamtdrehmoment steigt und somit bei gleichem Drehmoment geringere q-Ströme erforderlich sind.

Durch die Erhöhung der Zwischenkreisspannung auf $U_{zk} = 600\,V$ verlagert sich die Grenze zwischen Grunddrehzahlbereich und Feldschwächbereich hin zu höheren Drehzahlen. Die Erhöhung der Spannungsgrenze um $50\,\%$ ermöglicht es, bei gleichen Strömen und unveränderter elektromagnetischer Auslegung, die Drehzahlen bei konstanten Drehmomenten um $50\,\%$ zu steigern.

1.2 Vermessung der Maschine

Die Maschine wird bei Drehzahlen von $250\,min^{-1}$ bis $5000\,min^{-1}$ in 13 Schritten und Drehmomenten von $5\,Nm$ bis $220\,Nm$ in 15 Schritten vermessen. Bei der Vermessung der Maschine wird darauf geachtet, dass die Temperaturabweichungen während der Messung in Rotor und Stator auf ein Minimum reduziert werden. Daher wird die Maschine zunächst über zwei Stunden lang bei aktivem Kühlsystem und in einem konstanten Betriebspunkt vorgewärmt. Dann werden alle zu messenden Betriebspunkte nacheinander angefahren und für jeweils 10 s gehalten. In jedem Betriebspunkt werden jeweils das mittlere Drehmoment, die Verluste, die elektrischen Ströme sowie der Wirkungsgrad messtechnisch erfasst.

Während der gesamten Messung werden die Temperaturen im Stator an drei Positionen innerhalb der Statorwicklung aufgezeichnet. Die Statortemperaturen weichen während der Messungen um maximal $25\,°C$ von der Starttemperatur ($70\,°C$) ab.

Über die induzierte Spannung im Leerlauf wurde jeweils zu Beginn und Ende einer Kennfeldvermessung die Rotortemperatur ermittelt. Dabei hat sich gezeigt, dass die Rotortemperaturen um wenige $°C$ voneinander abweichen. Über den Verlauf der Rotortemperaturen während der Messung war keine Aussauge möglich. Aufgrund der hohen thermischen Masse des Rotors und den geringen Verlusten im Rotor kann davon ausgegangen werden, dass die Rotortemperatur nicht wesentlich von ihren Start- und Endwerten abweicht.

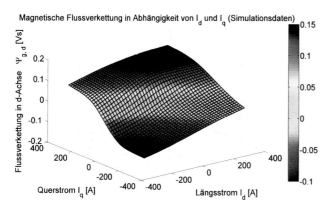

Bild 1 Magnetische Flussverkettung dargestellt über dem 2D-Stromraum

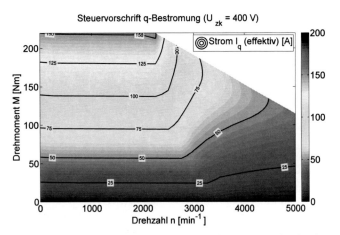

Bild 3 Strom in q-Achse bei einer Zwischenkreisspannung von U_{zk} = 400 V

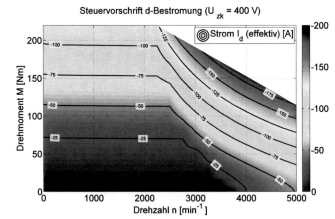

Bild 4 Strom in d-Achse bei einer Zwischenkreisspannung von U_{zk} = 400 V

Bei der Vermessung der Maschine zeigt sich, dass die erforderlichen Ströme über den gesamten Messbereich ca. 10 % höher sind als in Unterpunkt 1.1 ermittelt. Ursache hierfür ist zum Einen eine etwas geringere Flussverkettung im Leerlauf als auch zum Anderen der negative Einfluss durch die Bearbeitung des Weicheisenmaterials auf die Magnetisierbarkeit sowie der nicht exakt bekannte Eisenfüllfaktor des Prototyps.

1.3 Simulation des Verlustverhaltens

Aufbauend auf den, zur Bestimmung der Steuervorschrift, durchgeführten Simulationen (Unterpunkt 1.1) wird im Folgenden das Verlustverhalten der Maschine simulativ dargestellt. Hierbei wird die messtechnisch ermittelte Abweichung der Ströme in Höhe von 10 % berücksichtigt und auf die Steuervorschrift beaufschlagt.

Der Widerstand der Wicklungen wird mithilfe eines Mikroohmmeters bei Raumtemperatur gemessen. Für die Berechnung der Kupferverluste wird eine Temperatur von 70 °C angenommen. Die Kupferverluste werden anhand des Zusammenhangs zwischen den Kupferverlusten (P_{Cu}), dem Wicklungswiderstand (R) und dem Strom (I) bestimmt ($P_{Cu} = 3 \cdot R \cdot I^2$). Für die Bestimmung der Kupferverluste in der Simulation werden die Ströme der Steuervorschrift angenommen. Hierdurch ergibt sich für die Kupferverluste ein ähnliches Verhalten wie für die Ströme (Abbildung 3 und 4). Im Grunddrehzahlbereich sind die Kupferverluste dadurch nahezu unabhängig von der Drehzahl wohingegen sie in Feldschwächung mit der Drehzahl steigen. So erhöhen sich die Kupferverluste bei jeweils 50 Nm von ca. 127 W bei einer Drehzahl von 4000 min⁻¹ auf ca. 651 W bei 8000 min⁻¹.

Die Reibungsverluste im Luftspalt werden nach [5] modelliert. Gemäß [5] ist der Zusammenhang zwischen Luftreibungsverlusten und Drehzahl quadratisch. Bei einer Drehzahl von 8000 min⁻¹ werden Luftreibungsverluste in Höhe von 233 W errechnet. Die Reibungsverluste in den Wälzlagern werden mithilfe von [6] und [7] abgeschätzt. Nach [6] ist der Zusammenhang zwischen den Lagerverlusten und der Drehzahl über den Exponenten 5/3 gege-

ben. Mithilfe des Onlinetools des Wälzlagerherstellers [7] wurden für die verwendeten Lager die Reibungsverluste bei verschiedenen Drehzahlen bestimmt. Die maximalen Lagerverluste ergeben sich, ebenso wie die Luftreibungsverluste bei der Maximaldrehzahl 8000 min-1 und betragen 115 W. Die maximal auftretenden Reibungsverluste ergeben sich somit zu 348 W bei 8000 min⁻¹.

In den Permanentmagneten (PM) können, je nach Maschinendesign, signifikante Wirbelstromverluste auftreten. Bei der Simulation werden aufgrund des stark steigenden Rechenbedarfs zunächst keine Wirbelstromgebiete berücksichtigt. Im Postprocessing werden dann für verschiedene Drehmoment-Drehzahl Betriebspunkte die zeitlichen Verläufe der magnetischen Flussdichte in den PM analysiert. Die in den PM zu erwartenden Wirbelstromverluste werden ähnlich wie die Wirbelstromverluste in Elektroblech gemäß [8] abgeschätzt. Als Ergebnis stellt sich heraus, dass Wirbelstromverluste in den PM von maximal 5 W zu erwarten sind. Dieser geringe Wert ist durch das Maschinendesign mit V-förmig vergrabenen Magneten begründet. Aufgrund dessen werden die PM-Wirbelstromverluste für die folgenden Simulationen vernachlässigt.

Die Eisenverluste werden nach der IEM-5-Parameter Verlustformel [2] modelliert. Hierfür werden zunächst Proben des verwendeten Elektroblechs (M330-35A) auf einem Epsteinrahmen bei einem Frequenzbereich von 4 mHz bis 500 Hz und magnetischen Polarisationen von 0,1 T bis 1,9 T vermessen. Die hierbei ermittelten spezifischen Eisenverluste werden dazu genutzt, die fünf Parameter (a_1 bis a_5) der IEM-5-Parameter Verlustformel zu ermitteln [1]. Da in den FEM-Simulationen nach Unterpunkt 1.1 die lokalen Verläufe der magnetischen Flussdichte bekannt sind, können die Eisenverluste mithilfe der Fourier Transformation und der Parameter a_1 bis a_5 lokal aufgelöst werden.

Die so ermittelten Verluste werden addiert und mit den gemessenen Verlusten der Maschine verglichen. Dabei zeigt sich, dass die Eisenverlustkomponenten (Hysterese-, Wirbelstrom-, Excess- und Sättigungsverluste) mit unterschiedlichen Kalibrierungsfaktoren beaufschlagt werden müssen um eine gute Übereinstimmung von Simulation

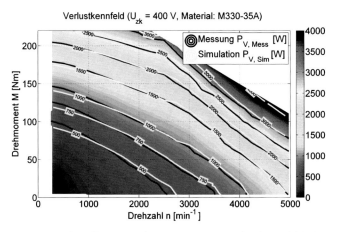

Bild 5 Simuliertes und gemessenes Verlustkennfeld für eine Zwischenkreisspannung von $U_{zk} = 400$ V

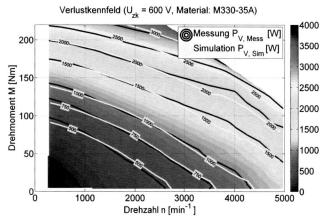

Bild 6 Simuliertes und gemessenes Verlustkennfeld für eine Zwischenkreisspannung von $U_{zk} = 600$ V

und Messungen zu erhalten. Ursache für die erhöhten Eisenverluste sind Bearbeitungseffekte durch das Schneiden der Blechlamellen [9] sowie weitere undefinierte Verlustmechanismen [5]. Die sich ergebenden gemessenen und simulierten Verlustkennfelder (kalibriert) sind für eine Zwischenkreisspannung von $U_{zk} = 400$ V und $U_{zk} = 600$ V in **Abbildungen 5** und **6** dargestellt.

Es zeigt sich deutlich, dass nur geringe Abweichungen zwischen Simulation und Messung vorhanden sind. So weichen die simulierten Verluste von den gemessenen bei $U_{zk} = 400$ V um maximal 150 W und bei $U_{zk} = 600$ V um maximal 200 W ab.

Hinsichtlich der Wirkungsgrade ergeben sich maximale Abweichungen von 0,5 Prozentpunkten für Drehmomente über 20 Nm und Drehzahlen über 1000 min^{-1}. Für einen Großteil der Betriebspunkte liegt die Abweichung unterhalb von 0,2 %. Diese geringen Abweichungen lassen sich auf die Temperaturabweichungen während der Vermessung der Kennfelder begründen (Unterpunkt 1.2).

Die Simulationskette zur Bestimmung der Maschinenverluste wird daher im Folgenden für die Extrapolation der nicht vermessenen und nicht vermessbaren Betriebsbereiche eingesetzt.

2 Extrapolation mithilfe der kalibrierten Simulation

Basierend auf den in Unterpunkt 1.1 ermittelten Simulationsdaten (magnetische Flussverkettung und Drehmoment gegenüber I_d und I_q) wird die Steuervorschrift für Drehmomente bis 300 Nm und Drehzahlen bis 8000 min^{-1} bei einer Zwischenkreisspannung $U_{zk} = 600$ V bestimmt. Dabei wird die Anpassung des Stroms um 10 % vorgenommen und die Verluste werden wie in Unterpunkt 1.3 beschrieben ermittelt. Es wird der Einsatz verschiedener Elektroblechsorten (M330-35A und M235-35A) und der Einfluss auf das Verlustverhalten der Maschine untersucht. Für beide betrachteten Elektrobleche werden Messungen an Epsteinstreifen durchgeführt und die Materialien hinsichtlich ihrer Eisenverluste charakterisiert. Die für die Eisenverlustberechnung in der Simulation verwendeten Verlustparameter werden auf Basis dieser Messun-

gen bestimmt. Die Eisenverlustberechnungen in der Maschinensimulation werden mit diesen Parametern durchgeführt und die Eisenverlustkomponenten mit Kalibrierungsfaktoren beaufschlagt (Unterpunkt 1.3). **Abbildung 7** zeigt die so ermittelten Eisenverluste für das im ausgeführten Prüfmuster eingesetzte Elektroblech (M330-35A) mit angepassten Kalibrierungsfaktoren.

Die örtliche Auflösung der simulierten Eisenverluste innerhalb der Maschine ermöglicht es, die Eisenverluste nach Rotor und Stator separiert zu ermitteln. **Abbildung 8** zeigt die simulierten Eisenverluste im Rotor für das Elektroblech M330-35A. Die Rotoreisenverluste erreichen ihren maximalen Wert von 795 W bei einer Drehzahl von 8000 min^{-1} und 150 Nm. Damit betragen die Rotoreisenverluste maximal ca. 12,4 % der Eisenverluste in der gesamten Maschine. Die Rotoreisenverluste machen somit nur einen relativ geringen Anteil an den Gesamtverlusten von maximal 7,5 % aus. Für den Betrieb der Maschine stellen die Rotorverluste aufgrund der geringen Wärmeabfuhr neben den elektrischen Größen und der Statorerwärmung eine entscheidende Betriebsgrenze dar. Zusammen mit einem thermischen Modell der Maschine und maximal zulässigen Temperaturen besteht somit die Möglichkeit mithilfe der Verlustseparation die Betriebsgrenzen bereits vor dem Betrieb eines Prototyps zu bestimmen und einen Prototypen während der Inbetriebnahme vor zu starker Erwärmung durch dauerhaft unzulässige Betriebspunkte zu schützen.

2.1 Einfluss des Materialeinsatzes auf Verluste

Durch die Summe der Verlustleistungen ergeben sich die zu erwartenden Gesamtverluste. Diese sind in **Abbildung 9** für den Fall des Einsatzes von M330-35A als Weichmagnetwerkstoff dargestellt.

Die weichmagnetischen Materialien verhalten sich hinsichtlich ihrer Magnetisierbarkeit ähnlich. Es wurde in ausgewählten Betriebspunkten simulativ ermittelt, welchen Einfluss die Materialauswahl auf die magnetische Flussverkettung sowie das Drehmoment nimmt. Dabei haben sich Abweichungen von unter 1 % ergeben, sodass

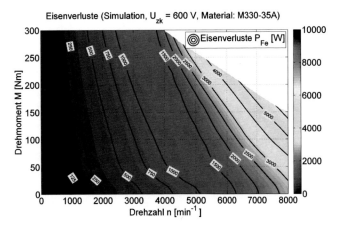

Bild 7 Simulierte Eisenverluste bei einer Zwischenkreisspannung von $U_{zk} = 600\,V$ und unter Einsatz von M330-35A

für die untersuchten Materialien die identische Magnetisierungskennlinie angenommen wird. Dies führt zu dem Vorteil, dass sich die Flussverkettungen und Drehmomente aus Unterpunkt 1.1 nur marginal ändern und somit keine erneuten FE-Simulationen erforderlich sind. Die Steuervorschrift kann dadurch unverändert bleiben. Um den Einfluss der Materialauswahl auf das Betriebsverhalten zu bestimmen, ist es daher ausreichend, nur die Eisenverluste im Postprozessing über geänderte Verlustparameter anzupassen. Die Gesamtverluste inklusive der Kalibrierungsfaktoren sind in **Abbildung 10** für den Werkstoff M235-35A dargestellt. Für drei Betriebspunkte sind die ermittelten Gesamtverluste in **Tabelle 1** aufgeführt. Bei einer Drehzahl von 1000 min^{-1} und 250 Nm (Betrieb mit hohem Drehmoment) lassen sich die Gesamtverluste durch die Wahl des Blechs um 1,4 % reduzieren. Im Bereich des Wirkungsgradmaximums (4500 min^{-1} und 125 Nm) können die Gesamtverluste um etwa 9,7 % reduziert werden. Dies entspricht einer Steigerung des Maximalwirkungsgrads um 0,35 %. Bei hohen Drehzahlen (8000 min^{-1} und 50 Nm) lassen sich die Gesamtverluste um 696 W bzw. um 15,4 % reduzieren.

Für den optimierten Materialeinsatz in elektrischen Ma-

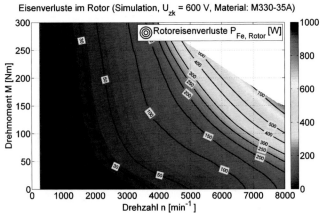

Bild 8 Simulierte Rotoreisenverluste bei einer Zwischenkreisspannung von $U_{zk} = 600\,V$ und unter Einsatz von M330-35A

schinen ist es daher erforderlich die Belastungsprofile zu kennen. Sind diese bekannt, so kann auf Basis der kalibrierten Leistungssimulation ein kostengünstiges und hinsichtlich der Verluste angepasstes Elektroblech ausgewählt werden.

Das für größere Betriebsbereiche angepasste Maschinendesign wird für Dauerbetrieb bei Maximaldrehzahl und auf einen möglichst hohen Wirkungsgrad ausgelegt. Daher ist es für das in Zukunft aufgebaute Muster von entscheidendem Vorteil ein verlustärmeres Elektroblech zu verwenden.

Material Betriebspunkt	M330-35A	M235-35A
8000 min^{-1} 50 Nm	4516 W	3820 W
4500 min^{-1} 125 Nm	2286 W	2065 W
1000 min^{-1} 250 Nm	3271 W	3224 W

Tabelle 1 Simulierte Verluste bei Einsatz verschiedener Materialien in drei unterschiedlichen Betriebspunkten

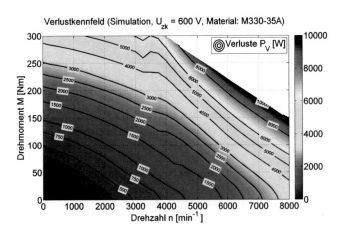

Bild 9 Simuliertes Gesamtverlustkennfeld bei einer Zwischenkreisspannung von $U_{zk} = 600\,V$ und unter Einsatz von M330-35A

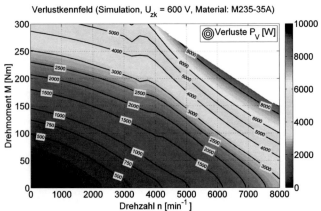

Bild 10 Simuliertes Gesamtverlustkennfeld bei einer Zwischenkreisspannung von $U_{zk} = 600\,V$ und unter Einsatz von M235-35A

3 Zusammenfassung

Anhand der vermessenen Maschine konnte gezeigt werden, dass mithilfe von kalibrierten FEM-Leistungssimulationen die Auswirkungen von Designanpassungen einer permanentmagnet erregten Synchronmaschine bereits vor Fertigung weiterer Prototypen bewertet werden können. Ziel der Designanpassung war die Steigerung der Maximaldrehzahl der Maschine von 6000 min^{-1} auf 8000 min^{-1} sowie die Erhöhung des maximalen Drehmoments von 220 Nm auf 300 Nm. Um diese Ziele zu erreichen, musste sowohl das mechanische, als auch das elektromagnetische Design adaptiert werden. Insbesondere konnte gezeigt werden welchen Einfluss die Wahl eines anderen Elektroblechmaterials auf das Verlustverhalten der Maschine hat.

Für die Kalibrierung der Leistungssimulation wurde eine Separation der Verluste durchgeführt. Es wurden neben den Kupferverlusten die Eisenverluste sowie die Reibungsverluste berücksichtigt. Die Bestimmung der Eisenverluste erfolgte, wie in [2] dargelegt auf Basis von FEM-Simulationen und Epsteinmessungen wie in [1]. Durch den Vergleich der simulierten Verluste mit Maschinenmessungen konnten die Bearbeitungseffekte bei der Bestimmung der Eisenverluste berücksichtigt und die Simulationen validiert werden. Des Weiteren wurden die Eisenverluste nach Rotor und Stator separiert.

Bei der Vermessung der Maschine hat sich gezeigt, dass es für die Kalibrierung der Leistungssimulation entscheidend ist, die Temperaturen während der Messung möglichst auf einem konstanten Temperaturniveau zu halten. Da die Vermessung der Rotortemperatur vor und nach den Messungen nur geringe Abweichungen zeigte, wurde die Rotortemperatur als konstant angenommen.

Durch die Bestimmung der Eisenverlustverteilung hinsichtlich Rotor und Stator ist es zusammen mit thermischen Modellen möglich, Aussagen über die Dauerbetriebsgrenzen zu treffen. Insbesondere wird dadurch auch die simulative Bestimmung der Rotortemperaturen sowie der sich aus den maximal zulässigen Magnettemperaturen ergebende Betriebsgrenzen ermöglicht.

Es sind Aussagen über das Maschinenverhalten in nicht vermessenen Bereichen (Drehmoment und Drehzahl) getroffen worden. Ferner wurde in diesem Beitrag dargelegt, dass mithilfe von kalibrierten FEM-Leistungssimulationen der Einsatz von anderen Elektroblechsorten bereits vor einem erneuten Musterbau evaluiert werden kann.

Die kalibrierte Leistungssimulation beinhaltet daher das Potential mehrere Designanpassungen in einem Iterationsschritt zu betrachten und somit die Auslegungszyklen von elektrischen Maschinen zu verkürzen.

4 Danksagung

Diese Arbeiten entstanden im Rahmen eines Forschungs- und Entwicklungsprojekts, welches gemeinsam mit ThyssenKrupp Presta Camshafts durchgeführt wurde. In diesem Projekt war die Auslegung, Fertigung und Vermessung einer permanentmagneterregten Synchronmaschine Untersuchungsgegenstand. ThyssenKrupp Presta Camshafts stellt dabei Know-how im Bereich großserienfähiger Leichtbaurotorlösungen für Fahrzeugantriebe bereit, auf der die Rotorwellenkonstruktion der untersuchten Maschine basiert [3]. Für ein Folgevorhaben zusammen mit ThyssenKrupp Presta Camshafts wird die untersuchte Maschine für höhere Drehzahlen und Drehmomente angepasst.

Die konstruktive Ausführung der Rotorwelle als Hohlwelle ermöglicht die Integration von zusätzlichen Funktionen in die Welle. So kann z.B. eine rotorintegrierte Kühlung kostengünstig in die Rotorwelle eingefügt werden.

Im Rahmen des vom BMBF geförderten Projekts *e-mosys* [10] wird eine solche rotorintegrierte Luftkühlung untersucht. Die hier vorgestellten Ergebnisse und Methoden zur Verlustseparation (nach Art und Entstehungsort) finden daher Eingang in *e-mosys* und ermöglichen die gezielte Auslegung der Rotorkühlung. Die rotorintegrierte Kühlung ermöglicht geringere Rotortemperaturen und damit höhere Remanenzflussdichten sowie eine bessere Ausnutzung der eingesetzten Neodym-Eisen-Bor Permanentmagnete.

5 Literatur

[1] S. Steentjes, M. Leßmann, K. Hameyer: "Semiphysical parameter identification for an iron-loss formula allowing loss-separation," *J. Appl. Phy.*, vol. 113, iss. 17, 2013.

[2] S. Steentjes, G. von Pfingsten, M. Hombitzer, and K. Hameyer, „Iron-loss model with consideration of minor loops applied to FE-simulations of electrical machines," to appear in *IEEE Trans. Magn.*, (49), no. 7, 2013.

[3] http://www.thyssenkrupp-presta-camshafts.com/language-de/produkte/rotorwellen.htm (24. Juni 2013).

[4] http://www.iem.rwth-aachen.de (16. Juni 2013)

[5] G. Müller: Berechnung elektrischer Maschinen, VCH: 1996.

[6] W. Beitz, K.-H. Küttner: Dubbel 17. Aufl., Berlin: Springer, 1990.

[7] http://medias.schaeffler.de (16. Juni 2013).

[8] J. Lammeraner, M. Stafl, *Eddy Currents*, London (U.K.), Iliffe Books: 1966.

[9] A. Schoppa, J. Schneider, C.-D. Wuppermann, Influence of the manufacturing process on the magnetic properties of non-oriented electrical steels, Journal of Magnetism and Magnetic Materials, Volumes 215–216, 2 June 2000, Pages 74-78.

[10] http://www.gse.rwth-aachen.de/projekte/elektrischer-antriebsstrang/emosys (24. Juni 2013).

Nichtlineare Berechnung von permanentmagneterregten Gleichstrommotoren mit konzentrierten Wicklungen

Nonlinear calculation of permanent magnet DC motors with single tooth windings

Dipl.-Ing. Christoph Wolz, christoph.wolz@fhws.de
Prof. Dr.-Ing. Joachim Kempkes, joachim.kempkes@fhws.de
Prof. Dr.-Ing. Ansgar Ackva, ansgar.ackva@fhws.de
Technologie-Transfer-Zentrum der Hochschule für angewandte Wissenschaften Würzburg-Schweinfurt
Prof. Dr.-Ing. Uwe Schäfer, uwe.schaefer@tu-berlin.de
Technische Universität Berlin, Institut für Energie- und Automatisierungstechnik, Fachgebiet Elektrische Antriebe

Kurzfassung

Steigende Anforderungen an Hilfsantriebe im Automotive-Bereich verlangen im Hinblick auf Energie- und Kosteneffizienz innovative Berechnungsmethoden des magnetischen Kreises.
Der magnetische Kreis moderner Permanentmagnet-Gleichstrommotoren kleiner Leistung weist ein signifikantes Sättigungsverhalten auf. Er ist derart ausgelegt, dass die von den Permanentmagneten erzeugten magnetischen Feldstärken nicht wie üblich dominieren, sondern die bestromten Ankerspulen vergleichbare Feldstärken erzeugen. Lineare Berechnungen mit konstanten Permeabilitäten bzw. Induktivitäten führen zu nicht mehr akzeptablen Ungenauigkeiten.
Mittels transienter FEM-Simulationen ist es möglich die jeweiligen Flüsse in den Zahnspulen in Abhängigkeit von der Ankerposition und den Spulenströmen zu bestimmen. Für kurze Motorlängen sind grundsätzlich 3D-FEM-Berechnungen nötig. Es wurde ein Modellansatz gefunden, mit dem der Einsatz von 3D-FEM-Rechnungen stark reduziert und die Überlagerung der Flüsse in jedem Zahn zuverlässig und schnell beschrieben werden können. Dadurch kann die Rechen- und Entwicklungszeit erheblich reduziert werden.

Abstract

Increasing energy and cost efficiency concerns for auxiliary drives in the automotive industry require innovative methods of calculating the magnetic circuit.
The magnetic circuit of modern small permanent-magnet DC motors has distinct saturation characteristics. Motors are designed such that the strength of the magnetic field produced by the permanent magnet does not prevail in the usual way. Moreover, the individual armature coils generate similar field strengths. Consequently, linear calculations using constant permeability or inductance, lead to unacceptable inaccuracies.
By the use of transient FEM simulations, it is possible to determine the respective fluxes in the coils dependent on the actual rotor position and coil current. Short-length-motors require time consuming 3D FEM calculations. The method presented here enables fast and reliable description of the interaction of the fluxes in each tooth and achieves a significant computational time savings.

1   Einleitung

In dieser Arbeit werden ausschließlich permanenterregte Kommutator-Gleichstrommotoren mit Einzelzahnwicklungen untersucht. Die Magnete sind im Gehäuse, die Spulen im Anker verbaut.
Für die Auslegung und Optimierung der Motoren wird ein Simulationsmodell gesucht, mit welchem es möglich ist, das dynamische Verhalten der physikalischen Größen zu berechnen. Kommutatormaschinen mit hoher Leistungsdichte und kosteneffizienter Auslegung weisen ein ausgesprochen nichtlineares Verhalten in beinahe allen physikalischen Domänen auf. Für eine anwendernahe Modellierung ist sowohl eine genaue, als auch eine mit überschaubarem Rechenaufwand verbundene Strategie zu verfolgen.

Aufgrund der hier betrachteten geometrisch kurzen Motoren, deren Verhältnis von Paketdurchmesser zu –länge ca. den Faktor sechs beträgt, ist eine zweidimensionale FEM-Simulation zu ungenau. Zudem wird bei einer 2D-Simulation der Wickelkopf nicht berücksichtigt. Die mittlere Wicklungslänge wird durch den Wickelkopf maßgeblich bestimmt. Deshalb wird für die Analyse des magnetischen Kreises der Motor dreidimensional berechnet.
Kernthema dieser Arbeit ist die nichtlineare Überlagerung von Erreger- und Ankerfeld. Der im folgenden Kapitel beschriebene Ansatz wurde in ein Motormodell implementiert und experimentell verifiziert.

2 Ansatz

Die stromabhängige Induktivität einer Spule im magnetischen Kreis wird i.A. durch eine Ψ-I-Kennlinie dargestellt (siehe **Bild 1**). Für hohe Stromwerte ist die Ankerfeldstärke im Vergleich zur Erregerfeldstärke nicht zu vernachlässigen. Das Superpositionsprinzip für die Überlagerung der durch Anker und Erreger verursachten magnetischen Flussverkettungen ist daher nicht mehr anwendbar.

Der grundsätzliche Ansatz besteht nun darin, den Magneten durch eine Ersatzspule zu beschreiben. Der von den Permanentmagneten erzeugte Fluss ψ_A^{mag} wird mittels der inversen Ψ-I-Kennlinie in einen Ersatzstrom $\tilde{i}_A^{mag}$ transformiert. Dieser würde in einer Spule mit der gleichen Windungszahl wie die Ankerspule den gleichen Fluss erzeugen. Im nächsten Schritt wird der Ersatzstrom zum eigentlichen Spulenstrom i_A^{coil} addiert. Anschließend wird der Ersatzgesamtstrom $\tilde{i}_A$ über die Ψ-I-Kennlinie in den Gesamtfluss ψ_A zurück transformiert. Der Zusammenhang ist in **Bild 2** als Blockdiagramm dargestellt und in den Gleichungen (1) – (4) mit Berücksichtigung der Abhängigkeit vom Anker-Drehwinkel α mathematisch ausgedrückt.

$$\psi_A^{mag} = f_1(\alpha) \tag{1}$$

$$\tilde{i}_A^{mag} = f_2^{-1}(\psi_A^{mag}) = f_2^{-1}\left[f_1(\alpha)\right] \tag{2}$$

$$\tilde{i}_A = \tilde{i}_A^{mag} + i_A^{coil} \tag{3}$$

$$\psi_A = f_2\left(\tilde{i}_A\right) = f_2\left\{f_2^{-1}\left[f_1(\alpha)\right] + i_A^{coil}\right\} = f(\alpha, i_A^{coil}) \tag{4}$$

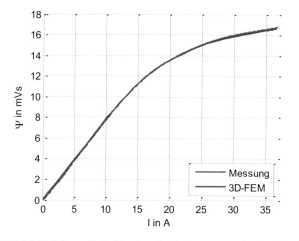

Bild 1 Ψ-I-Kennlinie für eine Spule im magnetischen Kreis mit Luftspalt.

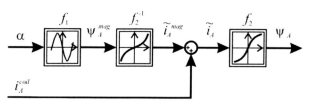

Bild 2 Berechnung der durch Erreger und Anker verursachten magnetischen Flussverkettung einer Spule mittels der in Bild 1 gezeigten Ψ-I-Kennlinie. Die mit einer Tilde versehenen Ströme sind virtuelle Größen.

3 Modellbeschreibung

Man unterscheidet zwischen verhaltensorientierten Modellen, welche die wesentlichen Funktionen eines Gesamtsystems abbilden, und strukturorientierten Modellen, die durch eine sehr hohe Detailtiefe ausgezeichnet sind (vgl. [2]). Letztere haben den Nachteil, dass ein sehr hoher Rechenaufwand in Kauf genommen werden muss.

Für die Berechnung der transienten Verläufe von Strom und Spannung in bzw. an den einzelnen Spulen und der Zuleitung wurde ein modularer Aufbau gewählt. Durch eine geschickte Kombination aus verhaltens- und strukturorientierter Simulation kann trotz einer stark verkürzten Rechenzeit eine hohe Genauigkeit gewährleistet werden.

Eingebettet in ein MATLAB/Simulink®-Modell werden die konservativen Signale mit dem internen Schaltungs-Simulator Simscape® berechnet (siehe **Bild 3**). Hier werden die Spannungsquellen und die jeweiligen Spulenverschaltungstopologien infolge der aktuellen Bürstenpositionen abgebildet. Die Ansteuerung der Spannungsquelle und die vom Drehwinkel abhängige Kontaktierung der Kommutatorlamellen mit den Bürsten sind die Eingangssignale des physikalischen Modells.

Es verbleibt noch die Ansteuerung der induzierten Spannung in jeder Spule. Sie ergibt sich aus der zeitlichen Änderung der magnetischen Flussverkettung. Diese wiederum hängt zum einen von den Durchflutungsquellen aus Permanentmagnet und Spulenstrom ab, zum anderen von der Remanenz des magnetischen Kreises. Die Berechnung der von den beiden magnetischen Durchflutungsquellen erzeugten Gesamtflussverkettung stellt das Kernthema dieser Arbeit dar und ist gemäß Bild 2 in Simulink implementiert.

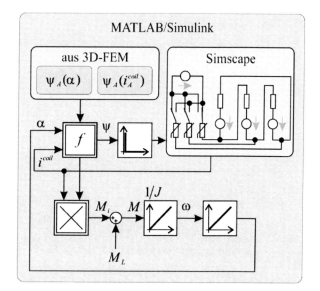

Bild 3 Struktur des Motormodells. Mit Kennlinien aus FEM-Simulationen werden die Flussverkettungen der Spulen berechnet. Das elektrische Netzwerk wird mit einem Schaltungssimulator nachgebildet. Im unteren Bereich ist die Berechnung von Drehmoment, Drehzahl und Drehwinkel aus Strom und Flussverkettung dargestellt.

Die Analyse des magnetischen Kreises auf Strukturebene wird in einem eigenen Teilmodul vorgenommen. Mittels der Finite-Elemente-Methode (FEM) wird einmalig die Flussverkettung abhängig von Permeabilität und Geometrie der Materialien berechnet.

Die von den Magneten erzeugte Flussverkettung in der jeweiligen Spule ist, je nach Stellung des Zahns zum Magneten, vom Drehwinkel abhängig. In **Bild 4** ist der aus einer 3D-FEM-Simulation berechnete Verlauf bzgl. des Winkels α aufgetragen. Die Simulation wurde durch eine Messung verifiziert. Hierbei wurde die induzierte Spannung an einem Zahn bei einer konstanten Drehzahl und ohne Eingangsspannung gemessen und anschließend mathematisch integriert. Die etwas kleinere Amplitude der Messung ist dadurch zu begründen, dass u.a. während des Fertigungsprozesses die Magneten nicht ideal radial orientiert wurden. Schwankungen in der Remanenzflussdichte und Koerzitivfeldstärke konnten in Messungen beobachtet werden (siehe [3]). Auch Höhenunterschiede der verbauten Dauermagnete wirken sich proportional auf den erzeugten Fluss aus. Lagetoleranzen der Magnete im Gehäuse sind an verschobenen Nulldurchgängen erkennbar. Das gemessene Ergebnis stellt die Funktion f_1 gemäß Gleichung (1) dar und ist in Form einer Lookup-Tabelle hinterlegt.

Des Weiteren ist die Induktivität des magnetischen Kreises zu bestimmen. Allgemein beschreibt sie das Vermögen eines stromführenden Leiters, einen magnetischen Fluss zu erzeugen. Je nach Auslegung geht der magnetische Kreis lokal in Sättigung. D.h. die Permeabilität im Material nimmt an diesen Stellen ab. Eine zusätzliche Stromerhöhung führt nicht mehr im selben Ausmaß zu einer größeren Flussverkettung. Es ergibt sich eine nichtlineare Charakteristik. Die Ψ-I-Kennlinie (siehe Bild 1) wird aus einer weiteren FEM-Simulation gewonnen und in der Lookup Tabelle f_2 abgespeichert.

3.1 Induktive Kopplung

Im Motormodell wird jede Spule als eigenständiges System betrachtet und als Eintor modelliert. Abhängig von der Kommutatorposition wird diese mit der Eingangsspannung beaufschlagt, sodass der Spulenstrom fließt. Das Spulenmodell besteht aus einem temperaturabhängigen ohmschen Widerstand und einer Induktionsspannungsquelle. Durch eine Flussänderung im Zahn bzw. abhängig von Drehzahl und Stromänderung wird in der Spule eine Spannung induziert, die ihrer Ursache entgegenwirkt. In **Bild 5** ist die Struktur für eine Spule gezeigt. Gemäß des Wickelschemas und der Verschaltung am Kommutator ergeben mehrere Spulen das elektrische Netzwerk des Motors.

Der mit der Spule umwickelte Zahn ist zusammen mit den benachbarten Zähnen Teil eines Magnetkreises. Die Feldlinien schließen sich über Luftspalt und Gehäusejoch. Die Reluktanz berechnet sich aus der Permeabilität und der Geometrie der verwendeten Materialien nach:

$$R_M = \frac{\Theta}{\Phi} = \frac{l}{\mu_0 \mu_r A} \tag{5}$$

Die relative Permeabilität des Magnetmaterials entspricht fast der des Vakuums, sodass die Reluktanz des Magnetkreises durch das Einbringen eines Magneten in den Luftspalt nahezu unverändert bleibt.

Die Induktivität verknüpft den elektrischen und den magnetischen Kreis. Die Änderung der Flussverkettung einer Spule induziert eine Spannung, sodass ein Strom fließt. Dieser erzeugt wiederum einen magnetischen Fluss. Die Topologie der Spulenverschaltung von kleinen Gleichstrommaschinen mit konzentrierten Wicklungen ist meist ringförmig. Abhängig von der Kommutatorstellung fließt durch mehrere Spulen derselbe Strom. Durch diese Bedingung wirkt sich eine Flussänderung in einer Spule auch auf die anderen Spulen aus. Die Variation eines Spulenstroms beeinflusst direkt die Ströme der anderen Spulen und damit auch deren Flussverkettungen. Dieser geschlossene Kreis realisiert die Koppelinduktivität zwischen zwei Spulen.

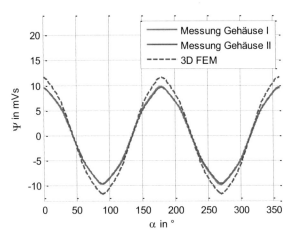

Bild 4 Flussverkettung der Magneten in einer Spule in Abhängigkeit des Drehwinkels.

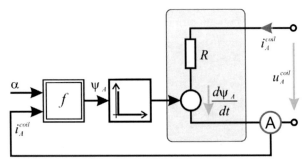

Bild 5 Struktur des Motormodells für eine Spule zur Berechnung der transienten Verläufe von Spulenstrom und -spannung sowie der Flussverkettung. Die Übertragungsfunktion f ist in Bild 2 dargestellt.

3.2 Nichtlineare Überlagerung von magnetischen Durchflutungsquellen

Die Berechnung eines induktiv gekoppelten elektrischen Netzwerkes mittels eines Schaltungssimulators erfordert als Eingangssignale die magnetischen Größen. Für jede Spule ist daher die Induktionsspannung bzw. die transiente Flussverkettung zu ermitteln.

Neben der Kopplung der Spulen sind als weitere Durchflutungsquellen die Permanentmagnete zu untersuchen. Sie erzeugen einen zusätzlichen Fluss im magnetischen Kreis und beeinflussen nichtlinear die Induktivität der Spulen.

Der oben gemachte Ansatz beruht darauf, den Magneten als weitere Spule im magnetischen Kreis zu sehen. Die an der Magnethöhe anliegende magnetische Quellspannung wird in einen äquivalenten Ersatzstrom abgebildet (gekennzeichnet durch eine Tilde).

$$\Theta = \oint_C \vec{H} d\vec{s} = \iint_A \vec{J} \cdot d\vec{A} \qquad (6)$$

$$\Theta^{mag} = H^{mag} \cdot h^{mag} \overset{!}{=} N \cdot \tilde{I}_A^{mag} \qquad (7)$$

Im Gegensatz zum magnetischen Kreis können die Ströme im elektrischen Kreis linear überlagert werden. Der zur Durchflutung des Magneten äquivalente Ersatzstrom wird mit dem Spulenstrom addiert. Der eingebrachte Magnet wirkt folglich wie eine Erhöhung des Spulenstroms.

Aufgrund des nichtlinearen Zusammenhangs zwischen Flussverkettung und Spulenstrom verringert sich folglich die Induktivität. Das Material ist durch den Magneten bereits vorgesättigt. Der Spulenstrom hat nicht mehr das gleiche Vermögen einen Fluss zu generieren wie ohne Magnet. Der Effekt ist sehr anschaulich an der Ψ-I-Kennlinie zu erklären. Die Ψ-I-Kennlinie wird gemessen, indem man die induzierte Spannung einer eigenen Messspule, welche über den zu messenden Zahn gewickelt wird, misst und anschließend integriert. Dazu wird ein Spannungssprung auf zwei benachbarte Lamellen gegeben. Gleichzeitig wird der Spulenstrom aufgezeichnet. Wenn der Zahn zwischen zwei Magneten in der Pollücke steht erhält man durch Messung bzw. FEM-Simulation die Kennlinien in Bild 1. Es ist kein Einfluss von den Magneten sichtbar. Steht der Zahn unter einem Magnet verschiebt sich die Ordinate nach links. Bei Spulenstrom gleich Null führt die Spule bereits den Fluss des Magnets (siehe **Bild 6**). Anschließend wird die Flussverkettung an der Ψ-I-Kennlinie in einen äquivalenten Ersatzstrom abgebildet. Verschiebt man die Kennlinie um diesen Wert nach rechts, liegt sie beinahe deckungsgleich auf der in der Pollücke simulierten Kennlinie. D.h. die Charakteristik des magnetischen Kreises bleibt erhalten, nur der Startwert ändert sich. Das Vorgehen der Transformation f_2 bzw. f_2^{-1} aus Bild 2 wurde somit durch Simulation und Messung verifiziert.

4 Verifikation des Motormodells

Für die Verifikation des Motormodells wurde ein Prüfstand aufgebaut, um neben Motorstrom und –spannung auch die Größen an den Spulen des rotierenden Ankers zu messen. Hierbei besteht die Herausforderung darin, durch das Messverfahren das Gesamtsystem möglichst wenig zu beeinflussen. Um keine zusätzlichen Messwiderstände in den niederohmigen Ankerkreis integrieren zu müssen, wurde eine berührungslose Strommessung mittels einer Strommesszange eingesetzt.

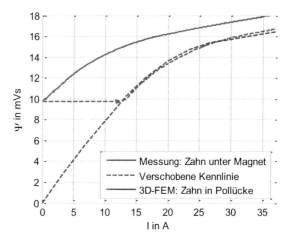

Bild 6 Auswirkung des Flusses eines Permanentmagneten auf die Ψ-I-Kennlinie einer Spule im magnetischen Kreis. Die Kennlinie lässt sich waagrecht auf die in der Pollücke simulierten Kennlinie verschieben.

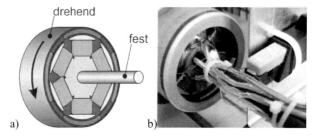

Bild 7 a) Stehendes Bezugssystem für die Messung der Ankersignale. b) Messung der Spulenströme mittels Strommesszange. Die Spulen sind temperaturüberwacht.

Um Spulenstrom und –spannung einfach messen zu können wurden die Bezugssysteme von Anker und Magnetgehäuse getauscht. Das Gehäuse mit Bürstensystem dreht sich um den stillstehenden Anker mit Kommutator (siehe **Bild 7**). Die Spannungsversorgung des Bürstensystems wird über ein zusätzliches Schleifringsystem bereitgestellt. Ein drehzahl- bzw. drehmomentgeregelter Antrieb belastet den Prüfling in definierten Arbeitspunkten.

Über herausgezogene Windungen der Ankerspulen lässt sich nun mit einer Messzange der jeweilige Spulenstrom erfassen. Die Lamellenpotentiale werden an den Windungsenden abgegriffen.

In **Bild 8** sind die Ergebnisse aus der Simulation des Motormodells im Vergleich zu den Messergebnissen am Motorprüfstand zu sehen. Während des Kommutierungsvorgangs, wenn eine Bürste von einer Lamelle zur nächsten wechselt, treten große Stromänderungen auf. Sie führen ebenfalls zu steilen Gradienten in der Flussverkettung. Deren Differentiation führt schließlich zu der induzierten Spannung U_{coil} im oberen Diagramm. Hier sind große Spannungsüberhöhungen an den Übergängen sichtbar.

Die Verläufe von Messung und Simulation sind nahezu deckungsgleich. Aufgrund der hohen Ströme und der dadurch starken Wärmeentwicklung an den Spulen wurde der Widerstand in der Simulation der Betriebstemperatur angepasst. Ansonsten wurde lediglich der Spannungsabfall an der Zuleitung und dem zusätzliche Schleifringsystem in der Simulation korrigiert.

Im Bild 8 unten ist zum Vergleich die Flussverkettung bei Leerlauf zusätzlich mit eingezeichnet. Der Fluss wird hier ausschließlich von den Magneten erzeugt. Deutlich zu erkennen ist die Verschiebung des Nulldurchgangs bei Belastung (Ankerrückwirkung). Der Fluss wird nun aus der Überlagerung der Durchflutungen von Magneten und Spulen generiert. Mit steigendem Motorstrom wird das Ankerfeld stärker und führt zu einer Drehung der Achse des Luftspaltfeldes. Dadurch kommt es zu einer zunehmenden Verschiebung der neutralen Zone in der Pollücke. Das sich hier nun ausbildende Feld induziert zusätzliche Spannungsanteile in den kommutierenden Spulen, welche die Stromwendung behindern (vgl. [1]).

Für Gleichstrommotoren kleiner Leistung ist es üblich die Ankerrückwirkung durch Verschieben der Bürstenbrücke bzgl. der Magneten zu kompensieren, sodass während der Kommutierung die Änderung der Flussverkettung möglichst Null ist.

Mit dem vorgestellten Motormodell ist es jetzt möglich, den Verschaltungswinkel in relativ kurzer Zeit zu optimieren. Wohingegen die 3D-FEM-Simulationen für die Analyse des magnetischen Kreises mehrere Stunden benötigen, dauert ein Simulationsdurchgang beim hier beschriebenen Motormodell wenige Sekunden.

Es sind auch dynamische Simulationen möglich, wie z.B. der Hochlauf eines Motors. In **Bild 9** ist der gemessene Motorstrom im Vergleich zum berechneten Verlauf beim Einschalten aufgetragen.

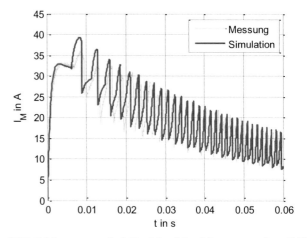

Bild 9 Motorstrom bei Hochlauf des Motors aus dem Stillstand ohne Last bei 12 VDC Eingangsspannung.

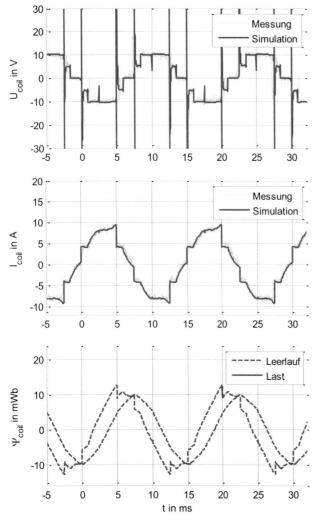

Bild 8 Vergleich zwischen den Ergebnissen aus Simulation des Motormodells und Messung am Motorprüfstand. Die Eingangsspannung beträgt 12 VDC und die Drehzahl konstant 2000 U/min. Im obersten Graph ist die Spannung zwischen zwei Lamellen und im mittleren Graph der Spulenstrom dargestellt. Im unteren Bild ist die simulierte Flussverkettung einmal für Leerlauf und einmal mit der vorgegebenen Drehzahl aufgetragen.

5 Zusammenfassung und Ausblick

Der Vergleich der Ergebnisse aus Simulation und Messung am Motorprüfstand zeigt, dass der vorgeschlagene Simulations-Workflow offensichtlich zu richtigen Resultaten führt. Es wurde die Idee verfolgt, die Durchflutung der Magneten als Ströme zu interpretieren und diese dann auf die Spulenströme zu addieren. Durch eine geschlossene Simulations- und Messkette konnte die Vorgehensweise bereits an den Zwischenergebnissen bestätigt werden – das Verschieben der Ψ-I-Kennlinie um den Durchflutungsstrom des Magneten ist bei der untersuchten Motorvariante zulässig.

Der Workflow für die Entwicklung des Motormodells soll an weiteren Motorvarianten mit Einzelzahnwicklungen untersucht werden, um das Vorgehen zusätzlich zu validieren. Bisher wurden Streuflüsse zwischen den Spulen vernachlässigt. Die Auswirkungen werden bereits experimentell analysiert. Ferner ist die Berechnung der Kraft bzw. des Drehmoments zu optimieren. Inwieweit die Einflüsse von Bürstenfeuer und die Bürsten-Kommutator-Übergangswiderstände innerhalb des vorgestellten Modells modellierbar sind muss noch geklärt werden. Evtl. sind bei letztgenannten Themen detailliertere Modelle auf Strukturebene nötig.

6   Literatur

[1] Heidrich, T.: Kommutierungsberechnung von permanentmagneterregten Kommutatormotoren kleiner Leistung. Dissertation, Technische Universität Ilmenau, 2011.

[2] Krasser, B.: Optimierte Auslegung einer Modularen Dauermagnetmaschine für ein Autarkes Hybridfahrzeug. Dissertation, Technische Universität München, 2000.

[3] Weber, C.: Entwicklung eines gekoppelten dynamischen Simulationsmodells für Gleichstrommotoren. Masterarbeit, Hochschule für angewandte Wissenschaften Würzburg-Schweinfurt, 2013.